国家出版基金项目
NATIONAL PUBLICATION FOUNDATION

"十四五"时期国家重点出版物出版专项规划项目

大数据与数据科学专著系列 5

深度神经网络的学习理论

林绍波 王 迪 周定轩 著

科学出版社
龙门书局
北京

内 容 简 介

本书以函数逼近论与学习理论为主要工具，建立了一个系统的数学框架来解释深度的必要性、深度神经网络的适用性、数据规模对深度神经网络的影响、深度选择问题、网络结构选择问题及过参数化深度神经网络的泛化性等现阶段深度学习亟待解决的核心理论问题. 本书的主要目的有三个: 其一是期望从学习理论的角度给出作者的见解，能为某些方向的学者解惑; 其二是为打算进入深度学习理论这一领域的青年学者及广大学生提供参考，使其能尽快领略深度学习理论的魅力; 其三是抛砖引玉，希望更多的学者关注到深度学习理论这一方向并推动这一领域的更快发展.

本书适合高等院校数据科学、数学、理论计算机科学、管理科学等专业的高年级本科生、研究生、教师及相关科技工作者阅读参考.

图书在版编目(CIP)数据

深度神经网络的学习理论 / 林绍波, 王迪, 周定轩著. -- 北京 : 龙门书局, 2025. 1. -- (大数据与数据科学专著系列). -- ISBN 978-7-5088-6544-7

I. TP183

中国国家版本馆 CIP 数据核字第 20251K9V35 号

责任编辑: 李静科　李香叶 / 责任校对: 彭珍珍
责任印制: 张　伟 / 封面设计: 无极书装

科学出版社 出版
龙门书局
北京东黄城根北街 16 号
邮政编码: 100717
http://www.sciencep.com

北京建宏印刷有限公司印刷
科学出版社发行　各地新华书店经销
*
2025 年 1 月第 一 版　开本: 720 × 1000　1/16
2025 年 1 月第一次印刷　印张: 13
字数: 255 000
定价: 98.00 元
(如有印装质量问题, 我社负责调换)

《大数据与数据科学专著系列》序

随着以互联网、大数据、人工智能等为代表的新一代信息技术的发展, 人类社会已进入了大数据时代. 谈论大数据是时代话题、拥有大数据是时代特征、解读大数据是时代任务、应用大数据是时代机遇. 作为一个时代、一项技术、一个挑战、一种文化, 大数据正在走进并深刻影响我们的生活.

信息技术革命与经济社会活动的交融自然产生了大数据. 大数据是社会经济、现实世界、管理决策的片断记录, 蕴含着碎片化信息. 随着分析技术与计算技术的突破, 解读这些碎片化信息成为可能, 这是大数据成为一项新的高新技术、一类新的科研范式、一种新的决策方式乃至一种文化的原由.

大数据具有大价值. 大数据的价值主要体现在: 提供社会科学的方法论, 实现基于数据的决策, 助推管理范式革命; 形成科学研究的新范式, 支持基于数据的科学发现, 减少对精确模型与假设的依赖, 使得过去不可能解决的问题变得有可能解决; 形成高新科技的新领域, 推动互联网、云计算、人工智能等行业的深化发展, 形成大数据产业; 成为社会进步的新引擎, 深刻改变人类的思维、生产和生活方式, 推动社会变革和进步. 大数据正在且必将引领未来生活新变化、孕育社会发展新思路、开辟国家治理新途径、重塑国际战略新格局.

大数据的价值必须运用全新的科学思维和解译技术来实现. 实现大数据价值的技术称为大数据技术, 而支撑大数据技术的科学基础、理论方法、应用实践被称为数据科学. 数据从采集、汇聚、传输、存储、加工、分析到应用形成了一条完整的数据链, 伴随这一数据链的是从数据到信息、从信息到知识、从知识到决策这样的一个数据价值增值过程 (称为数据价值链). 大数据技术即是实现数据链及其数据价值增值过程的技术, 而数据科学即是有关数据价值链实现的基础理论与方法学. 它们运用分析、建模、计算和学习杂糅的方法研究从数据到信息、从信息到知识、从知识到决策的转换, 并实现对现实世界的认知与操控.

数据科学的最基本出发点是将数据作为信息空间中的元素来认识, 而人类社会、物理世界与信息空间 (或称数据空间、虚拟空间) 被认为是当今社会构成的三元世界. 这些三元世界彼此间的关联与交互决定了社会发展的技术特征. 例如, 感知人类社会和物理世界的基本方式是数字化, 联结人类社会和物理世界的基本方式是网络化, 信息空间作用于人类社会和物理世界的方式是智能化. 数字化、网络化和智能化是新一轮科技革命的突出特征, 其新近发展正是新一代信息技术的核心所在.

数字化的新近发展是数据化, 即大数据技术的广泛普及与运用; 网络化的新近发展是信息物理融合系统, 即人–机–物广泛互联互通的技术化; 智能化的新近发展是新一代人工智能, 即运用信息空间 (数据空间) 的办法实现对现实世界的类人操控. 在这样的信息技术革命化时代, 基于数据认知物理世界、基于数据扩展人的认知、基于数据来管理与决策已成为一种基本的认识论与科学方法论. 所有这些呼唤 "让数据变得有用" 成为一种科学理论和技术体系. 由此, 数据科学呼之而出便是再自然不过的事了.

然而, 数据科学到底是什么? 它对于科学技术发展、社会进步有什么特别的意义? 它有没有独特的内涵与研究方法论? 它与数学、统计学、计算机科学、人工智能等学科有着怎样的关联与区别? 它的发展规律、发展趋势又是什么? 澄清和科学认识这些问题非常重要, 特别是对于准确把握数据科学发展方向、促进以数据为基础的科学技术与数字经济发展、高质量培养数据科学人才等都有着极为重要而现实的意义.

本丛书编撰的目的是对上述系列问题提供一个 "多学科认知" 视角的解答. 换言之, 本丛书的定位是: 邀请不同学科的专家学者, 以专著的形式, 发表对数据科学概念、方法、原理的多学科阐释, 以推动数据科学学科体系的形成, 并更好地服务于当代数字经济与社会发展. 这种阐释可以是跨学科、宏观的, 也可以是聚焦在某一科学领域、某一科学方向上对数据科学进展的深入阐述. 然而, 无论是哪一类选题, 我们希望所出版的著作都能突出体现从传统学科方法论到数据科学方法论的跃升, 体现数据科学新思想、新观念、新理论、新方法所带来的新价值, 体现科学的统一性和数据科学的综合交叉性.

本丛书的读者对象主要是数学、统计学、计算机科学、人工智能、管理科学等学科领域的大数据、人工智能、数据科学研究者以及信息产业从业者, 也可以是科研和教育主管部门、企事业研发部门、信息产业与数字经济行业的决策者.

徐宗本

2022 年 1 月

前　　言

在应用层面，深度学习在诸如图像处理、信号处理、自然语言处理、运筹与管理、博弈论等领域均取得了巨大的成功. 然而，其运行机理及取得成功的原因在现阶段还是一片混沌. 迄今为止，深度学习依然缺乏严格的数学理论来论证其可行性、可解性及适用性. 在这种未知性下，人们掀起了深度学习浪潮，试图用深度学习去处理所有的数据科学问题，并在某些应用上花费了较多的人力、物力，却未取得预期的效果，因而将深度学习打上了"炼金术"的标签.

一般来讲，深度学习的优越性来源于四个方面. 其一是深度，即采用深度神经网络作为假设空间可同时进行特征提取和函数关系模拟. 基于深度神经网络强大的表示能力，深度学习可以抓取浅层机器学习方法无法获取的数据特征，从而提高其学习性能. 其二是结构，即设计合适的网络结构降低训练的难度. 深度全连接神经网络虽然具有很强的表示能力，但海量参数往往导致其求解困难、性能不稳定、对噪声敏感等缺点，设计合适的网络结构以减少参数不仅可以加速训练，更为重要的是，可以在不降低表示能力的前提下保证学习性能的稳定性. 其三是海量数据，即拥有海量的数据促进训练. 众所周知，神经网络不是一个新的概念，早在20世纪90年代，神经网络便已被广泛应用于图像处理、信号处理等领域. 深度学习之所以在今天取得巨大成功，海量的训练数据及其背后的高效数据收集与传输机制厥功至伟. 其四是优化算法，即面向特定的深度学习模型设计高效的非凸优化算法. 由于深度神经网络的训练往往涉及求解大规模且高度非凸的优化模型，经典的基于梯度的反向传播算法往往耗时且不稳定，随机梯度下降算法、交替方向乘子法、块坐标下降法及其变种的快速发展为深度学习提供了求解工具. 深度学习所取得的成功非单一因素所致，而是上述四个方面相辅相成、融通共进的结果. 建立系统的数学框架来验证上述四个方面的论述是深度学习亟须解决的问题，同时也是深度学习理论的重要发展方向.

建立一个系统的数学框架来描述深度学习的运行机理不是一件容易的事情. 困难不仅在于如何用完善统一的理论来刻画深度学习这种具有多种应用场景的机器学习方法，更在于深度学习本身是一个未定型的、正在成长中的"不明体". 所以，本书着重探讨以深度神经网络作为假设空间的机器学习方法的学习理论，并弱化深度学习中优化策略的设计及优化算法的选择. 本书着重探讨深度神经网络的下述 6 个理论问题：

- 必要性问题: 深度神经网络是否一定优于浅层神经网络?
- 适用性问题: 在什么情况下用深度神经网络会更好?
- 数据规模问题: 为什么深度神经网络在大数据时代取得这么大的成功?
- 深度选择问题: 深度对神经网络的学习性能有何影响?
- 结构选择问题: 网络结构如何影响深度神经网络的泛化性能?
- 过参数化深度神经网络的泛化性问题: 过参数化深度神经网络是否可规避过拟合现象?

　　深度学习的数学理论是众多深度学习实践持续取得成功的保障. 作者编写本书的主要目的有三个: 其一是期望从学习理论的角度给出自己的见解, 能为某些方向的学者解惑; 其二是为打算进入深度学习理论这一领域的青年学者及广大学生提供参考, 使其能尽快领略深度学习理论的魅力; 其三是为了抛砖引玉, 希望更多的学者关注到深度学习理论这一方向并推动这一领域的更快发展. 需要注意的是, 本书所提供的理论只能在一定程度下阐述深度神经网络的优越性及适用范围, 目前还无法直接用于指导深度学习的实施与应用. 由于深度学习的飞速发展, 本书中的一些认识和观点无法囊括所有的深度学习理论问题, 其不全面、不精确之处在所难免.

　　全书共 7 章. 第 1 章介绍本书的研究对象、研究框架及深度神经网络的理论需求. 第 2 章介绍浅层神经网络的学习性能, 并从函数逼近论的角度描述其优缺点. 第 3 章讨论深度的必要性问题. 第 4 章聚焦深度全连接神经网络的学习性能, 并讨论深度的适用性问题与数据规模问题. 第 5 章介绍深度稀疏连接神经网络的学习性能, 并探讨深度选择问题. 第 6 章着重介绍深度卷积神经网络的学习性能, 并讨论网络结构选择问题. 第 7 章聚焦深度神经网络的过参数化训练及相应的泛化能力分析, 着重解释过参数化训练问题. 因为本书适合数据科学工作者、数学工作者以及理论计算机科学工作者阅读, 所以除了给出相应的理论回答上述 6 个问题外, 我们还在每章归纳了若干普适性理论推导技巧并给出了相应的数值实验. 实验代码可见 https://github.com/ 18357710774/BookDeepNet. 关于书中彩图, 可以扫描对应图旁边的二维码阅读.

　　本书能够完成, 首先感谢徐宗本院士. 本书是徐院士主编的 "大数据与数据科学专著系列" 之一, 本书的核心内容是作者在徐院士的指导下确定的, 也感谢王尧教授、常象宇教授、郭昕教授以及刘霞博士对本书初稿提供的建设性意见, 大大提高了本书的可读性. 特别感谢博士研究生王金鑫、刘小彤、弋乾鑫、钱云游在本书写作和修改过程中的帮助. 特别感谢本书的责任编辑李静科老师与李香叶老师在本书编辑过程中提供的帮助.

作　者

2024 年 1 月

目　　录

主要符号表

d	维数
$\mathbb{R}$	实数集合
$\mathbb{R}^d$	d 维欧氏空间
$\mathbb{R}_+$	正实数集合
$\mathbb{R}_-$	负实数集合
$\mathbb{Z}$	整数集合
$\mathbb{Z}_+$	正整数集合
$\mathbb{N}$	自然数集合
$\mathbb{S}^d$	$d+1$ 维欧氏空间的单位球面
$\mathbb{B}^d$	d 维欧氏空间的单位球体
$\mathbb{I}^d$	d 维单位区间 $[0,1]^d$
$\overline{A}$	集合 A 的闭包
∂A	集合 A 的边界
$\dot{A}$	集合 A 的内点集
$|A|$	集合 A 的元素个数
$C(A)$	定义在 A 上的连续函数空间
$C^r(A)$	定义在 A 上的 r 阶连续可导函数空间
$L_p(A)$	定义在 A 上的 p 次 Lebesgue 可积函数空间
$\mathrm{Lip}^{(r,c_0)}(A)$	定义在 A 上的 (r,c_0)-Lipschitz 函数空间
$\mathcal{P}_s(A)$	定义在 A 上的阶数不超过 s 的多项式集合
n	神经网络非零参数个数
L	神经网络层数
d_ℓ	神经网络第 ℓ 个隐藏层的宽度
s	多项式阶数或滤波核宽度
$\boldsymbol{a}$	向量
$\boldsymbol{a}^{\mathrm{T}}$	向量 $\boldsymbol{a}$ 的转置

$\boldsymbol{a} \cdot \boldsymbol{b}$	向量 $\boldsymbol{a}$ 与 $\boldsymbol{b}$ 的内积
$\boldsymbol{a} * \boldsymbol{b}$	向量 $\boldsymbol{a}$ 与 $\boldsymbol{b}$ 零填充的卷积
$\boldsymbol{a} \star \boldsymbol{b}$	向量 $\boldsymbol{a}$ 与 $\boldsymbol{b}$ 非零填充的卷积
D	样本
m	样本数
x	输入变量
y	输出变量
$\mathcal{X}$	输入空间
$\mathcal{Y}$	输出空间
$\mathcal{Z}$	$\mathcal{X} \times \mathcal{Y}$
ρ	采样分布
ρ_X	ρ 的边缘分布
$L^2_{\rho_X}$	ρ_X 平方可积函数空间
$\|\cdot\|_\rho$	$L^2_{\rho_X}$ 的范数
$\mathcal{E}(f)$	期望风险
$\mathcal{E}_D(f)$	经验风险
f_ρ	回归函数
f_D	基于样本 D 所得的估计
$\mathrm{sgn}(t)$	符号函数
$\mathrm{dist}(A, \mathbb{B})$	集合 A 与 $\mathbb{B}$ 的距离
$a \sim b$	存在常数 c 使得 $c^{-1}a \leqslant b \leqslant ca$
$a \succeq b$	存在常数 c 使得 $a \geqslant cb$
$a \preceq b$	存在常数 c 使得 $a \leqslant cb$
$\binom{n}{m}$	n 个不同元素中选 m 个元素的组合数
ℓ^m_p	配备 ℓ_p 范数的 m 维向量空间
$\lfloor a \rfloor$	a 向下取整
$\lceil a \rceil$	a 向上取整

第 1 章　深度神经网络与学习理论

传统机器学习始终存在一个尚未被完全解决的问题, 即无法对面向特定问题的数据进行自动特征抽取, 导致其性能强烈依赖于耗费人力、物力的特征工程. 如此一来, 一个数据科学问题能否很好地用传统机器学习来解决很大程度上依赖于特征工程的质量. 与之不同的是, 深度学习将上述先做特征抽取再完成相应机器学习任务的两步学习模式转换为通过训练统一的深度神经网络同时实现特征抽取并完成学习任务的端到端学习模式. 如图 1.1 所示, 深度学习的核心思想是将原始数据转变为用更深层次、更为复杂、更为抽象的神经网络形式表达, 以此实现数据特征的自动抽取并完成相应的机器学习任务.

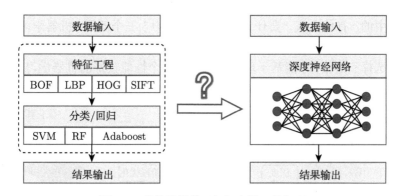

图 1.1　传统机器学习与深度学习的机理

这种突破性的机器学习模式, 以及可以运行在个人计算机上的完善易用的深度学习软件平台, 大幅降低了深度学习的使用门槛, 使机器学习成为一种功能强大且易于利用的工具. "旧时王谢堂前燕, 飞入寻常百姓家", 机器学习再也不是拥有理工科博士学位和超级计算机资源才能使用的 "贵族" 技术. 人们欣喜地发现, 众多的机器学习使用者可以在无需了解深度学习原理的情况下, 通过简单调用软件包, 就可获得预测能力令人惊叹的神经网络模型. 深度学习的这种高性能和低门槛, 是机器学习技术上里程碑式的进步, 让更多人从深度学习的应用中获益, 在工农业生产、经济建设和学术研究的各个领域产生巨大的价值. 深度学习的广泛应用又为学术界反馈了大量富有创见的应用场景和充满启发性的新问题.

另一方面, 人们注意到, 即使是众多非常成功的机器学习应用, 也常常基于大量的爱迪生式试错. 这些试错带来的网络结构优化和参数调整的工作繁重乏味、迷雾重重. 工程师们常常戏谑却传神地以 "炼丹" 这个迷信意味浓重且和科学毫不沾边的词来形容这项工作. 得来的预测模型多数时候更像是个偶然, 让人充满疑虑. 因此, 从理论上深入理解深度学习的运行机理不仅关系着深度学习的进一步改进及发展, 更关系到机器学习领域的研究方式与发展方向, 这是现阶段机器学习的核心需求. 在应用数学领域, 深度学习的理论研究尽管困难重重, 却从未中断. 理论研究对保持深度学习实践持续成功的极端重要性早已成为学界的共识. 本章我们试图从学习理论的角度探讨深度学习的运行机制, 并提出若干有关深度学习的理论问题.

1.1 机器学习及其三要素

机器学习是指从有限数据中学习一般规律, 并利用该规律对未知数据进行预测、分析、解构的方法. 如图 1.2 所示, 一个完整的机器学习过程包含假设空间选取、优化策略制定及优化算法设计这三个要素. 这三者的选择分别对应着机器学习过程中的 "有什么"、"要什么" 以及 "怎么办" 三个问题. 机器学习三要素是机器学习的本质体现, 可以认为所有机器学习方法的设计都围绕这三个要素展开, 只有妥善选择三要素, 才能基于现有信息获得一个性能较好的机器学习方法.

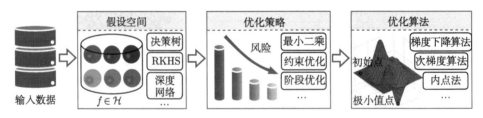

图 1.2 机器学习三要素

假设空间是反映数据某些特定信息的可参数化函数簇. 机器学习方法的命名大部分是由假设空间决定的. 比如核学习是以再生核 Hilbert 空间为假设空间的学习方法, 字典学习是以一系列字典原子所张成的线性空间为假设空间的学习方法, 而深度学习是以深度神经网络为假设空间的学习方法. 一般来讲, 假设空间要满足简单化及可参数化两个基本要求. 简单化是指假设空间中函数的组成方式尽可能统一、简单, 而可参数化是指在假设空间中寻找函数可以通过确定某些参数来实现.

给定样本 $D = \{(x_i, y_i)\}_{i=1}^{|D|}$, 优化策略是指如何通过 D 及假设空间 $\mathcal{H}$, 从数学上刻画目标函数的性质. 在一般情况下, 我们可通过如下的结构风险极小化来定义机器学习算法输出的预测函数:

$$f_{D,\lambda,\mathcal{H}} := \arg\min_{f\in\mathcal{H}} \frac{1}{|D|} \sum_{(x_i,y_i)\in D} \mathcal{L}(y_i, f(x_i)) + \lambda\Omega(f), \tag{1.1}$$

其中 $\mathcal{L} : \mathbb{R} \times \mathbb{R} \to \mathbb{R}_+$ 表示损失函数, $\Omega(f)$ 作为惩罚函数反映了 $f_{D,\lambda,\mathcal{H}}$ 的结构, 超参数 $\lambda \geqslant 0$ 用于平衡损失与结构约束. 优化策略的选择一般可归结为损失函数的选择、惩罚函数的选择以及超参数的选择. 在这里, 损失函数又叫代价函数, 是描述机器学习所得估计 "风险" 或 "损失" 的函数. 在应用中, 损失函数通常与优化问题及数据相联系, 即通过最小化损失函数求解和评估模型; 惩罚函数, 又称罚函数, 往往用于刻画机器学习所得估计的结构约束, 从而可以将先验信息纳入优化策略的制定中; 超参数, 又称正则参数, 用于平衡损失与解的结构. 优化策略的制定需要满足可解性与可解释性. 可解性是指所定义的优化问题 (1.1) 可通过特定的方式由计算机进行求解; 而可解释性是指所选择的损失函数与惩罚函数需要满足特定的几何、统计、物理学原理或现实需求.

优化算法或称学习算法, 聚焦优化问题 (1.1) 的求解, 通常包括一阶算法、二阶算法及梯度无关算法. 其中常用的一阶算法有 (随机) 梯度下降算法与次梯度算法, 二阶算法包括牛顿算法与拟牛顿算法, 而梯度无关算法包括交替方向乘子算法与块坐标下降算法等. 在一般情况下, 优化算法需要满足有效性与快速性两个基本要求. 有效性是指所设计的优化算法收敛且其极限与优化问题的 (近似) 全局极小点距离较近; 而快速性是指所设计的优化算法的计算代价尽可能小.

1.2 深度神经网络

作为机器学习在大数据时代的典型代表, 深度学习的定义至今一直比较模糊. 如维基百科将深度学习定义为 "深度学习是机器学习的分支, 是一种以人工神经网络为架构, 对资料进行表征学习的算法". 百度百科将深度学习定义为 "深度学习特指基于深层神经网络模型和方法的机器学习. 它是在统计机器学习、人工神经网络等算法模型基础上, 结合当代大数据和大算力的发展而发展出来的". 现有的文献鲜有具体的定义说明什么是深度学习, 或者说深度学习本身就是一个 "不明体", 其概念很难被具体框架所界定. 为方便后面的论述, 本书从机器学习三要素的角度给出深度学习的具体定义. 针对广泛应用与快速发展的深度学习方法, 这样的定义未必是精确的, 但能较为清楚地阐明本书的研究对象.

> **定义 1.1 深度学习**
>
> 深度学习是以深度神经网络为假设空间的机器学习方法.

基于上述定义, 深度学习与经典机器学习方法的核心区别在于不同的假设空间, 因而对深度学习的理论解释及其运行机理的探索可转向于研究深度神经网络相较传统浅层假设空间的优越性和特殊性, 这也是本书的核心内容. 为此, 我们简要介绍什么是深度神经网络.

神经网络的定义肇端于人脑的神经系统. 人们希望通过赋予计算机特定的计算模式来模拟如图 1.3 所示的人脑的感知过程. 人脑运作的核心在于其运用强大的生物神经网络处理各种不同的刺激并快速作出响应. 学者们期望设计一款辅助计算机进行上述操作的计算模式来实现类似的运作, 其模拟过程如图 1.4 所示.

图 1.3   人脑的感知过程

图 1.4   计算机的模拟过程

关于 (人工) 神经网络的具体来源、性质及发展, 本书不再赘述, 几乎所有以神经网络为主题的专著都会介绍, 有兴趣的读者可查阅文献 [43,71]. 本书关注深度神经网络的理论性态, 聚焦 (人工) 神经网络的数学定义. 给定隐藏层数 $L \in \mathbb{N}$, 令 $d_0 = d$, 第 ℓ 层宽度 $d_\ell \in \mathbb{N}$, $\ell = 1, \cdots, L$. 记 $\mathcal{J}_\ell : \mathbb{R}^{d_{\ell-1}} \to \mathbb{R}^{d_\ell}$ 为仿射变换

$$\mathcal{J}_\ell(x) := W_\ell x + \boldsymbol{b}_\ell, \tag{1.2}$$

其中 W_ℓ 是 $d_\ell \times d_{\ell-1}$ 的矩阵, $\boldsymbol{b}_\ell \in \mathbb{R}^{d_\ell}$. 给定一系列单变量函数 σ_ℓ, $\ell = 1, \cdots, L$, 对任意的 $\boldsymbol{z} = \left(z^{(1)}, \cdots, z^{(d_\ell)}\right)^{\mathrm{T}} \in \mathbb{R}^{d_\ell}$, 定义 $\sigma_\ell(\boldsymbol{z}) = \left(\sigma_\ell(z^{(1)}), \cdots, \sigma_\ell(z^{(d_\ell)})\right)^{\mathrm{T}}$, 我们可获得函数

$$\mathcal{N}_{d_1,\cdots,d_\Gamma,\sigma}(x) = \boldsymbol{a} \cdot \sigma_L \circ \mathcal{J}_L \circ \sigma_{L-1} \circ \mathcal{J}_{L-1} \circ \cdots \circ \sigma_1 \circ \mathcal{J}_1(x), \tag{1.3}$$

其中 $\boldsymbol{a} \in \mathbb{R}^{d_L}$ 称为外权, 且 $f \circ g(x) = f(g(x))$. 由此, 我们给出深度神经网络的定义.

> ### 定义 1.2 深度神经网络
>
> 我们称由式 (1.3) 所定义的函数为神经网络. 特别地, 当 $L = 1$ 时, 我们称其为浅层神经网络; 当 $L \geqslant 2$ 时, 我们称其为深度神经网络, 并称 L 为神经网络的深度 (或隐藏层数), $\boldsymbol{d}_L := (d_1, \cdots, d_L)^{\mathrm{T}}$ 为宽度向量, $d_\ell, \sigma_\ell, W_\ell, \boldsymbol{b}_\ell$ 分别为神经网络第 ℓ 层的宽度、激活函数、内权矩阵及偏置向量, $d_{\max} := \max\limits_{1 \leqslant \ell \leqslant L} d_\ell$ 为神经网络的宽度, $\boldsymbol{a}$ 为神经网络的外权向量.

图 1.5 描绘了一个具有 L 个隐藏层的深度神经网络. 需要注意的是, 在上述定义中, 我们将任意超过 2 个隐藏层的神经网络均定义为深度神经网络, 这与现有文献对深度神经网络的定义是不同的. 这样定义的原因有三个: 其一是深度神经网络中的深度本身就是一个定性的概念, 我们无法给出具体的定量标准来量化什么样的神经网络是深度神经网络. 举个简单的例子, 有人认为 1000 层的神经网络是深度神经网络, 那么 999 层就一定是浅层神经网络? 如果 999 层是深度神经网络, 那么 998 层呢? 以此类推可得 3 层、2 层的神经网络也是深度神经网络. 其二是对比核方法、经典浅层神经网络、字典学习这些本质上可视为采用以单隐藏层神经网络为假设空间的机器学习方法, 上述定义可体现出深度学习与这些经典方法的区别. 其三是有限参数的单隐藏层神经网络与两隐藏层神经网络所张成的空间从理论上来讲是完全不同的. 事实上, 本书定理 3.1 表明存在有限参数的两隐藏层神经网络, 其张成的空间在连续函数空间稠密, 这是单隐藏层神经网络无法做到的.

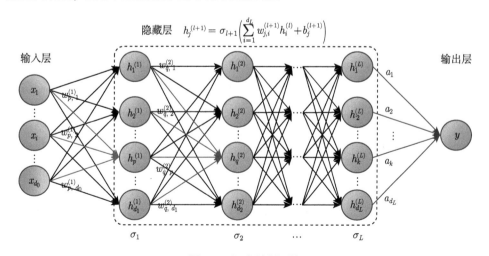

图 1.5 深度神经网络

由定义 1.2 与图 1.5 可知, 深度神经网络的逼近能力依赖于激活函数、深度、宽度向量、连接方式、参数共享方式等. 我们将后四个指标统称为深度神经网络的结构, 即深度神经网络的结构包括深度、宽度向量、连接方式及参数共享方式. 易知具有相同结构的深度神经网络具有相同的参数个数, 而具有相同参数个数的神经网络的结构却可以千差万别. 本书我们记 $\mathcal{N}_{n,L,\sigma}$ 为具有某种特定结构的包含 L 个隐藏层、n 个可调参数且每层均以 σ 为激活函数的深度神经网络, 记 $\mathcal{H}_{n,L,\sigma}$ 为所有这些 $\mathcal{N}_{n,L,\sigma}$ 的集合. 对任意的 $n \geqslant 1$, 易知 $|\mathcal{H}_{n,L,\sigma}| = \infty$. 特别地, 我们记 $\mathcal{H}_{d_1,\cdots,d_L,\sigma}$ 为所有包含 L 个隐藏层、宽度向量为 $\boldsymbol{d}_L = (d_1,\cdots,d_L)^{\mathrm{T}}$ 且每层均以 σ 为激活函数的全连接神经网络的集合. 易知 $\mathcal{H}_{d_1,\cdots,d_L,\sigma}$ 中的任一元素均有

$$n = d_L + \sum_{k=1}^{L}(d_{k-1}d_k + d_k) \tag{1.4}$$

个可调参数.

由定义 1.1 可知, 深度学习是以 $\mathcal{H}_{n,L,\sigma}$ $(L \geqslant 2)$ 为假设空间的机器学习方法. 要研究深度学习的运行机理, 我们还需要考虑优化策略的制定及优化算法的设计. 因为本书重点关注深度神经网络作为假设空间所能带来的理论优越性, 所以我们弱化了优化策略与优化算法的影响. 我们的优化策略聚焦于经典的最小二乘经验风险极小化策略:

$$f_{D,n,L,\sigma} \in \arg\min_{f \in \mathcal{H}_{n,L,\sigma}} \frac{1}{|D|} \sum_{(x_i,y_i)\in D}(y_i - f(x_i))^2. \tag{1.5}$$

记 $\Psi_{D,n,L,\sigma}$ 为所有上述 $f_{D,n,L,\sigma}$ 的集合. 需要注意的是, 本书的所有结论不仅适用于上述平方损失及回归问题, 也适用于 hinge 损失、对数损失等损失函数及分类问题, 只研究最小二乘经验风险极小化策略仅仅是为了描述方便. 由于 $\mathcal{H}_{n,L,\sigma}$ 的特性, 易知优化问题 (1.5) 是一个非凸优化问题且 $|\Psi_{D,n,L,\sigma}| > 1$ [36]. 我们暂不考虑问题 (1.5) 的求解, 而只探究 $\Psi_{D,n,L,\sigma}$ 中任一元素 $f_{D,n,L,\sigma}$ 的学习性能. 综上所述, 本书的研究对象是以 $\mathcal{H}_{n,L,\sigma}$ $(L \geqslant 2)$ 为假设空间、最小二乘经验风险极小化 (1.5) 为优化策略、任意能收敛至优化问题 (1.5) 全局极小解的算法为优化算法的机器学习方法.

1.3 学 习 理 论

学习理论, 又称统计学习理论, 是以预测准确度为目标, 并运用统计学、概率论、函数逼近论、泛函分析、拓扑学、优化理论等工具来量化预测准确度与样本

量之间关系的理论分析框架. 学习理论的核心思想是预测, 遵循 "不管黑猫、白猫, 能抓老鼠就是好猫" 的原则, 强调预测准确的机器学习方法就是好方法. 这与深度学习以预测准确度为核心衡量标准的思想是高度一致的, 这也是本书采用学习理论作为主要理论分析框架的主要原因.

由 1.2 节可知, 本书主要讨论深度神经网络在经典最小二乘回归框架下的运行机理, 我们简要介绍一下关于最小二乘回归的学习理论框架. 记 $\mathcal{X} \subseteq \mathbb{R}^d$ 为输入空间, $\mathcal{Y} \subseteq \mathbb{R}$ 为输出空间. 假设在度量空间 $\mathcal{Z} := \mathcal{X} \times \mathcal{Y}$ 上存在一个未知的概率分布 ρ, 满足

$$\rho(x, y) = \rho_X(x)\rho(y|x).$$

令 $D = \{z_i\}_{i=1}^{|D|}$, 其中 $z_i = (x_i, y_i)$ 是在 $\mathcal{Z}$ 上按照 ρ 独立同分布抽取的随机样本. 对任意的 $f : \mathcal{X} \to \mathcal{Y}$, 定义其泛化误差为

$$\mathcal{E}(f) := \int_{\mathcal{Z}} (f(x) - y)^2 d\rho.$$

泛化误差是在学习理论框架下对机器学习预测准确度的量化体现. 易知, 回归函数 [42]

$$f_\rho(x) := \int_{\mathcal{Y}} y d\rho(y|x)$$

极小化泛化误差, 即对任意的 ρ_X 平方可积函数 f, 均满足 $\mathcal{E}(f_\rho) \leqslant \mathcal{E}(f)$. 由于 ρ 未知, 故回归函数 f_ρ 也未知. 因此, 我们希望基于样本找到一个函数 f 能充分接近 f_ρ.

记 $L_{\rho_X}^2$ 为 ρ_X 平方可积函数空间, 定义其范数 $\|f\|_\rho := \left(\int_{\mathcal{X}} (f(x))^2 d\rho_X \right)^{1/2}$, 则对任意的 $f \in L_{\rho_X}^2$, 易证 [42]

$$\mathcal{E}(f) - \mathcal{E}(f_\rho) = \|f - f_\rho\|_\rho^2. \tag{1.6}$$

如果 f_D 为基于样本 D 获得的一个回归函数估计, 由于 D 的随机性, f_D 的泛化误差 $\mathcal{E}(f_D) - \mathcal{E}(f_\rho)$ 为随机变量. 因此, 我们需要从概率或者期望的角度来描绘泛化误差的大小. 记 ρ^m 为 ρ 的 m 重张量积, 则其泛化能力可由

$$\mathbb{E}[\|f_D - f_\rho\|_\rho^2] := \mathbb{E}_{\rho^{|D|}}[\|f_D - f_\rho\|_\rho^2] := \int_{\mathcal{Z}^{|D|}} \|f_D - f_\rho\|_\rho^2 d\rho^{|D|}$$

所度量.

给定一个机器学习方法, 学习理论基于三个方面来刻画其学习性能. 首先研究什么样的学习任务可以用该方法完成, 即通过增加样本个数, 该机器学习方法

所导出的回归函数估计的泛化误差是否都可以在期望 (或概率) 意义下一致趋向于 0? 这就是机器学习方法的万有一致性. 其次研究针对特定的学习任务, 该机器学习方法的最佳学习性能, 即对满足特定条件的回归函数类, 该方法的最优泛化误差阶是什么? 这就是机器学习方法的本质泛化阶. 最后研究针对特定的学习任务, 该机器学习方法是不是最佳选择, 即当回归函数满足一定条件时, 所导出的泛化误差阶是否与理论上最优的学习方法所导出的泛化阶相同. 这就是机器学习方法的最优泛化性. 我们接下来从数学上严格定义万有一致性、本质泛化阶与最优泛化性.

定义 1.3　机器学习方法的万有一致性

记 $\{f_m\}_{m=1}^{\infty}$ 为某机器学习方法基于 m 个样本所导出的回归函数估计的序列. 若对任意满足 $\mathbb{E}[y^2] < \infty$ 的分布 ρ, 均成立

$$\lim_{m \to \infty} \mathbb{E}\left[\|f_m - f_\rho\|_\rho^2\right] = 0, \tag{1.7}$$

则称估计 $\{f_m\}_{m=1}^{\infty}$ 为 (弱) 万有一致的, 同时称该机器学习方法为万有一致学习方法.

在一般情况下, 我们很难精准刻画数据分布 ρ 的先验信息, 所以万有一致性是机器学习方法的基本性质, 是该方法可行的先决条件. 现阶段几乎所有的机器学习方法包括局部平均估计 [42]、浅层神经网络 [4]、核方法 [123] 均被证明是具有万有一致性的. 令 Θ 为特定的函数集合, 记 $\mathcal{M}(\Theta)$ 为 $\mathcal{Z}$ 上所有满足 $f_\rho \in \Theta$ 的 Borel 测度的集合, 则针对给定的样本, 机器学习方法的本质泛化阶定义如下:

定义 1.4　机器学习方法的本质泛化阶

令 $\tau > 0$. 记 f_D 为某机器学习方法基于样本 D 所得的估计, 若

$$\sup_{\rho \in \mathcal{M}(\Theta)} \mathbb{E}\left[\|f_D - f_\rho\|_\rho^2\right] \sim |D|^{-\tau}, \tag{1.8}$$

则称该机器学习方法关于先验类 $\mathcal{M}(\Theta)$ 的本质泛化阶为 $|D|^{-\tau}$.

本质泛化阶通过同阶的泛化误差上下界估计来刻画机器学习方法的泛化性能. 关于本质泛化阶的研究是非常广泛的, 诸如局部平均估计 [42]、浅层神经网络方法 [88]、径向基函数网络方法 [80]、核方法 [123] 等机器学习方法针对特定回归函数类的本质泛化阶均已建立. 若已知 $\rho \in \mathcal{M}(\Theta)$, 且 $\mathcal{A}_D$ 为所有基于样本 D 所得的估计的集合, 则对于分布类 (或称先验类) $\mathcal{M}(\Theta)$, 由样本集 D 导出的最优

泛化误差可记为

$$e_D(\Theta) := \inf_{f_D \in \mathcal{A}_D} \sup_{\rho \in \mathcal{M}(\Theta)} \mathbb{E}[\|f_\rho - f_D\|_\rho^2]. \tag{1.9}$$

我们定义最优泛化性如下.

定义 1.5　机器学习方法的最优泛化性

记 f_D 为某机器学习方法基于样本集 D 所得的估计, 若

$$\sup_{\rho \in \mathcal{M}(\Theta)} \mathbb{E}\left[\|f_D - f_\rho\|_\rho^2\right] \sim e_D(\Theta), \tag{1.10}$$

则称该机器学习方法关于分布类 $\mathcal{M}(\Theta)$ 具有最优泛化性. 若存在 $v > 0$
使得

$$e_D(\Theta) \preceq \sup_{\rho \in \mathcal{M}(\Theta)} \mathbb{E}\left[\|f_D - f_\rho\|_\rho^2\right] \preceq e_D(\Theta)(\log|D|)^v, \tag{1.11}$$

则称该机器学习方法关于分布类 $\mathcal{M}(\Theta)$ 具有近似最优泛化性.

由上述定义可知, 最优泛化性是针对分布类 $\mathcal{M}(\Theta)$ 而言的, 脱离 $\mathcal{M}(\Theta)$ 讨论
泛化性是没有任何意义的. 同时, 针对特定的 $\mathcal{M}(\Theta)$, 具有最优泛化性的机器学习
方法并不唯一, 比如当回归函数满足一定光滑性时, 可证明局部平均估计、浅层神
经网络方法、核方法均满足最优泛化性. 需要强调的是, 最优泛化性是衡量机器学
习方法与学习任务适配性的最重要标准, 也是评判不同算法优劣的主要工具. 本
书的核心思想就是围绕不同的分布类 $\mathcal{M}(\Theta)$, 证明深度神经网络方法 (1.5) 具备
最优泛化性而浅层神经网络方法不具备.

用学习理论框架来量化机器学习方法预测性能的基本策略是将泛化误差分解
为多种不同的误差来刻画机器学习方法的不同组成部分. 我们知道, 针对特定的
学习任务, 一个好的机器学习方法需要同时适配合适的假设空间、优化策略与优
化算法. 在学习理论的框架下, 我们通常利用逼近误差、样本误差及优化误差分别
反映假设空间、优化策略及优化算法的质量. 令 $\mathcal{H}$ 为假设空间, $f_\mathcal{H}$ 为 f_ρ 在 $\mathcal{H}$ 中
的最佳逼近, 即 $f_\mathcal{H} := \arg\min_{g \in \mathcal{H}} \|f_\rho - g\|_\rho$. 定义逼近误差为

$$\mathcal{A}(\mathcal{H}) := \|f_\rho - f_\mathcal{H}\|_\rho^2 = \mathcal{E}(f_\mathcal{H}) - \mathcal{E}(f_\rho).$$

逼近误差刻画了假设空间对回归函数的逼近能力. 基于优化策略 (1.1), 我们得到
了一个估计 $f_{D,\lambda,\mathcal{H}}$, 并由此定义样本误差为

$$\mathcal{S}(\mathcal{H}, D, \lambda) := \mathcal{E}(f_{D,\lambda,\mathcal{H}}) - \mathcal{E}(f_\mathcal{H}).$$

样本误差描述了所设计的优化策略通过样本集 D 寻找 $f_{\mathcal{H}}$ 的能力. 若我们通过某优化算法迭代 t 次得到了优化问题 (1.1) 的一个数值解 $f_{D,\lambda,\mathcal{H},t}$, 定义优化误差为

$$\mathcal{P}(\mathcal{H}, D, \lambda, t) := \mathcal{E}(f_{D,\lambda,\mathcal{H},t}) - \mathcal{E}(f_{D,\lambda,\mathcal{H}}).$$

优化误差刻画了算法与模型的差距. 因此, 针对所得到的一个数值解 $f_{D,\lambda,\mathcal{H},t}$, 其泛化误差可分解为逼近误差、样本误差与优化误差的和, 即

$$\mathcal{E}(f_{D,\lambda,\mathcal{H},t}) - \mathcal{E}(f_\rho) = \mathcal{A}(\mathcal{H}) + \mathcal{S}(\mathcal{H}, D, \lambda) + \mathcal{P}(\mathcal{H}, D, \lambda, t).$$

图 1.6 描绘了机器学习三要素与学习理论误差分解的关系. 一般来说, 逼近误差估计是函数逼近论的核心研究内容, 样本误差估计是统计学的主要研究对象, 优化误差估计是优化理论的重要研究目标, 所以学习理论是函数逼近论、统计学以及优化理论在机器学习领域的联合应用. 由于本书不考虑具体的优化算法设计, 即不考虑优化误差, 因此我们的核心目标是探索采用深度神经网络作为假设空间后, 优化问题 (1.5) 的任一解 $f_{D,n,L,\sigma}$ 的逼近误差与样本误差估计.

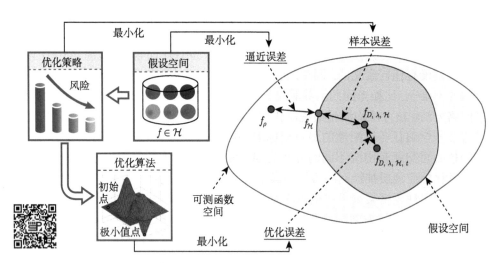

图 1.6　机器学习三要素与学习理论误差分解的关系

1.4　深度神经网络的学习理论问题

基于定义 1.1, 深度学习是以深度神经网络为假设空间的机器学习方法, 因此研究深度学习的运行机制及优越性可归结为在学习理论的框架下探索以深度神经网络为假设空间的机器学习方法的本质泛化阶及最优泛化性. 由此自然产生了第一个问题.

问题 1.1　深度的必要性问题

作为假设空间, 深度神经网络是否一定优于浅层神经网络?

从浅层到深层, 神经网络的训练, 不管是计算量, 还是训练难度都加大了. 探究深度学习优越性的首要且基本的任务是要阐明深度的必要性问题. 问题 1.1 的解答并不容易. 事实上, 我们既要理清浅层神经网络的瓶颈, 阐明什么学习任务是浅层神经网络无法完成的, 又要确定深度神经网络可以克服该瓶颈, 乃至证明其关于特定学习任务具有最优泛化性.

显而易见, 深度神经网络并不是任何情况下都会严格好于浅层神经网络. 举个简单的例子, 针对一个回归函数本身就是浅层神经网络的机器学习问题, 深度神经网络未必会比浅层神经网络更适用. 于是很自然产生了第二个问题.

问题 1.2　深度神经网络的适用性

在什么情况下用深度神经网络会更好?

问题 1.2 是问题 1.1 的深化. 对于问题 1.1, 我们只要证明存在某类学习任务, 在此类任务上深度神经网络优于浅层神经网络即可. 然而问题 1.2 更复杂, 需要深入对比深度神经网络与浅层神经网络在各种应用场景下的学习性能, 进而确定深度学习的适用范围. 问题 1.2 的回答不仅需要关注深度神经网络与浅层神经网络对特定任务的本质泛化阶, 还需要将特定应用场景的先验信息通过回归函数的性质量化出来, 进而确定深度学习与该应用场景是否更具适配性. 适用性问题是阐明深度神经网络优越性的关键, 从理论上理清深度学习的适用范围可避免实践中深度学习的 "滥用" 与 "误用", 减少不必要的人力与物力投入.

众所周知, 深度神经网络并不是一个新的概念. 早在 20 世纪 90 年代, 文献 [21] 便已经证明了深度神经网络具有浅层神经网络不具备的局部逼近性质. 但是, 为什么在深度学习兴起前很少有人关注到深度神经网络呢? 一个普遍的观点是, 这是计算资源和数据资源的匮乏所导致的. 当数据规模较小时, 不管是深度神经网络还是浅层神经网络均无法充分抓取数据的特征, 而计算与存储代价促使人们抛开深度神经网络只研究浅层神经网络的学习性能, 并一直持续这样的研究模式直至深度学习的出现. 正所谓 "巧妇难为无米之炊", 深度学习作为 "巧妇", 是否一定需要大量的数据作为 "米" 来体现其价值? 这产生了第三个问题.

问题 1.3　深度神经网络的数据规模问题

为什么深度神经网络在大数据时代能取得这么大的成功?

问题 1.3 的回答聚焦两个方面: 其一是在数据规模较小时, 证明通过加深网络的方式并不能从本质上提高浅层神经网络的学习性能; 其二是证明当数据规模较大时, 深度神经网络能抓取浅层神经网络无法抓取的数据特征, 进而从本质上提高其学习性能. 该问题的回答将系统地解释为什么深度学习在大数据时代会大获成功, 为深度学习的使用提供方向性指导.

上述三个问题关注深度神经网络的必要性及适用场景, 但并未揭示深度所起的作用. 事实上, 对于特定的学习任务, 网络越深是否代表学习性能越好, 这依然是一个悬而未决的问题. 从实践的角度, 很多学者认为越深的网络具有越强的特征抽取能力, 预示着搭建更深层的网络会带来更佳的学习效果, 这样的论断正确吗? 如何为特定学习任务适配特定的网络深度是深度学习的难点, 这产生了第四个问题.

> **问题 1.4   深度神经网络的深度选择问题**
>
> 深度对神经网络的泛化性能有何影响?

基于深度的必要性, 在特定任务下, 深度肯定会对神经网络的学习性能产生影响. 该问题聚焦的是若将神经网络的本质泛化阶看成关于深度的函数, 那么该函数与深度会呈现怎样的关系? 关于深度单调递减, 还是存在一个最优的深度? 抑或存在一个临界深度, 当深度小于该临界深度时泛化性能较差而大于该临界深度时泛化性能不变? 该问题的回答需要同时考虑深度在估计逼近误差与样本误差时所起的作用. 深度选择问题是深度学习的重点和难点, 该问题的解答将有助于人们理解深度的本质作用.

除了深度和数据规模, 连接方式与共享机制的设计也是深度学习取得成功的重要原因之一. 基于此, 人们很想知道针对特定的学习任务该如何选择合适的网络结构. 纵然全连接神经网络具有很强的表示能力, 但是人们往往无法在全连接神经网络中嵌入诸如图片的平移不变性、旋转不变性等先验信息. 很自然地, 这产生了第五个问题.

> **问题 1.5   深度神经网络的结构选择问题**
>
> 网络的结构选择如何影响深度神经网络的泛化性能?

因为深度神经网络有无穷多种结构, 上述问题不存在普适性的回答. 我们只能聚焦几种常见的网络结构, 比如全连接神经网络、稀疏连接神经网络、卷积神经网络等. 本书对该问题的回答只聚焦于深度卷积神经网络与深度全连接神经网络的泛化性能比较. 事实上, 最好的网络结构肯定依赖于学习任务本身, 这是普适性理论无法揭示的.

前面的 5 个问题关注优化策略 (1.5) 的泛化性能, 希望从模型的角度揭示深度学习的运行机制及深度的优越性. 分析的核心思想是采用经典的偏差-方差平衡原理 [25], 即最好的泛化误差是通过平衡逼近误差与样本误差来实现的, 只有当逼近误差与样本误差相近时, 泛化误差才能达到最好. 偏差-方差平衡原理的核心要求是深度神经网络不能有太多的参数, 即网络参数的个数必须小于样本的个数. 然而为保证存在收敛于优化问题 (1.5) 全局极小解的优化算法, 网络参数却往往要多于样本个数 [3], 这从偏差-方差平衡原理的角度来看势必会造成过拟合现象, 即算法得到的估计对给定的训练数据具有很好的拟合效果但其泛化性能较差. 上述关于泛化的欠参数化设定与关于优化的过参数化设定是矛盾的, 这也是造成现阶段关于深度神经网络的学习理论不太明朗的重要原因之一, 因此我们关注下述问题.

> **问题 1.6** 过参数化深度神经网络的泛化性问题
>
> 过参数化深度神经网络是否可以规避过拟合现象?

问题 1.6 的回答有悖于经典的偏差-方差平衡原理, 故需要建立一套全新的学习理论体系. 注意到优化问题 (1.5) 在过参数化的设定下有无穷多个全局极小解, 而这些全局极小解性态各异, 我们无法建立相应的理论来证明其所有的全局极小解都具有良好的学习性能. 事实上, 上述论断本身就不成立, 即在过参数化的设定下, 优化问题 (1.5) 一定存在泛化性能很差的全局极小解. 因此, 我们转向求证, 优化问题 (1.5) 是否存在泛化性能极好的全局极小点? 如果存在, 该如何找到它?

上述六个问题是深度神经网络及深度学习的基本理论问题, 对这六个问题的持续研究将在一定程度上揭示深度学习的运行机制并阐明其优越性. 本书的后续内容无法完全回答这六个问题, 而只是给出了一些初步的探索. 我们需要有更多的学者关注这些问题并持续深入地进行探索与研究, 理清深度学习的脉络与运行机制, 为进一步理解与使用深度学习添砖加瓦.

1.5 文 献 导 读

本章简述了机器学习、深度学习、学习理论的一些基本概念及深度神经网络的若干学习理论问题. 关于机器学习、神经网络学习、深度学习的算法设计与应用的专著非常多, 此处不再赘述. 读者可参阅 [17,36,43] 这三部重要专著. 在这里, 作者简要介绍三部纯学习理论方向的专著, 希望能给有兴趣的读者提供一点帮助.

专著 [42] 运用学习理论的观点, 研究了局部化方法、字典学习、浅层神经网

络等经典方法的泛化误差估计. 该书所建立的关于 (非) 线性最小二乘的若干学习
理论工具可直接被应用于若干深度学习算法的泛化误差估计. 该书提供了大量算
法分析的理论框架, 包括如何建立特定算法的万有一致性, 如何推导特定算法的
本质泛化阶以及如何验证特定算法是否具有最优泛化性. 该书的阅读与理解需要
一定的统计学与概率论基础, 是一部非常好的学习理论的入门书籍.

专著 [25] 从函数逼近论出发, 讲述了估计核方法的逼近误差与样本误差, 进
而导出相应的泛化误差估计的方法. 该书建立了一系列适用于不同机器学习方法
的容量 (覆盖数) 估计, 并建立了核方法的泛化误差与相应假设空间的逼近性能及
覆盖数的若干关系. 但专著 [25] 的理解和阅读要求有较强的统计学与概率论基础
以及较强的函数逼近论与泛函分析功底, 这是一部学习理论方向的进阶书籍.

以上两部专著主要聚焦最小二乘回归问题, 即只考虑平方损失. 专著 [123] 聚
焦一般凸损失下核方法的学习理论. 类似于专著 [25], 该书建立了一系列如何由
假设空间的逼近性能及覆盖数估计推导核方法泛化性能的理论分析框架. 该理论
分析框架不仅适用于回归, 还适用于分类及分位数回归等. 但与专著 [25] 相仿, 该
书的阅读和理解也需要有较强的统计与分析基础.

除去以上三部专著, 关于机器学习与神经网络理论的专著还有很多, 包括 [4,
48, 102, 120, 122, 125] 等重要书籍以及作者未曾注意到或未曾阅读过的众多其他书
籍. 我们只介绍这三部专著的主要原因是本书所用的理论证明框架与之有较强的
相关性.

最后我们对本章的论述作简要总结.

本章总结

本章介绍了本书的研究对象, 即在学习理论的框架下, 围绕深度的必要性、
深度的适用性、数据规模的问题、深度选择问题、结构选择问题、过参数
化深度神经网络的泛化性问题这六个方面展开论述, 以期能在一定程度上
揭示深度学习的运行机制并阐明其优越性.

第 2 章　浅层神经网络的逼近理论

本章导读

方法论: 浅层神经网络的优缺点.

分析技术: 导出浅层神经网络的逼近上界与逼近下界的证明框架.

传统的线性回归、字典学习等线性学习方法由于确定了假设空间的基底, 其学习性能强烈依赖于所选基底的质量. 核方法 [122] (通常情况下) 采用无限维的再生核 Hilbert 空间作为假设空间以期能摆脱这种基底依赖性. 然而在无限维空间内寻找回归函数估计的直接结果是高计算代价与存储要求. 浅层神经网络聚焦利用数据学习基底以克服线性方法的基底依赖性. 显然, 这种数据驱动的基底学习方式将原本只需通过线性优化策略即可求解的 "简单" 机器学习问题演变为需要通过非线性优化策略才能求解的 "复杂" 机器学习问题. 人们自然会问: 这种线性到非线性的转变有什么好处? 换言之, 浅层神经网络一定会比传统的线性方法更好吗? 本章将从逼近误差的角度揭示浅层神经网络的优越性及局限性. 在分析技术方面, 本章介绍了如何运用 Taylor 公式导出浅层神经网络对光滑函数的逼近上界. 同时本章建立了假设空间的覆盖数与逼近下界的关系, 导出了浅层神经网络对光滑函数的逼近下界. 总而言之, 本章提供了一套推导浅层神经网络本质逼近阶的证明框架. 对这套证明框架感兴趣的读者可详阅 2.4 节, 不感兴趣的读者直接跳过理论证明部分, 不会影响对本书的阅读. 为了叙述方便, 本章仅就输入空间 $\mathbb{I}^d = [0,1]^d$ 来分析浅层神经网络的逼近性质, 所有的结论对 $\mathbb{R}^d$ 中的紧子集均成立.

2.1　浅层神经网络的稠密性

记 $\mathcal{H}_{d_1,\sigma}$ 为所有宽度为 d_1 的浅层 (或称单隐藏层) 神经网络的集合, 即

$$\mathcal{H}_{d_1,\sigma} = \left\{ \sum_{j=1}^{d_1} a_j \sigma(\boldsymbol{w}_j \cdot x + b_j) : a_j, b_j \in \mathbb{R}, \boldsymbol{w}_j \in \mathbb{R}^d \right\}. \tag{2.1}$$

因此 $\mathcal{H}_{d_1,\sigma}$ 中的任一元素均有 $n = (2+d)d_1$ 个可调参数. 由 (2.1) 可知, 相较于传统的线性方法, 浅层神经网络引入了激活函数 σ 来刻画假设空间的非线性. 易

知, 若 $\sigma(t) = t$, 则 $\mathcal{H}_{d_1,\sigma}$ 为标准的线性假设空间 $\mathrm{span}\{x^{(1)}, \cdots, x^{(d)}\}$. 由此可知, 浅层神经网络的学习性能强烈依赖于激活函数的选择. 表 2.1 列举了几个常见的激活函数. 当 $\sigma(t) = t$ 时, 不管 d_1 取多大, 浅层神经网络 (2.1) 的逼近能力不会强于上述的标准线性假设空间, 由此自然产生了下述问题.

表 2.1　常见的激活函数

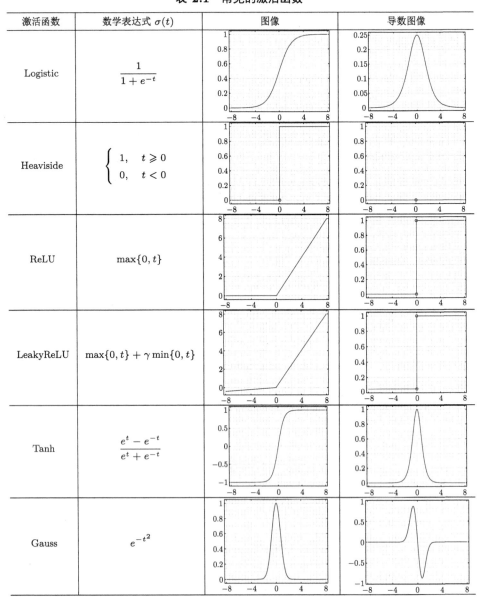

激活函数	数学表达式 $\sigma(t)$	图像	导数图像
Logistic	$\dfrac{1}{1 + e^{-t}}$		
Heaviside	$\begin{cases} 1, & t \geqslant 0 \\ 0, & t < 0 \end{cases}$		
ReLU	$\max\{0, t\}$		
LeakyReLU	$\max\{0, t\} + \gamma\min\{0, t\}$		
Tanh	$\dfrac{e^t - e^{-t}}{e^t + e^{-t}}$		
Gauss	e^{-t^2}		

> **问题 2.1 浅层神经网络的激活函数选择**
>
> 选择非线性激活函数能否从本质上提高线性假设空间的逼近能力? 进一步,什么样的函数可以被浅层神经网络所逼近?

上述问题的回答涉及著名的神经网络稠密性问题, 或称为神经网络的万有逼近性质. 在介绍万有逼近性质前, 我们先定义集合间的距离. 记 $\mathbb{B}$ 为 Banach 空间, $U, V \subset \mathbb{B}$, 定义

$$\operatorname{dist}(U, V, \mathbb{B}) := \sup_{f \in U} \operatorname{dist}(f, V, \mathbb{B}) := \sup_{f \in U} \inf_{g \in V} \|f - g\|_{\mathbb{B}} \tag{2.2}$$

为在空间 $\mathbb{B}$ 的测度下, 集合 U 和 V 的距离. 以下关于浅层神经网络万有逼近性质的定义是回答问题 2.1 的关键.

> **定义 2.1 浅层神经网络的万有逼近性质**
>
> 对任意的 $f \in C(\mathbb{I}^d)$ 及 $\varepsilon > 0$, 若存在 N, 使得当 $d_1 \geqslant N$ 时, 总成立
>
> $$\operatorname{dist}(f, \mathcal{H}_{d_1, \sigma}, C(\mathbb{I}^d)) < \varepsilon,$$
>
> 则称 $\mathcal{H}_{d_1, \sigma}$ 具有万有逼近性质.

若浅层神经网络具有万有逼近性质, 则由定义可知当网络足够宽时, 该网络可逼近任意的连续函数至任意精度. 也就是说, 当 d_1 充分大时, $\mathcal{H}_{d_1, \sigma}$ 在 $C(\mathbb{I}^d)$ 中稠密. 下述定理给出了使浅层神经网络具有万有逼近性质的激活函数选择的充要条件.

> **定理 2.1 浅层神经网络的万有逼近性质 (连续激活函数)**
>
> 若 $\sigma \in C(\mathbb{R})$, 则 $\mathcal{H}_{d_1, \sigma}$ 具有万有逼近性质的充要条件为 σ 不是多项式.

定理 2.1 表明当激活函数为连续的非多项式函数时, 随着宽度的增加, 浅层神经网络可以逼近任意的连续函数至任意精度. 事实上, 除了 Heaviside 激活函数, 表 2.1 中其他的激活函数均满足定理 2.1 的条件. 定理 2.1 对激活函数的约束实际上可以推广到不连续激活函数, 从而可以保证以 Heaviside 函数为激活函数的浅层神经网络也具有万有逼近性质.

定理 2.2 浅层神经网络的万有逼近性质 (可积激活函数)

若 $\sigma : \mathbb{R} \to \mathbb{R}$ 有界且在 $\mathbb{R}$ 的任意闭子区间上可积, 则 $\mathcal{H}_{d_1,\sigma}$ 具有万有逼近性质的充要条件为 σ 不是多项式.

上述两个定理正面回答了问题 2.1, 即选择非线性激活函数确实可以从本质上提高线性假设空间的逼近能力. 进一步, 只要网络足够宽, 浅层神经网络就可以逼近任意的连续函数. 基于上述两个定理, 我们发现, 仅就逼近连续函数而言, 采用浅层神经网络作为假设空间就已经足够了, 似乎没有必要再加深网络. 然而, 这个结论是不客观的, 因为万有逼近性质并未将逼近的代价纳入考量. 事实上, 如果仅从逼近的角度出发, 著名的 Weierstrass 逼近定理 [107] 表明多项式也满足类似的万有逼近性质. 因此, 为比较浅层神经网络与传统线性方法的优劣, 除了研究其稠密性, 我们更要关注其复杂性, 即研究逼近误差与网络宽度 (或参数个数) 之间的量化关系.

2.2 浅层神经网络逼近的复杂性与优越性

如上所述, 神经网络稠密性问题只关注可被浅层神经网络逼近的函数类, 并未考虑逼近代价的问题. 鉴于此, 探讨神经网络的复杂性问题就变得尤为重要, 即需要量化浅层神经网络的宽度 d_1 与其逼近精度之间的关系. 为此我们需要介绍本质逼近阶的概念.

定义 2.2 本质逼近阶

令 $\tau > 0$ 及 $\Theta \subseteq C(\mathbb{I}^d)$. 若

$$\operatorname{dist}(\Theta, \mathcal{H}_{d_1,\sigma}, C(\mathbb{I}^d)) \sim d_1^{-\tau}, \tag{2.3}$$

则称浅层神经网络 $\mathcal{H}_{d_1,\sigma}$ 对于函数类 Θ 的本质逼近阶为 $d_1^{-\tau}$.

本质逼近阶表明神经网络对特定函数类的最优逼近能力. 建立神经网络的本质逼近阶是研究复杂性问题的关键. 换言之, 只有建立了神经网络的本质逼近阶, 我们才能从本质上阐明逼近精度与网络宽度之间的关系. 本质逼近阶中的逼近上界阐述了浅层神经网络能做什么, 体现的是神经网络的优越性; 逼近下界则刻画了浅层神经网络不能做什么, 表明了神经网络的局限性. 本节我们主要讨论浅层神经网络的逼近上界, 进而彰显其优越性. 在 2.3 节, 我们将会讨论其逼近下界并阐明其局限性.

研究浅层神经网络的逼近上界需要以经典的逼近工具为参照物, 比如代数多项式、样条、小波、分片常数函数等. 本书主要以代数多项式作为参照物来讲述浅层神经网络乃至深度神经网络逼近的优越性. 采用代数多项式为参照物的原因有两个: 一方面, 代数多项式作为最经典的逼近工具之一, 其本质逼近阶已被学者广泛研究, 函数逼近论中著名的逼近正定理与逆定理[28] 就是讲述代数多项式的逼近上界与逼近下界; 另一方面, 代数多项式张成的空间为线性空间, 这有别于浅层神经网络张成的非线性空间, 探明两者在逼近特定函数类时的差异有利于理解线性逼近与非线性逼近的差异. 由于浅层神经网络的结构固定, 其逼近能力仅依赖于网络宽度、激活函数以及参数约束. 下述定理表明, 在不对参数作任何约束时, 存在理论上 "好" 的激活函数使得浅层神经网络的逼近能力本质优于代数多项式.

> **定理 2.3** **浅层神经网络与代数多项式逼近能力比较: 最优激活函数**
>
> 存在非多项式激活函数 $\sigma \in C(\mathbb{R})$, 使得对任意的 $f \in C(\mathbb{I}^d)$ 及 $\varepsilon > 0$, 若 $d_1 = \begin{pmatrix} s+d-1 \\ s \end{pmatrix}$, 则
>
> $$\mathrm{dist}(f, \mathcal{H}_{d_1,\sigma}, C(\mathbb{I}^d)) \leqslant \mathrm{dist}(f, \mathcal{P}_s(\mathbb{I}^d), C(\mathbb{I}^d)) + \varepsilon. \tag{2.4}$$

我们将满足 (2.4) 的激活函数定义为浅层神经网络的最优激活函数, 易知任意的 s 阶多项式包含 $\begin{pmatrix} s+d \\ s \end{pmatrix} \sim s^d$ 个参数, 而定理 2.3 表明浅层神经网络只需要 $n = (d+2)d_1 = \begin{pmatrix} s+d-1 \\ s \end{pmatrix} \sim s^{d-1}$ 个参数即可达到 s 阶多项式的逼近阶, 这揭示了在理想情况下 (激活函数取最优且不考虑参数的选择范围), 浅层神经网络的逼近能力会强于代数多项式. 然而上述理想状态在实际中是很难达到的, 原因有三: 其一, 最优激活函数的构造极为复杂, 虽然文献 [40] 给出了最优激活函数的近似构造方法, 但是其构造需要罗列所有的有理系数多项式, 我们最多只能找到其近似而非精确的构造; 其二, 达到上述要求的神经网络的参数幅值 (绝对值) 过大, 我们很难通过常规算法寻找到幅值如此大的内权或者偏置, 换言之, 即使可以精确构造激活函数, 也很难通过常规算法寻找到定理 2.3 所描述的浅层神经网络; 其三, 定理 2.3 表明了浅层神经网络的优越性, 说明在可调参数相仿的情况下, 存在浅层神经网络, 其容量远大于多项式所张成空间的容量. 然而, 我们无法量化满足定理 2.3 的浅层神经网络 $\mathcal{H}_{d_1,\sigma}$ 的容量, 这导致其很难被用到机器学习上去, 因为机器学习方法的假设空间不仅要具有较强的逼近能力, 而且要满足容量可控的要

求 (文献 [25, Chap.1]).

定理 2.3 虽然从函数逼近的角度揭示了浅层神经网络相较于代数多项式的本质优势, 但这种优势是建立在最优激活函数和无约束参数这两个条件下的. 下述定理表明, 如果我们去除最优激活函数这个条件, 那么浅层神经网络相对代数多项式的优势将不会那么大.

定理 2.4   浅层神经网络与代数多项式逼近能力比较: 常用激活函数

如果非多项式激活函数 $\sigma \in C^{\infty}(\mathbb{R})$, 且 $d_1 \sim s^d$, 则对任意 $f \in C(\mathbb{I}^d)$ 及 $\varepsilon > 0$, 均成立

$$\mathrm{dist}(f, \mathcal{H}_{d_1,\sigma}, C(\mathbb{I}^d)) \leqslant \mathrm{dist}(f, \mathcal{P}_s(\mathbb{I}^d), C(\mathbb{I}^d)) + \varepsilon.$$

定理 2.4 表明在拥有相仿可调参数的情况下, 只要激活函数是无限次可导且不是多项式, 那么浅层神经网络的逼近能力一定不弱于代数多项式. 与定理 2.3 相比, 上述定理增加了浅层神经网络的神经元个数, 其好处是大大放松了激活函数的约束. 事实上, 表 2.1 中的 Logistic, Tanh 及 Gauss 激活函数均满足定理 2.4 的条件. 虽然定理 2.4 降低了激活函数的要求, 但并未考虑参数的约束. 由于 $\mathcal{H}_{d_1,\sigma}$ 包含了参数幅值极大的神经网络, 我们很难通过优化算法学习到这类网络, 因此上述定理所展现的优越性也仅仅限于理论层面, 从而无法解释浅层神经网络在应用中所取得的优势. 基于此, 人们自然产生这样的疑问: 是否存在参数幅值可控、激活函数不复杂的浅层神经网络, 其逼近性能不弱于代数多项式? 很遗憾, 到目前为止, 在不加深网络的情况下, 我们很难找到满足上述要求的神经网络. 主要原因是代数多项式的系数幅值可以非常大, 而参数幅值可控的神经网络在 $\mathbb{I}^d$ 的函数值往往一致有界, 使其无法逼近任意的多项式.

基于上述论断, 在考虑特定激活函数和有限幅值参数的浅层神经网络时, 人们无法就逼近能力将其与代数多项式直接进行比较. 取而代之, 学者将目标锁定为研究浅层神经网络与代数多项式对特定函数类的逼近性能, 进而体现前者相较于后者在函数逼近方面的优越性. 关于这方面的研究众多, 本书就不一一赘述, 有兴趣的读者可参阅综述文章 [111]. 由于光滑函数类是函数逼近论中最重要的研究对象之一, 我们仅简单描述浅层神经网络对光滑函数的逼近性质. 为此先给出光滑函数类的定义.

定义 2.3 (r, c_0)-光滑函数类

令 $c_0 > 0$, $r = u + v$ 满足 $u \in \mathbb{N}_0 := \{0\} \cup \mathbb{N}$ 及 $0 < v \leqslant 1$. 若定义在 A 上的函数 f 为 u 次可微且对任意满足 $\alpha_1 + \cdots + \alpha_d = u$ 的向量 $\boldsymbol{\alpha} = (\alpha_1, \cdots, \alpha_d)^{\mathrm{T}} \in \mathbb{N}_0^d$ 及 $x, x' \in A$, 其偏导数

$$f_{\boldsymbol{\alpha}}^{(u)}(x) = \frac{\partial^u f}{(\partial x^{(1)})^{\alpha_1} \cdots (\partial x^{(d)})^{\alpha_d}}(x)$$

满足 Lipschitz 条件

$$\left| f_{\boldsymbol{\alpha}}^{(u)}(x) - f_{\boldsymbol{\alpha}}^{(u)}(x') \right| \leqslant c_0 \|x - x'\|^v, \tag{2.5}$$

则称 f 为 (r, c_0)-光滑函数. 记 $\mathrm{Lip}^{(r, c_0)}(A)$ 为所有满足 (2.5) 的定义在 A 上的 (r, c_0)-光滑函数的集合.

因为 (r, c_0)-光滑函数可以通过逼近逆定理由代数多项式的逼近能力所刻画[28], 所以研究浅层神经网络对 (r, c_0)-光滑函数的逼近性能也可视为其与代数多项式逼近性能的比较. 事实上, 逼近正逆定理表明

$$\mathrm{dist}(\mathrm{Lip}^{(r, c_0)}(\mathbb{I}^d), \mathcal{P}_s(\mathbb{I}^d), C(\mathbb{I}^d)) \sim s^{-r}. \tag{2.6}$$

上式结合定理 2.4 即可推出下述定理.

定理 2.5 浅层神经网络对光滑函数的逼近 I

令 $r, c_0 > 0$. 若非多项式激活函数 $\sigma \in C^\infty(\mathbb{R})$ 且 $f \in \mathrm{Lip}^{(r, c_0)}(\mathbb{I}^d)$, 则

$$\mathrm{dist}(f, \mathcal{H}_{d_1, \sigma}, C(\mathbb{I}^d)) \preceq d_1^{-r/d}. \tag{2.7}$$

定理 2.5 表明逼近光滑函数时, 浅层神经网络的逼近性能至少不弱于代数多项式. 需要注意的是, 定理 2.5 对激活函数的光滑性有很强的要求且未对参数幅值作任何约束. 接下来, 我们定义

$$\mathcal{H}_{d_1, \sigma, \mathcal{R}} := \{h \in \mathcal{H}_{d_1, \sigma} : h \text{ 的所有参数的绝对值不超过 } \mathcal{R}\} \tag{2.8}$$

为参数幅值可被 $\mathcal{R} > 0$ 控制的浅层神经网络的集合. 我们考虑 $\mathcal{H}_{d_1, \sigma, \mathcal{R}}$ 的逼近能力. 下述定理虽然只在一维情况下成立, 但是对浅层神经网络逼近的发展起着较为重要的作用. 为此, 我们先介绍 k 阶 Sigmoid 函数的概念. 若对 $k \in \mathbb{N}_0, \sigma$ 满足

$$\lim_{t \to \infty} \frac{\sigma(t)}{t^k} = 1, \qquad \text{且} \qquad \lim_{t \to -\infty} \frac{\sigma(t)}{t^k} = 0, \tag{2.9}$$

则称 σ 为 k 阶 Sigmoid 函数. 易知 Heaviside 函数、Logistic 函数为 0 阶 Sigmoid 函数, ReLU 函数为 1 阶 Sigmoid 函数.

定理 2.6   浅层神经网络对光滑函数的逼近 II

令 $r, c_0 > 0$, a 为仅与 r, c_0 有关的常数及 $k \in \mathbb{N}_0$ 满足 $k \geqslant \lfloor r - 1 \rfloor$. 若 $\mathcal{R} \sim d_1^a$, σ 为连续的 k 阶 Sigmoid 函数且 $f \in \mathrm{Lip}^{(r,c_0)}(\mathbb{I})$, 则有

$$\mathrm{dist}(f, \mathcal{H}_{d_1,\sigma,\mathcal{R}}, C(\mathbb{I})) \preceq d_1^{-r}. \tag{2.10}$$

该定理表明了在逼近特定的光滑函数类时, 存在参数幅值可控、激活函数不复杂的浅层神经网络, 其性能至少不弱于代数多项式. 若对激活函数加上更多约束, 我们可在多维空间中获得类似的结果, 即存在浅层神经网络, 其激活函数结构简单且参数幅值可控, 使得类似 (2.7) 的结果成立, 具体可参阅文献 [90, 100] 等. 定理 2.6 同时表明激活函数的 Sigmoid 阶数决定了相应浅层神经网络的可逼近函数类. 举个简单的例子, 若 $k = 2$, 上述浅层神经网络仅能在逼近 $\mathrm{Lip}^{(3,c_0)}(\mathbb{I})$ 中的函数时取得与代数多项式类似的效果.

2.3   浅层神经网络逼近的局限性

2.2 节对比了浅层神经网络与代数多项式的逼近能力. 我们的基本结论是: 在选择最优激活函数和不考虑参数约束的情况下, 浅层神经网络的逼近能力本质上优于多项式, 然而在一般情况下, 我们只能证明浅层神经网络的逼近能力至少不弱于多项式. 由于研究神经网络的复杂性需要导出本质逼近阶, 即同时考虑逼近上界与逼近下界, 本节聚焦浅层神经网络的逼近下界并关注其局限性.

众所周知, 研究深度神经网络必要性的先决条件就是阐明浅层神经网络的不足之处. 现阶段有众多文献关注这一问题, 比如文献 [21] 证明了在用 Heaviside 函数作为激活函数时, 浅层神经网络不具备定位能力, 即无法识别输入的位置信息; 文献 [75] 证明了在以 Logistic 函数为激活函数时, 浅层神经网络不具备识别稀疏多项式的能力; 文献 [130] 证明了在以 ReLU 函数为激活函数时, 浅层神经网络无法很好地逼近高阶光滑函数. 诸如此类的例子非常多, 我们会在后面章节给出.

需要强调的是, 研究浅层神经网络逼近的局限性时, 我们不能满足于阐明对于特定激活函数的神经网络的不足之处, 而是要聚焦浅层神经网络这种浅层结构的缺点. 举个简单的例子, 我们可以证明以 ReLU 函数为激活函数时, 浅层神经网络对高阶光滑函数的逼近效果不理想, 同时定理 2.4 表明, 只要把 ReLU 函数换成 Logistic 函数, 浅层神经网络就能达到很好的逼近效果. 这只是表明, 选择以

ReLU 函数为激活函数的浅层神经网络的局限性, 并不能揭示浅层神经网络作为一种特殊的网络结构的不足.

同样, 本节我们也以代数多项式为参照物, 比较浅层神经网络与多项式的逼近能力. 定理 2.3 阐明了浅层神经网络可以用更少的参数达到多项式的逼近效果. 那么, 我们很自然会问:

问题 2.2 　浅层神经网络的局限性

上述关于参数量的估计 (定理 2.3) 是最优的吗? 也就是说, 从理论上来讲, 能否用更少的参数量完成类似的逼近任务?

对该问题的回答可以直接反映浅层神经网络逼近的局限性. 我们只需要寻找特定的函数 (类), 再论证浅层神经网络在逼近这类函数时存在瓶颈即可. 为此, 我们引入径向函数类的概念.

定义 2.4 　径向函数类

令 $\mathbb{B}^d$ 为 $\mathbb{R}^d$ 中的单位球体. 若定义在 $\mathbb{B}^d$ 的函数 f 满足 $f(x) = g(\|x\|_2^2)$, 其中 g 为某一单变量函数, $\|x\|_2^2 := \left(x^{(1)}\right)^2 + \cdots + \left(x^{(d)}\right)^2$, 则称 f 为径向函数. 令 $W^\circ(\mathbb{B}^d)$ 为所有定义在 $\mathbb{B}^d$ 上的径向函数的集合.

由上述定义可知, 径向函数的函数值只与输入向量的模长有关, 其本质上是一维函数. 由于径向函数在勘探、地震震幅预测中起着非常重要的作用, 而浅层神经网络一直是此类相关问题的核心工具之一 [32], 人们很自然会关注浅层神经网络对径向函数类的逼近效果 [65,66]. 然而严格的理论表明, 浅层神经网络无法抓取目标函数的径向性质. 为此, 我们先在下述定理及推论中比较浅层神经网络与代数多项式在逼近径向函数时的异同.

定理 2.7 　浅层神经网络的局限性 I

令 $d_1, s, d \in \mathbb{N}$ 满足 $d > 1$ 及 $d_1 \sim s^{d-1}$. 则对任意的径向函数 $f \in W^\circ(\mathbb{B}^d)$ 及任意的激活函数 σ, 均成立

$$\mathrm{dist}\left(f, \mathcal{P}_s(\mathbb{B}^d), L^2(\mathbb{B}^d)\right) \preceq \mathrm{dist}\left(f, \mathcal{H}_{d_1,\sigma}, L^2(\mathbb{B}^d)\right).$$

由于定理 2.7 的证明涉及球面调和及球面极坐标变换, 若要给出具体证明, 需要了解大量有关球面调和的知识, 因此本书只介绍定理而不给出具体证明. 有兴趣的读者可查阅文献 [65,89]. 定理 2.7 表明在逼近径向函数时, 任意含有 $\mathcal{O}(d_1)$

个参数的浅层神经网络的逼近能力不会比含有 $\mathcal{O}\left(d_1^{d/(d-1)}\right)$ 个参数的代数多项式强. 该定理同时还表明了定理 2.3 中对浅层神经网络参数量 $d_1 \sim s^{d-1}$ 的估计是最优的, 即我们无法用更少的神经元使其满足定理 2.3, 从而回答了问题 2.2. 结合定理 2.7 与定理 2.3, 我们可得到如下推论.

推论 2.1　浅层神经网络与多项式逼近径向函数的等价性

令 $d_1, s, d \in \mathbb{N}$ 满足 $d > 1$ 及 $d_1 \sim s^{d-1}$. 则存在非多项式激活函数 $\sigma \in C(\mathbb{R})$, 使得对任意的径向函数 $f \in W^\diamond(\mathbb{B}^d)$ 均成立

$$\mathrm{dist}\left(f, \mathcal{P}_s(\mathbb{B}^d), L^2(\mathbb{B}^d)\right) \sim \mathrm{dist}\left(f, \mathcal{H}_{d_1,\sigma}, L^2(\mathbb{B}^d)\right).$$

结合定理 2.3、定理 2.7 与推论 2.1 可知, 从函数逼近的角度来看, 浅层神经网络确实优于代数多项式, 但是这种优越性并不是永远成立的. 特别地, 当目标函数满足径向性质时, 浅层神经网络的逼近性能与代数多项式类似 (这种类似的前提是浅层神经网络的参数个数小于代数多项式). 结合已有的代数多项式的逼近结果 [65,66],

$$\mathrm{dist}(W^\diamond \cap \mathrm{Lip}^{(r,c_0)}(\mathbb{B}^d), \mathcal{P}_s(\mathbb{B}^d), L^2(\mathbb{B}^d)) \sim \mathrm{dist}(\mathrm{Lip}^{(r,c_0)}(\mathbb{B}^d), \mathcal{P}_s(\mathbb{B}^d), L^2(\mathbb{B}^d))$$
$$\sim s^{-r}$$

及 (2.6), 我们可得下述推论.

推论 2.2　浅层神经网络对径向性质的识别能力

令 $d > 1$. 则存在非多项式激活函数 $\sigma \in C(\mathbb{R})$, 成立

$$\mathrm{dist}(W^\diamond \cap \mathrm{Lip}^{(r,c_0)}(\mathbb{B}^d), \mathcal{H}_{d_1,\sigma}, L^2(\mathbb{B}^d)) \sim \mathrm{dist}(\mathrm{Lip}^{(r,c_0)}(\mathbb{B}^d), \mathcal{H}_{d_1,\sigma}, L^2(\mathbb{B}^d))$$
$$\sim d_1^{-\frac{r}{d-1}}.$$

需要注意的是, 上式第二个等价关系的下界是针对任意的激活函数, 而上界是针对理论上 "最优" 的激活函数. 理想的逼近工具必须具备这样的特点: 当目标函数的性态 (包括光滑性、径向性、稀疏性等) 越好时, 由该工具得到的逼近阶应该越好. 然而推论 2.2 表明浅层神经网络不具备这样的特点, 即目标函数是否具备径向性质与浅层神经网络的逼近阶无关. 这表明浅层神经网络无法反映目标函数的径向性质. 注意到推论 2.2 的结果是针对最优激活函数且未对参数幅值作任何约束而言的, 所以该推论阐明了浅层神经网络这种浅层结构 (而非激活函数) 的局限性, 从而在某种程度上揭示了改变神经网络的浅层结构的必要性. 事实上, 文

献 [24] 表明只需将网络加深两层, 那么即使采用最常用的 Logistic 激活函数, 推论 2.2 中的理论瓶颈也可被轻松突破.

推论 2.2 所展示的瓶颈是针对浅层神经网络取最优激活函数的情况下得到的, 下述定理讲述了针对常用激活函数, $\mathcal{H}_{d_1,\sigma,\mathcal{R}}$ 的逼近能力的下界.

定理 2.8　浅层神经网络的局限性 II

令 $r, c_0 > 0, d_1, d \in \mathbb{N}$. 若存在 $c, c_1 > 0$ 使得 σ 满足

$$|\sigma(t) - \sigma(t')| \leqslant c_1|t - t'|, \qquad |\sigma(t)| \leqslant c(|t| + 1), \qquad (2.11)$$

则有

$$\mathrm{dist}\left(\mathrm{Lip}^{(r,c_0)}(\mathbb{I}^d), \mathcal{H}_{d_1,\sigma,\mathcal{R}}, C(\mathbb{I}^d)\right) \succeq [d_1 \log_2 d_1 \log_2(\mathcal{R}d_1)]^{-\frac{r}{d}}. \qquad (2.12)$$

首先, 我们注意到满足条件 (2.11) 的激活函数是非常多的. 除了 Heaviside 函数外, 几乎所有常用的函数包括表 2.1 中的函数以及 k 阶 Sigmoid 函数 ($k \geqslant 1$) 等都满足该条件. 同时, 还需注意的是, 定理 2.8 中对参数幅值的约束实际上是很小的, 这是因为 $\mathcal{R}$ 在逼近下界中是以对数形式出现的. 然而约束较小不代表没有约束, 事实上, 仅当 $\mathcal{R}$ 与 d_1 为多项式关系时, 式 (2.12) 中的逼近阶才会保持不变. 若 $\mathcal{R}$ 是关于 d_1 的指数函数, 则下界会变得很小, 进而无法匹配到已证好的逼近上界. 由于定理 2.6 中的神经网络的幅值是可控的, 从而我们可结合定理 2.8 导出下述推论.

推论 2.3　浅层神经网络的本质逼近阶

令 $r, c_0 > 0$ 及 $k \in \mathbb{N}_0$ 满足 $k \geqslant \lfloor r-1 \rfloor$. 若 σ 为满足 (2.11) 的连续的 k 阶 Sigmoid 函数, 则存在 $a > 0$ 满足 $\mathcal{R} \sim d_1^a$ 使得

$$(d_1 \log_2^2 d_1)^{-r} \preceq \mathrm{dist}(\mathrm{Lip}^{(r,c_0)}(\mathbb{I}), \mathcal{H}_{d_1,\sigma,\mathcal{R}}, C(\mathbb{I})) \preceq d_1^{-r}. \qquad (2.13)$$

由此, 我们完成了浅层神经网络的复杂性研究. 我们的基本结论是, 若只从浅层神经网络的浅层结构出发 (理论上最优的激活函数, 可取无穷大的参数幅值), 而从函数逼近的角度来看, 浅层神经网络确实优于代数多项式. 这种优越性是就其用更少的参数达到相同的逼近效果而言. 然而, 由定理 2.7 可知, 这种优越性的优越程度是有限的. 若我们考虑常用的激活函数及可控幅值的参数, 则就逼近光滑函数类和径向函数类而言, 浅层神经网络并不会比代数多项式更具有本质的优势. 同时, 如推论 2.2 所示, 同多项式一样, 浅层神经网络也没有识别目标函

数径向性质的能力. 需要注意的是, 类似推论 2.2 的结果还有很多, 比如我们可以证明浅层神经网络不能识别空间稀疏性[77]、频率稀疏性[75]、分层信息[99] 等. 由于篇幅所限, 本节就不一一展开了, 有兴趣的读者可查阅相关文献. 总而言之, 从函数逼近论的角度来看, 浅层神经网络对比经典的线性方法确实会有一定的优势, 然而也存在很大的理论瓶颈.

2.4　相关证明

由于本节的证明侧重于浅层神经网络逼近的上下界, 我们仅给出定理 2.1 (稠密性)、定理 2.3 (逼近上界存在性)、定理 2.4 (逼近上界构造性) 及定理 2.8 (逼近下界) 的证明. 定理 2.2 的证明可参阅文献 [111, Prop. 3.8]; 定理 2.5 可由定理 2.4 直接得到; 定理 2.6 的证明可参阅文献 [100]; 定理 2.7 的证明可参阅文献 [65, 89]. 需要指出的是, 本章给出的神经网络的上界估计依赖于 Taylor 展开, 而下界估计依赖于假设空间容量与逼近下界的定量关系. 这两个工具具备一定的普适性, 即掌握之后, 我们可用其推导其他假设空间的逼近能力.

为证明定理 2.1, 我们需要给出以下两个引理. 引理 2.1 是多项式的岭 (ridge) 函数表示. 由于本书只关注神经网络的相关证明, 我们只给出该引理的结果, 其证明可参阅文献 [111, p.163] 或 [110].

引理 2.1　多项式的岭函数表示

任意的 $P \in \mathcal{P}_s(\mathbb{I}^d)$ 均可表示成

$$P(x) = \sum_{i=1}^{\binom{s+d-1}{s}} p_i(\boldsymbol{a}_i \cdot x),$$

其中 $p_i \in \mathcal{P}_s(\mathbb{I})$ 及 $\boldsymbol{a}_i \in \mathbb{I}^d$.

记

$$\mathcal{R}_n := \left\{ \sum_{j=1}^{n} g_j(\boldsymbol{a}_j \cdot x) : \boldsymbol{a}_j \in \mathbb{I}^d, g_j \in C(\mathbb{I}) \right\} \tag{2.14}$$

为 n 个岭函数张成的集合. 引理 2.2 表明该集合在 $C(\mathbb{I}^d)$ 中稠密, 其证明可参阅文献 [126].

> **引理 2.2   岭函数的万有逼近性质**
>
> 对任意的 $\varepsilon > 0$ 及 $f \in C(\mathbb{I}^d)$, 存在 $N \in \mathbb{N}$, 使得当 $n \geqslant N$ 时, 成立
>
> $$\text{dist}(f, \mathcal{R}_n, C(\mathbb{I}^d)) < \varepsilon.$$

基于上述两个引理, 定理 2.1 的证明如下.

定理 2.1 的证明   若 σ 为某 s 阶多项式, 则对任意的 $\boldsymbol{w} \in \mathbb{R}^d$ 及 $b \in \mathbb{R}$, 均有 $\sigma(\boldsymbol{w} \cdot x + b) \in \mathcal{P}_s(\mathbb{I}^d)$. 因为对任意的 $s < \infty$, $\mathcal{P}_s(\mathbb{I}^d)$ 在 $C(\mathbb{I}^d)$ 中不稠密, 所以不论 d_1 多大, $\mathcal{H}_{d_1, \sigma}$ 在 $C(\mathbb{I}^d)$ 中均不稠密, 从而必要性得证. 现在我们证明充分性.

首先, 考虑

$$\mathcal{N}_\sigma(\mathbb{R}) := \text{span}\{\sigma(ut + \theta) : u, \theta \in \mathbb{R}\}$$

在 $C(\mathbb{R})$ 中的稠密性问题. 记 $C_0^\infty(\mathbb{R})$ 为 $C^\infty(\mathbb{R})$ 上所有紧支撑函数的集合. 对任意的 $\phi \in C_0^\infty(\mathbb{R})$, 定义

$$\sigma_\phi(t) = \int_{-\infty}^\infty \sigma(t - v)\phi(v)dv.$$

则由文献 [1, p.29] 可知 $\sigma_\phi \in C^\infty(\mathbb{R})$, 且存在 $\{\phi_j\}_{j=1}^\infty \subset C_0^\infty(\mathbb{R})$, 使得在 $\mathbb{I}^d$ 上, 当 $j \to \infty$ 时, 成立 $\sigma_{\phi_j} \to \sigma$. 注意到

$$\sigma_\phi(ut - \theta) = \int_{-\infty}^\infty \sigma(ut - \theta - v)\phi(v)dv,$$

我们有 $\sigma_\phi \in \overline{\mathcal{N}_\sigma(\mathbb{R})}$ 且 $\overline{\mathcal{N}_{\sigma_\phi}(\mathbb{R})} \subseteq \overline{\mathcal{N}_\sigma(\mathbb{R})}$, 其中 $\overline{A}$ 表示集合 A 的闭包. 由于 $\sigma_\phi \in C^\infty(\mathbb{R})$, 且对任意的 $h \neq 0$ 及 $\theta \in \mathbb{R}$ 成立

$$[\sigma_\phi((u + h)t - \theta) - \sigma_\phi(ut - \theta)]/h \in \mathcal{N}_\sigma(\mathbb{R}),$$

则

$$\left. \frac{d}{du}\sigma_\phi(ut - \theta) \right|_{u=0} = t\sigma_\phi'(-\theta) \in \overline{\mathcal{N}_{\sigma_\phi}(\mathbb{R})}.$$

重复上述方法可得: 对任意的 $k = 0, 1, \cdots$, 成立

$$\left. \frac{d^k}{du^k}\sigma_\phi(ut - \theta) \right|_{u=0} = t^k\sigma_\phi^{(k)}(-\theta) \in \overline{\mathcal{N}_{\sigma_\phi}(\mathbb{R})}.$$

从而对任意的 $\theta \in \mathbb{R}$ 及 $k = 0, 1, \cdots$ 均成立 $t^k\sigma_\phi^{(k)}(-\theta) \in \overline{\mathcal{N}_\sigma(\mathbb{R})}$. 假设 $\mathcal{N}_\sigma(\mathbb{R})$ 在 $C(\mathbb{R})$ 中不稠密, 则 $\mathcal{N}_{\sigma_\phi}(\mathbb{R})$ 在 $C(\mathbb{R})$ 中不稠密. 故对每个 $\phi \in C_0^\infty(\mathbb{R})$, 必

然存在某些 k 使得 $t^k \notin \overline{\mathcal{N}_{\sigma_\phi}(\mathbb{R})}$. 否则, 易知对任意的 $k = 0, 1, \cdots$, $\mathcal{P}_k(\mathbb{R}) \subset \overline{\mathcal{N}_{\sigma_\phi}(\mathbb{R})}$. 由 Weierstrass 定理可知 $\mathcal{P}_k(\mathbb{R})$ 在 $C(\mathbb{R})$ 中稠密. 从而对所有的 $\theta \in \mathbb{R}$ 及 $\phi \in C_0^\infty(\mathbb{R})$ 均有 $\sigma_\phi^{(k)}(-\theta) = 0$, 即 $\sigma_\phi \in \mathcal{P}_{k-1}(\mathbb{R})$. 因此, 对任意的 $j = 1, 2, \cdots$, $\sigma_{\phi_j} \in \mathcal{P}_{k-1}(\mathbb{R})$. 同时注意到 $\sigma_{\phi_j} \to \sigma$, 我们有 $\sigma \in \mathcal{P}_{k-1}(\mathbb{R})$, 这与条件矛盾, 故 $\mathcal{N}_\sigma(\mathbb{R})$ 在 $C(\mathbb{R})$ 中稠密.

其次, 我们建立神经网络的多维稠密性与一维稠密性的关系. 由引理 2.2 可知, 对任意的 $f \in C(\mathbb{I}^d)$ 及 $\varepsilon > 0$, 存在 $\ell \in \mathbb{N}$, $g_j \in C(\mathbb{I})$ 以及 $\boldsymbol{a}_j \in \mathbb{R}^d$, $j = 1, \cdots, \ell$, 使得

$$\sup_{x \in \mathbb{I}^d} \left| f(x) - \sum_{j=1}^\ell g_j(\boldsymbol{a}_j \cdot x) \right| < \frac{\varepsilon}{2}.$$

由于对任意的 $j = 1, \cdots, \ell$ 均存在区间 $[\alpha_j, \beta_j]$ 使得 $\{\boldsymbol{a}_j \cdot x : x \in \mathbb{I}^d\} \subseteq [\alpha_j, \beta_j]$. 注意到 $\mathcal{N}_\sigma(\mathbb{R})$ 在 $C(\mathbb{R})$ 中稠密, 则有 $\mathcal{N}_\sigma(\mathbb{R})$ 在 $C([\alpha_j, \beta_j])$ 中稠密, 从而对任意的 $j = 1, \cdots, \ell$, 均存在常数 $c_{jk}, u_{jk}, \theta_{jk} \in \mathbb{R}, k = 1, \cdots, n_j, n_j \in \mathbb{N}$, 使得

$$\max_{t \in [\alpha_j, \beta_j]} \left| g_j(t) - \sum_{k=1}^{n_j} c_{jk} \sigma(u_{jk} t - \theta_{jk}) \right| < \frac{\varepsilon}{2\ell}.$$

因此, 对任意的 $x \in \mathbb{I}^d$, 均有

$$\left| f(x) - \sum_{j=1}^\ell \sum_{k=1}^{n_j} c_{jk} \sigma(u_{jk} \boldsymbol{a}_j \cdot x - \theta_{jk}) \right| < \varepsilon.$$

上式结合定义 2.1 即完成了定理 2.1 的证明. □

欲证定理 2.3, 我们需要引入下述两个引理. 引理 2.3 表明存在一个激活函数, 使得只有一个神经元的浅层神经网络具有万有逼近性.

引理 2.3　一维单神经元浅层神经网络的万有逼近性质

存在非多项式激活函数 $\sigma \in C(\mathbb{R})$, 使得对任意的 $f \in C([0,1])$ 以及 $\varepsilon > 0$, 均存在 $b \in \mathbb{R}$ 满足

$$|f(t) - \sigma(t - b)| < \varepsilon, \quad t \subset [0, 1].$$

证明　由于 $C(\mathbb{I})$ 是可分的 Banach 空间, 故存在可数的稠密子集 $\{v_k\}_{k=1}^\infty$, 即对任意的 $f \in C(\mathbb{I})$ 以及 $\varepsilon > 0$, 存在 $k_0 \in \mathbb{N}$ 使得

$$|f(t) - v_{k_0}(t)| < \varepsilon. \tag{2.15}$$

对任意的 $m \in \mathbb{N}$, 定义

$$\sigma(t) = \begin{cases} v_m(t - (2m - 2)), & t \in [2m - 2, 2m - 1], \\ \sigma(2m - 1) + (\sigma(2m) - \sigma(2m - 1))(t - 2m + 1), & t \in (2m - 1, 2m), \\ v_1(0), & t \in (-\infty, 2m - 2). \end{cases}$$

显然 $\sigma \in C(\mathbb{R})$ 且不是多项式. 由上式易知

$$v_m(t) = \sigma(t + 2m - 2), \qquad t \in [0, 1].$$

结合上式及 (2.15) 可得: 对任意的 $f \in C(\mathbb{I})$ 及 $\varepsilon > 0$, 存在 k_0, 成立

$$|f(t) - \sigma(t + 2k_0 - 2)| = |f(t) - v_{k_0}(t)| < \varepsilon.$$

引理得证. □

由上述引理, 我们可以获得如下神经网络对岭函数的逼近结果.

引理 2.4   神经网络逼近岭函数

存在非多项式激活函数 $\sigma \in C(\mathbb{R})$, 使得对任意的 $\varepsilon > 0$ 及 $g(x) = \sum\limits_{j=1}^{n} g_j(\boldsymbol{a}_j \cdot x)$, 其中 $g_j \in C([0, 1])$, $\boldsymbol{a}_j \in \mathbb{I}^d$, 存在 $\boldsymbol{w}_i \in \mathbb{R}^d$, $\theta_i \in \mathbb{R}$, $i = 1, \cdots, n$, 成立

$$\left| g(x) - \sum_{i=1}^{n} \sigma(\boldsymbol{w}_i \cdot x - \theta_i) \right| < \varepsilon, \qquad x \in \mathbb{I}^d.$$

证明   由引理 2.3 可知, 存在常数 $\theta_i \in \mathbb{R}$, 使得

$$\max_{t \in \mathbb{I}} |g_i(t) - \sigma(t - \theta_i)| < \varepsilon/n, \quad i = 1, 2, \cdots, n.$$

从而有

$$\max_{x \in \mathbb{I}^d} |g_i(\boldsymbol{a}_i \cdot x) - \sigma(\boldsymbol{a}_i \cdot x - \theta_i)| < \varepsilon/n, \qquad i = 1, 2, \cdots, n.$$

故有

$$\max_{x \in \mathbb{I}^d} \left| \sum_{i=1}^{n} g_i(\boldsymbol{a}_i \cdot x) - \sum_{i=1}^{n} \sigma(\boldsymbol{a}_i \cdot x - \theta_i) \right| < \varepsilon.$$

引理得证. □

基于上述引理以及引理 2.1, 我们可证明定理 2.3 如下.

定理 2.3 的证明   由引理 2.1 可知, 任意的 $P_s \in \mathcal{P}_s(\mathbb{I}^d)$ 均可表示为

$$P_s(x) = \sum_{j=1}^{\binom{s+d-1}{s}} p_j(\boldsymbol{a}_j \cdot x),$$

其中 $p_j \in \mathcal{P}_s(\mathbb{I})$ 及 $\boldsymbol{a}_j \in \mathbb{I}^d$. 又由引理 2.4 可知存在非多项式激活函数 $\sigma \in C(\mathbb{R})$, 对任意的 $\varepsilon > 0$, 成立

$$\left| \sum_{j=1}^{\binom{s+d-1}{s}} p_j(\boldsymbol{a}_j \cdot x) - \sum_{j=1}^{\binom{s+d-1}{s}} \sigma(\boldsymbol{w}_j \cdot x - \theta_j) \right| \leqslant \varepsilon, \qquad \forall x \in \mathbb{I}^d,$$

即

$$\left| P_s(x) - \sum_{j=1}^{\binom{s+d-1}{s}} \sigma(\boldsymbol{w}_j \cdot x - \theta_j) \right| \leqslant \varepsilon, \qquad \forall x \in \mathbb{I}^d.$$

定理得证. □

欲证定理 2.4, 我们引入如下两个引理.

引理 2.5　**一维多项式的神经网络最高次项置换理论**

若 $\sigma \in C^\infty(\mathbb{R})$ 不是多项式, 令 $k \in \{0, \cdots, s\}$ 且 $p_k(t) = \sum_{i=0}^{k} u_i t^i$, $u_k \neq 0$, 则对任意的 $\varepsilon \in (0, 1)$, 存在 $\theta_0 \in \mathbb{R}$ 使得

$$\left| p_k(t) - u_k \frac{k!}{\mu_k^k \sigma^{(k)}(\theta_0)} \sigma(\mu_k t + \theta_0) - p_{k-1}^*(t) \right| \leqslant \varepsilon, \qquad \forall t \in [-1, 1], \quad (2.16)$$

其中

$$\mu_k := \mu_{k,\varepsilon} := \min \left\{ 1, \frac{\varepsilon |\sigma^{(k)}(\theta_0)|(k+1)}{|u_k| \max\limits_{\theta_0 - 1 \leqslant t \leqslant \theta_0 + 1} |\sigma^{(k+1)}(t)|} \right\}, \qquad (2.17)$$

$p_{-1}^*(t) = 0$ 以及

$$p_{k-1}^*(t) := \sum_{i=0}^{k-1} u_i^* t^i := \sum_{i=0}^{k-1} \left(u_i - \frac{u_k k! \sigma^{(i)}(\theta_0)}{\sigma^{(k)}(\theta_0) \mu_k^{k-i} i!} \right) t^i. \qquad (2.18)$$

证明　因为 $\sigma \in C^\infty(\mathbb{R})$ 不是多项式, 所以存在 $\theta_0 \in \mathbb{R}$ 使得 $\sigma^{(k)}(\theta_0) \neq 0, k = 0, 1, 2, \cdots$. 由经典的积分余项 Taylor 公式可得

$$\sigma(t) = \sum_{i=0}^{\ell-1} \frac{\sigma^{(i)}(t_0)}{i!} (t - t_0)^i + \frac{1}{(\ell-1)!} \int_{t_0}^{t} \sigma^{(\ell)}(u)(t-u)^{\ell-1} du.$$

注意到 $\int_{t_0}^{t}(t-u)^{\ell-1}du = \dfrac{(t-t_0)^\ell}{\ell}$, 对任意的 $t, t_0 \in \mathbb{R}$, 均成立

$$\sigma(t) = \sigma(t_0) + \frac{\sigma'(t_0)}{1!}(t-t_0) + \cdots + \frac{\sigma^{(\ell)}(t_0)}{\ell!}(t-t_0)^\ell + r_\ell(t), \tag{2.19}$$

其中

$$r_\ell(t) = \frac{1}{(\ell-1)!}\int_{t_0}^{t}\left[\sigma^{(\ell)}(u) - \sigma^{(\ell)}(t_0)\right](t-u)^{\ell-1}du. \tag{2.20}$$

对任意的 $\mu_k \in (0,1]$, 将 $\mu_k t + \theta_0, \theta_0$ 和 k 分别替换 (2.19) 中的 t, t_0 和 ℓ, 可得

$$\sigma(\mu_k t + \theta_0) = \sum_{i=0}^{k}\frac{\sigma^{(i)}(\theta_0)}{i!}(\mu_k t)^i + r_{k,\mu_k}(t),$$

其中 $r_{0,\mu_0} = \sigma(\mu_k t + \theta_0) - \sigma(\theta_0)$ 且

$$r_{k,\mu_k}(t) := \frac{1}{(k-1)!}\int_{\theta_0}^{\mu_k t + \theta_0}\left[\sigma^{(k)}(u) - \sigma^{(k)}(\theta_0)\right](\mu_k t + \theta_0 - u)^{k-1}du.$$

故有

$$t^k = \frac{k!}{\mu_k^k \sigma^{(k)}(\theta_0)}\sigma(\mu_k t + \theta_0) + q_{k-1}(t) - \frac{k!}{\mu_k^k \sigma^{(k)}(\theta_0)}r_{k,\mu_k}(t),$$

其中

$$q_{k-1}(t) = \frac{-k!}{\mu_k^k \sigma^{(k)}(\theta_0)}\sum_{i=0}^{k-1}\frac{\sigma^{(i)}(\theta_0)}{i!}(\mu_k t)^i.$$

从而有

$$p_k(t) = u_k\frac{k!}{\mu_k^k \sigma^{(k)}(\theta_0)}\sigma(\mu_k t + \theta_0) + p_{k-1}^*(t) - u_k\frac{k!}{\mu_k^k \sigma^{(k)}(\theta_0)}r_{k,\mu_k}(t),$$

其中 p_{k-1}^* 定义于 (2.18). 现估计 $u_k\dfrac{k!}{\mu_k^k \sigma^{(k)}(\theta_0)}r_{k,\mu_k}(t)$. 当 $k = 0$ 时, 由 (2.17) 知, 对任意的 $t \in [-1,1]$ 均成立

$$\left|u_0\frac{1}{\sigma(\theta_0)}r_{0,\,\mu_0}(t)\right| \leqslant \frac{|u_0|}{|\sigma(\theta_0)|}\max_{\theta_0-1\leqslant\tau\leqslant\theta_0+1}|\sigma'(\tau)|\mu_0|t| \leqslant \frac{1}{|\sigma(\theta_0)|}\varepsilon|\sigma(\theta_0)| = \varepsilon.$$

当 $k \geqslant 1$ 时, 由 σ 的可导性知, 对任意的 $u \in [0,t], t \in [-1,1]$, 成立

$$\left|\sigma^{(k)}(\mu_k u + \theta_0) - \sigma^{(k)}(\theta_0)\right| \leqslant \max_{\theta_0 - 1 \leqslant \tau \leqslant \theta_0 + 1} |\sigma^{(k+1)}(\tau)|\mu_k|u|.$$

从而有

$$\left|u_k \frac{k!}{\mu_k^k \sigma^{(k)}(\theta_0)} r_{k,\mu_k}(t)\right| = \left|\frac{k u_k}{\sigma^{(k)}(\theta_0)} \int_0^t [\sigma^{(k)}(\mu_k u + \theta_0) - \sigma^{(k)}(\theta_0)](t-u)^{k-1} du\right|$$

$$\leqslant k(k+1)\varepsilon \int_0^1 u(1-u)^{k-1} du = k(k+1)\varepsilon \frac{\Gamma(2)\Gamma(k)}{\Gamma(k+2)} = \varepsilon.$$

引理得证. □

引理 2.6 一元多项式的神经网络逼近

令 $k \in \mathbb{N}_0$ 以及 $p_k(t) = \sum_{i=0}^{k} u_i t^i$. 若 $\sigma \in C^\infty(\mathbb{R})$ 不是多项式, 则对任意的 $\varepsilon \in (0,1)$, 存在单隐藏层神经网络

$$h_{k+1}(t) := \sum_{j=1}^{k+1} a_j \sigma(w_j t + \theta_0),$$

使得

$$|p_k(t) - h_{k+1}(t)| \leqslant \varepsilon, \qquad \forall\, t \in [-1, 1]. \tag{2.21}$$

证明 在引理 2.5 中用 $\dfrac{\varepsilon}{k+1}$ 替换 ε, 则有

$$\max_{-1 \leqslant t \leqslant 1} |p_k(t) - a_1 \sigma(w_1 t + \theta_0) - p_{k-1}^*(t)| \leqslant \frac{\varepsilon}{k+1},$$

其中 $w_1 \in (0,1], p_{k-1}^*(t) = \sum_{i=0}^{k-1} c_i t^i$. 若 $p_{k-1}^*(t)$ 的最高次项为 $c_{i_0} t^{i_0}, 0 \leqslant i_0 \leqslant k-1$, 则再次应用引理 2.5 至 $p_{k-1}^*(t)$, 可得

$$\max_{-1 \leqslant t \leqslant 1} |p_{k-1}^*(t) - a_2 \sigma(w_2 t + \theta_0) - p_{i_0-1}^*(t)| \leqslant \frac{\varepsilon}{k+1},$$

其中 $w_2 \in (0,1]$. 重复上述操作直至 $p_{k-1}^*(t)$ 为常数, 引理得证. □

基于上述引理及引理 2.1, 可证明定理 2.4 如下.

定理 2.4 的证明 由引理 2.1 可得: 对任意的 $P_s \in \mathcal{P}_s(\mathbb{I}^d)$ 均存在一维多项式 $p_i \in \mathcal{P}_s(\mathbb{R})$ 以及 $\boldsymbol{a}_i \in \mathbb{I}^d$ 使得

$$P_s(x) = \sum_{i=1}^{\binom{s+d-1}{s}} p_i(\boldsymbol{a}_i \cdot x).$$

令 $d_1 = (s+1)\begin{pmatrix} s+d-1 \\ s \end{pmatrix} \sim s^d$, 由引理 2.6 可知, 对任意的 $\varepsilon > 0$ 及 $i = 1, \cdots, \begin{pmatrix} s+d-1 \\ s \end{pmatrix}$, 存在

$$h_{s+1,i}(\boldsymbol{a}_i \cdot x) := \sum_{j=1}^{s+1} w_{j,i}\sigma(\boldsymbol{a}_i \cdot x + \theta_0)$$

使得

$$|p_s(\boldsymbol{a}_i \cdot x) - h_{s+1,i}(\boldsymbol{a}_i \cdot x)| \leqslant \varepsilon/d_1, \qquad \forall\, x \in \mathbb{I}^d.$$

记

$$H_{d_1}(x) = \sum_{i=1}^{\binom{s+d-1}{s}} h_{s+1,i}(\boldsymbol{a}_i \cdot x),$$

则对任意的 $x \in \mathbb{I}^d$, 均有

$$|P_s(x) - H_{d_1}(x)| \leqslant \sum_{j=1}^{s+1} \sum_{i=1}^{\binom{s+d-1}{s}} \varepsilon/d_1 = \varepsilon.$$

定理 2.4 得证. $\qquad\qquad\qquad\qquad\qquad\qquad\qquad\qquad\qquad\qquad\qquad\qquad$ □

欲证定理 2.8, 我们需要建立逼近下界与空间容量的关系. 在这里我们采用经典的覆盖数来刻画假设空间容量的大小. 令 $\mathbb{B}$ 为 Banach 空间, V 为其子集. V 的 ε-覆盖数 $\mathcal{N}(\varepsilon, V, \mathbb{B})$ 可定义为 V 的 ε-网的最小元素个数. 关于覆盖数的具体定义, 我们将在第 3 章给出.

定理 2.9 覆盖数与逼近下界的关系

令 $n \in \mathbb{N}$, $V \subseteq L_1(\mathbb{I}^d)$. 对任意的 $\varepsilon > 0$, 若存在 $\beta, \tilde{C}_1, \tilde{C}_2 \geqslant 0$ 使得

$$\mathcal{N}(\varepsilon, V, L_1(\mathbb{I}^d)) \leqslant \tilde{C}_1 \left(\frac{\tilde{C}_2 n^\beta}{\varepsilon} \right)^n, \tag{2.22}$$

则有

$$\mathrm{dist}(\mathrm{Lip}^{(r,c_0)}(\mathbb{I}^d), V, L_1(\mathbb{I}^d)) \geqslant C'(n \log_2(n+1))^{-r/d}, \tag{2.23}$$

其中 C' 是与 n, ε 无关的常数.

为证明上述定理, 我们需要引入四个引理. 为此, 先介绍 ε-填充数

$$\mathcal{M}(\varepsilon, V, \mathbb{B}) = \max\{m : \exists f_1, \cdots, f_m \in V, \|f_i - f_j\|_{\mathbb{B}} \geqslant \varepsilon, \forall i \neq j\}.$$

下述引理 ([42, 引理 9.2]) 建立了 $\mathcal{N}(\varepsilon, V, L_1(\mathbb{I}^d))$ 与 $\mathcal{M}(\varepsilon, V, L_1(\mathbb{I}^d))$ 的关系.

引理 2.7　覆盖数与填充数的等价性

令 $\mathcal{V}$ 为定义在 $\mathcal{X}$ 上的函数集, ν 为 $\mathcal{X}$ 上的概率测度, $p \geqslant 1$ 及 $\varepsilon > 0$. 则对任意的 $\varepsilon > 0$, 有

$$\mathcal{M}(2\varepsilon, \mathcal{V}, \|\cdot\|_{L^p(\nu)}) \leqslant \mathcal{N}(\varepsilon, \mathcal{V}, \|\cdot\|_{L^p(\nu)}) \leqslant \mathcal{M}(\varepsilon, \mathcal{V}, \|\cdot\|_{L^p(\nu)}).$$

对任意的 $N^* \in \mathbb{N}$, 记

$$E^{(N^*)^d} := \{\epsilon = (\epsilon_1, \cdots, \epsilon_{(N^*)^d}) : \epsilon_i \in \{-1, 1\}, 1 \leqslant i \leqslant (N^*)^d\}.$$

下述引理由文献 [85, p. 489] 建立.

引理 2.8　向量距离估计

对任意的 $N^* \in \mathbb{N}$, 存在满足 $\left|G^{(N^*)^d}\right| \geqslant 2^{(N^*)^d/16}$ 的集合 $G^{(N^*)^d} \subset E^{(N^*)^d}$, 使得对任意满足 $v \neq v'$ 的 $v, v' \in G^{(N^*)^d}$, 成立 $\|v - v'\|_{\ell_1} \geqslant (N^*)^d/2$, 其中 $\|v\|_{\ell_1} = \sum_{i=1}^{(N^*)^d} |v_i|$, $v = (v_1, \cdots, v_{(N^*)^d})$.

定义 $g \in \mathrm{Lip}^{(r, c_0 2^{v-1})}(\mathbb{R}^d)$ 使得 $\mathrm{supp}(g) \subseteq [-1/(2\sqrt{d}), 1/(2\sqrt{d})]^d$, 并且满足当 $x \in [-1/(4\sqrt{d}), 1/(4\sqrt{d})]^d$ 时, 有 $g(x) = 1$. 将 $\mathbb{I}^d$ 分割为 $(N^*)^d$ 个边长为 $1/N^*$, 中心为 $\{\xi_k\}_{k=1}^{(N^*)^d}$ 的子立方体 $\{A_k\}_{k=1}^{(N^*)^d}$. 对任意的 $x \in \mathbb{I}^d$, 定义

$$g_k(x) := (N^*)^{-r} g(N^*(x - \xi_k)) \tag{2.24}$$

及

$$\mathcal{F}_{G^{(N^*)^d}} := \left\{ \sum_{k=1}^{(N^*)^d} \epsilon_k g_k(x) : \epsilon = (\epsilon_1, \cdots, \epsilon_{(N^*)^d}) \in G^{(N^*)^d} \right\}. \tag{2.25}$$

下述引理描述了 $\mathcal{F}_{G^{(N^*)^d}}$ 的光滑性.

> **引理 2.9　光滑性引理**
>
> 对任意的 $N^* \in \mathbb{N}$, 成立
> $$\mathcal{F}_{G^{(N^*)^d}} \subset \mathrm{Lip}^{(r,c_0)}.$$

证明　记 $r = u + v$ 满足 $u \in \mathbb{N}$ 且 $0 < v \leqslant 1$. 令 $\boldsymbol{\alpha} = (\alpha_1, \cdots, \alpha_d)$ 满足 $\alpha_1 + \cdots + \alpha_d = u$, 记

$$f^{(\boldsymbol{\alpha})}(x) = \frac{\partial^u f(x)}{\partial x_1^{\alpha_1} \cdots \partial x_d^{\alpha_d}}.$$

因为

$$\|N^*(x - \xi_k) - N^*(x - \xi_{k'})\| = N^*\|\xi_k - \xi_{k'}\| \geqslant 1, \quad \forall\, k \neq k', \tag{2.26}$$

所以 $N^*(x - \xi_k)$ 及 $N^*(x - \xi_{k'})$ 不同时属于 $(-1/(2\sqrt{d}), 1/(2\sqrt{d}))^d$. 从而由 $\mathrm{supp}(g) \subseteq [-1/(2\sqrt{d}), 1/(2\sqrt{d})]^d$ 可知, 对任意的 $x \in \mathbb{I}^d$, 存在至多一个 $k \in \{1, 2, \cdots, (N^*)^d\}$, 使得 $g_k(x) \neq 0, g_k^{(\boldsymbol{\alpha})}(x) \neq 0$, 即

$$g_k(x) = 0, \quad g_k^{(\boldsymbol{\alpha})}(x) = 0, \qquad 若 \ x \in A_{k'} \ 且 \ k' \neq k. \tag{2.27}$$

若存在 $k_0 \in \{1, 2, \cdots, (N^*)^d\}$ 使得 $x, x' \in A_{k_0}$, 则当 $k \neq k_0$ 时有 $g_k(x) = 0$ 且 $g_k(x') = 0$. 因此, 对任一 $f \in \mathcal{F}_{G^{(N^*)^d}}$, 由 $|\epsilon_k| = 1, r = u + v$ 与 $0 < v \leqslant 1$, (2.24) 及 $g \in \mathrm{Lip}^{(r, c_0 2^{v-1})}$ 可知

$$\left|f^{(\boldsymbol{\alpha})}(x) - f^{(\boldsymbol{\alpha})}(x')\right| = \left|\sum_{k=1}^{(N^*)^d} \epsilon_k \left[g_k^{(\boldsymbol{\alpha})}(x) - g_k^{(\boldsymbol{\alpha})}(x')\right]\right| = \left|g_{k_0}^{(\boldsymbol{\alpha})}(x) - g_{k_0}^{(\boldsymbol{\alpha})}(x')\right|$$

$$= (N^*)^{-r+u} \left|g^{(\boldsymbol{\alpha})}(N^*(x - \xi_{k_0})) - g^{(\boldsymbol{\alpha})}(N^*(x' - \xi_{k_0}))\right|$$

$$\leqslant (N^*)^{-r+u} c_0 2^{v-1} \|N^*(x - x')\|^v = c_0 2^{v-1} \|x - x'\|^v \leqslant c_0 \|x - x'\|^v.$$

若存在 $k_1, k_2 \in \{1, \cdots, (N^*)^d\}$ 使得 $x \in A_{k_1}, x' \in A_{k_2}$, 则可选择 $z \in \partial A_{k_1}$ 及 $z' \in \partial A_{k_2}$ 使其落在以 x 和 x' 为端点的线段上, 从而有

$$\|x - z\| + \|x' - z'\| \leqslant \|x - x'\|.$$

注意到 $\mathrm{supp}(g) \subseteq [-1/(2\sqrt{d}), 1/(2\sqrt{d})]^d$, g 在 $\mathbb{R}^d$ 上光滑及 (2.24), 我们有

$$g_{k_1}^{(\boldsymbol{\alpha})}(z) = g_{k_2}^{(\boldsymbol{\alpha})}(z') = 0. \tag{2.28}$$

从而有 $f^{(\alpha)} \in \mathrm{Lip}^{(r,c_0 2^{v-1})}$. 由 $g \in \mathrm{Lip}^{(r,c_0 2^{v-1})}$ 以及 Jensen 不等式可得

$$\left| f^{(\alpha)}(x) - f^{(\alpha)}(x') \right| = \left| \sum_{k=1}^{(N^*)^d} \epsilon_k \left[g_k^{(\alpha)}(x) - g_k^{(\alpha)}(x') \right] \right| \leqslant \left| g_{k_1}^{(\alpha)}(x) \right| + \left| g_{k_2}^{(\alpha)}(x') \right|$$

$$= \left| g_{k_1}^{(\alpha)}(x) - g_{k_1}^{(\alpha)}(z) \right| + \left| g_{k_2}^{(\alpha)}(x') - g_{k_2}^{(\alpha)}(z') \right|$$

$$= (N^*)^{u-r} \left[\left| g^{(\alpha)}(N^*(x - \xi_{k_1})) - g^{(\alpha)}(N^*(z - \xi_{k_1})) \right| \right.$$

$$\left. + \left| g^{(\alpha)}(N^*(x' - \xi_{k_2})) - g^{(\alpha)}(N^*(z' - \xi_{k_2})) \right| \right]$$

$$\leqslant c_0 2^v \left[\frac{\|x - z\|^v}{2} + \frac{\|x' - z'\|^v}{2} \right]$$

$$\leqslant c_0 2^v \left[\frac{\|x - z\|}{2} + \frac{\|x' - z'\|}{2} \right]^v \leqslant c_0 \|x - x'\|^v.$$

所以 $f \in \mathrm{Lip}^{(r,c_0)}$. 引理得证. □

最后一个引理表明集合 $\mathcal{F}_{G^{(N^*)^d}}$ 的稀疏性.

> **引理 2.10 集合稀疏性**
>
> 对任意的 $f \neq f_1 \in \mathcal{F}_{G^{(N^*)^d}}$, 成立
>
> $$\|f - f_1\|_{L_1(\mathbb{I}^d)} \geqslant \frac{1}{2} d^{-d/2}(N^*)^{-r}. \tag{2.29}$$

证明 对任意满足 $f \neq f_1$ 的 $f, f_1 \in \mathcal{F}_{G^{(N^*)^d}}$, 由 (2.25) 可得: 存在满足 $\epsilon_k \neq \epsilon'_k$ 的 $\epsilon_k, \epsilon'_k \in G^{(N^*)^d}$, $k = 1, \cdots, (N^*)^d$, 使得

$$\|f - f_1\|_{L_1(\mathbb{I}^d)} = \int_{\mathbb{I}^d} \left| \sum_{k=1}^{(N^*)^d} (\epsilon_k - \epsilon'_k) g_k(x) \right| dx. \tag{2.30}$$

因为当 $x \in \partial A_k$, $k = 1, 2, \cdots, (N^*)^d$ 时总有 $g_k(x) = 0$, 所以 (2.30), (2.24), (2.27) 及 $g \in \mathrm{Lip}^{(r,c_0 2^{v-1})}$ 蕴含着

$$\|f - f_1\|_{L_1(\mathbb{I}^d)} = \sum_{k'=1}^{(N^*)^d} \int_{A_{k'}} \left| \sum_{k=1}^{(N^*)^d} (\epsilon_k - \epsilon'_k) g_k(x) \right| dx$$

$$= \sum_{k'=1}^{(N^*)^d} \int_{A_{k'}} \left| (\epsilon_{k'} - \epsilon'_{k'}) g_{k'}(x) \right| dx$$

$$=(N^*)^{-r} \sum_{k'=1}^{(N^*)^d} |\epsilon_{k'} - \epsilon'_{k'}| \int_{A_{k'}} |g(N^*(x - \xi_{k'}))| \, dx. \tag{2.31}$$

对任意的 $k' = 1, 2, \cdots, (N^*)^d$, 当 x 跑遍 $A_{k'}$ 时, $N^*(x - \xi_{k'})$ 跑遍以 0 为中心、1 为边长的立方体. 从而, 当 $x \in [-1/(2\sqrt{d}), 1/(2\sqrt{d})]^d$ 时, $g(x) = 1$ 可导出

$$\int_{A_{k'}} |g(N^*(x - \xi_{k'}))| \, dx = \int_{A_{k'}} |g(N^*(x - \xi_{k'}))| \, d(x - \xi_{k'})$$

$$\geqslant (N^*)^{-d} \int_{[-1/(2\sqrt{d}), 1/(2\sqrt{d})]^d} |g(x)| dx \geqslant (\sqrt{d} N^*)^{-d}. \tag{2.32}$$

当 $\epsilon_k, \epsilon'_k \in G^{(N^*)^d}$, $k = 1, \cdots, (N^*)^d$ 时, 由引理 2.8 可得

$$\sum_{k'=1}^{(N^*)^d} |\epsilon_{k'} - \epsilon'_{k'}| \geqslant (N^*)^d/2. \tag{2.33}$$

因此, 对任意的 $f, f_1 \in \mathcal{F}_{G^{(N^*)^d}}$, 将 (2.32) 与 (2.33) 代入 (2.31), 可得

$$\|f - f_1\|_{L_1(\mathbb{I}^d)} \geqslant (N^*)^{-r} (\sqrt{d} N^*)^{-d} (N^*)^d / 2 \geqslant \frac{1}{2} d^{-d/2} (N^*)^{-r}. \tag{2.34}$$

引理得证. □

现在我们来证明定理 2.9.

定理 2.9 的证明 对任意的 $\nu > 0$, 记

$$\delta = \mathrm{dist}(\mathcal{F}_{G^{(N^*)^d}}, V, L_1(\mathbb{I}^d)) + \nu. \tag{2.35}$$

同时, 对任意的 $f \in \mathcal{F}_{G^{(N^*)^d}}$, 定义 $Pf \in V$ 使得

$$\|f - Pf\|_{L_1(\mathbb{I}^d)} \leqslant \delta. \tag{2.36}$$

由 (2.35) 易知存在至少一个 Pf 满足 (2.36). 定义 $\mathcal{T}_{G^{(N^*)^d}} := \{Pf : f \in \mathcal{F}_{G^{(N^*)^d}}\}$ $\subseteq V$. 对任意满足 $f \neq f_1$ 的 $f, f_1 \in \mathcal{F}_{G^{(N^*)^d}}$, 记 $f^* = Pf$ 及 $f_1^* = Pf_1$. 则

$$\|f^* - f_1^*\|_{L_1(\mathbb{I}^d)} = \|Pf - Pf_1\|_{L_1(\mathbb{I}^d)} = \|Pf - f + f - f_1 + f_1 - Pf_1\|_{L_1(\mathbb{I}^d)}$$

$$\geqslant \|f - f_1\|_{L_1(\mathbb{I}^d)} - \|Pf - f\|_{L_1(\mathbb{I}^d)} - \|Pf_1 - f_1\|_{L_1(\mathbb{I}^d)}.$$

上式结合 (2.29) 及 (2.35) 表明

$$\|f^* - f_1^*\|_{L_1(\mathbb{I}^d)} \geqslant \frac{1}{2} d^{-d/2} (N^*)^{-r} - 2\delta. \tag{2.37}$$

我们现证明若 N^* 满足

$$(N^*)^d = \left[32(1 + \beta + 3r/d)n \log_2(2\tilde{C}_1 + 8d^{d/2}(1 + \beta + 3r/d + \tilde{C}_2) + n) \right], \quad (2.38)$$

则必有 $\delta > \frac{1}{8}d^{-d/2}(N^*)^{-r}$. 我们应用反证法来证明这一论断. 假设

$$\delta \leqslant \frac{1}{8}d^{-d/2}(N^*)^{-r}, \quad (2.39)$$

则 (2.37) 意味着

$$\|f^* - f_1^*\|_{L_1(\mathbb{I}^d)} \geqslant \frac{1}{4}d^{-d/2}(N^*)^{-r}.$$

从而 $f \neq f_1$ 可导出 $f^* \neq f_1^*$. 所以由引理 2.8 可得

$$\left| \mathcal{T}_{G^{(N^*)^d}} \right| = \left| \mathcal{F}_{G^{(N^*)^d}} \right| = \left| G^{(N^*)^d} \right| \geqslant 2^{(N^*)^d/16}.$$

固定 $\varepsilon_0 = \frac{1}{4}d^{-d/2}(N^*)^{-r}$, 则有

$$\mathcal{M}(\varepsilon_0, V) \geqslant 2^{(N^*)^d/16}.$$

另一方面, 注意到 $\mathcal{T}_{G^{(N^*)^d}} \subseteq V$, 由 (2.22) 及引理 2.7 知

$$\mathcal{M}(\varepsilon_0, V) \leqslant \mathcal{N}(\varepsilon_0/2, V) \leqslant \tilde{C}_1 \left(\frac{2\tilde{C}_2 n^\beta}{\varepsilon_0} \right)^n = \tilde{C}_1 \left(2\tilde{C}_2 n^\beta 4d^{d/2}(N^*)^r \right)^n.$$

结合上述两个不等式, 我们有

$$2^{(N^*)^d/16} \leqslant \tilde{C}_1 \left(2\tilde{C}_2 n^\beta 4d^{d/2}(N^*)^r \right)^n. \quad (2.40)$$

对上式两端同时取以 2 为底的对数, 再结合 (2.38), 可得

$$2(1 + \beta + 3r/d)n \log_2(2\tilde{C}_1 + 8d^{d/2}(1 + \beta + 3r/d + \tilde{C}_2) + n)$$
$$< \log_2(\tilde{C}_1) + n \log_2(\tilde{C}_2 4d^{d/2}) + \beta n \log_2 n$$
$$+ \frac{rn}{d} \log_2(32(\beta + 1 + 3r/d)) + \frac{rn}{d} \log_2 n$$
$$+ \frac{rn}{d} \log_2 \log_2(2\tilde{C}_1 + 8d^{d/2}(1 + \beta + 3r/d + \tilde{C}_2) + n). \quad (2.41)$$

由于上式的右端小于

$$(2 + \beta + 3r/d)n \log_2(2\tilde{C}_1 + 8d^{d/2}(1 + \beta + 3r/d + \tilde{C}_2) + n),$$

这是矛盾的, 因此当 N^* 满足 (2.38) 时, 一定成立 $\delta > \frac{1}{8} d^{-d/2} (N^*)^{-r}$. 由于对任一 $a \geqslant 2$, 成立

$$\log_2(n+a) \leqslant \log_2 a + \log_2(n+1) \leqslant (\log_2 a + 1) \log_2(n+1),$$

所以结合 (2.38), 可得

$$\delta > \frac{1}{8} d^{-d/2} (N^*)^{-r} \geqslant 2C'(n \log_2(n+1))^{-r/d},$$

其中 C' 是与 n, ε 无关的常数. 令 (2.35) 中的 $\nu = \delta/2$ 可得

$$\mathrm{dist}(\mathcal{F}_{G^{(N^*)^d}}, V, L_1(\mathbb{I}^d)) = \frac{\delta}{2} > C'(n \log_2(n+1))^{-r/d}.$$

结合引理 2.9, 可得

$$\mathrm{dist}(\mathrm{Lip}^{(r,c_0)}(\mathbb{I}^d), V, L_1(\mathbb{I}^d)) \geqslant \mathrm{dist}(\mathcal{F}_{G^{(N^*)^d}}, V, L_1(\mathbb{I}^d)) \geqslant C'(n \log_2(n+1))^{-r/d}.$$

注意到

$$\mathrm{dist}\left(\mathrm{Lip}^{(r,c_0)}(\mathbb{I}^d), \mathcal{H}_{d_1,\sigma,\mathcal{R}}, L_1(\mathbb{I}^d)\right) \leqslant \mathrm{dist}\left(\mathrm{Lip}^{(r,c_0)}(\mathbb{I}^d), \mathcal{H}_{d_1,\sigma,\mathcal{R}}, C(\mathbb{I}^d)\right).$$

定理 2.9 得证. □

基于定理 2.9, $\mathcal{H}_{d_1,\sigma,\mathcal{R}}$ 的覆盖数估计由以下引理给出.

引理 2.11 浅层神经网络覆盖数估计

若 (2.11) 成立, 则有

$$N\left(\varepsilon, \mathcal{H}_{d_1,\sigma,\mathcal{R}}, L_1(\mathbb{I}^d)\right) \leqslant \mathcal{N}\left(\varepsilon, \mathcal{H}_{d_1,\sigma,\mathcal{R}}, C(\mathbb{I}^d)\right) \leqslant (c_3 \mathcal{R} d_1)^{12d_1} \varepsilon^{-d_1},$$

其中 $c_3 \geqslant 1$ 仅与 c_1, c_2, d 有关.

引理 2.11 的证明非常标准, 可参阅文献 [4, Chap.14] 或 [42, Chap.16]. 同时该引理也是第 3 章深度神经网络的覆盖数估计的直接推论. 结合引理 2.11 及定理 2.9, 我们可证定理 2.8 如下.

定理 2.8 的证明 由引理 2.11 可知, 当 $V = \mathcal{H}_{d_1,\sigma,\mathcal{R}}$, $\tilde{C}_1 = 1$, $\beta = 0$ 及 $\tilde{C}_2 = (c_3 \mathcal{R} d_1)^{2(L+1)L}$ 时, 定理 2.9 中的 (2.22) 成立. 因此由定理 2.9 可得

$$\mathrm{dist}(\mathrm{Lip}^{(r,c_0)}(\mathbb{I}^d), \mathcal{H}_{d_1,\sigma,\mathcal{R}}, L_1(\mathbb{I}^d)) \geqslant C' \left[2(d+2)d_1 \log_2(2(d+2)d_1 + 1)\right]^{-\frac{r}{d}},$$

其中

$$C' = \frac{1}{4} d^{-d/2} \left[32(1 + 3r/d) \left(\log_2(2 + 8d^{d/2}(1 + 3r/d (c_3 \mathcal{R} d_1)^{2(L+1)L}) + 1)) \right) \right]^{-\frac{r}{d}}.$$

又因为

$$2 + 8d^{d/2}(1 + 3r/d + (c_3 \mathcal{R} d_1)^4) \leqslant (48d^{d/2} c_3 \mathcal{R} d_1)^4$$

及

$$\log_2(48d^{d/2} c_3 \mathcal{R} d_1) \leqslant (\log_2(48d^{d/2} c_3) + 1) \log_2(\mathcal{R} d_1),$$

我们有

$$C' \geqslant \bar{C}_1'[L^2 \log_2(\mathcal{R} d_1)]^{-r/d},$$

其中 $\bar{C}_1' := \frac{1}{2} \left[128(1 + 3r/d)(\log_2(48d^{d/2} c_3 + 1)) \right]^{-\frac{r}{d}}$. 因此

$$\mathrm{dist}(\mathrm{Lip}^{(r,c_0)}(\mathbb{I}^d), \mathcal{N}_{d_1,\sigma,\mathcal{R}}, L_1(\mathbb{I}^d)) \geqslant \bar{C}_1'[L^2 \log_2(\mathcal{R} d_1)]^{-\frac{r}{d}} [2d_1 \log_2(2d_1 + 1)]^{-\frac{r}{d}}$$

$$\geqslant C[d_1 \log_2 d_1 \log_2(\mathcal{R} d_1)]^{-\frac{r}{d}},$$

其中 $C = 3^{-r/d} \bar{C}_1'$. 定理 2.8 得证. □

2.5　文　献　导　读

本章聚焦浅层神经网络的逼近性能, 并通过函数逼近论的观点阐述以浅层神经网络为假设空间的学习方法的优缺点. 值得注意的是, 浅层神经网络的逼近性能从 20 世纪 90 年代初就开始一直被持续研究, 有众多的文献建立了各种不同的逼近成果. 本书无法一一将这些结果收录并进行介绍, 作者为此深表遗憾. 有兴趣的读者可参阅综述文章 [110] 及其所引用的文献. 在这一节中, 我们主要介绍关于浅层神经网络稠密性、优越性、局限性的几个较有代表性的工作.

关于浅层神经网络稠密性的结果可追溯到 1988 年, 文献 [35] 构造了一个连续非减的 Sigmoid 函数使得相应的浅层神经网络具有万有逼近性质. 基于该工作, 文献 [26,34] 建立了当激活函数是连续 (单调) Sigmoid 函数时的浅层神经网络的万有逼近性质. 更进一步, 文献 [49,72] 证明了若激活函数连续, 则相应的浅层神经网络具有万有逼近性质的充要条件是激活函数不是多项式. 定理 2.1 的证明便是摘录自这两篇文章.

关于浅层神经网络逼近的优越性研究可追溯到 1993 年, 文献 [5,6] 证明了当目标函数满足某种性质时, 浅层神经网络可导出维数无关的逼近阶, 即在一定情况下, 浅层神经网络可以克服维数灾难问题. 注意到在高维情况下多项式构造的不易, 这一结果在很长时间内作为神经网络的本质优势被广大学者所接受并研究. 比如文献 [19,50,56,57,67,93,101] 从不同角度将文献 [5,6] 的结果进行推广、深化. 特别地, 文献 [57] 证明了当目标函数的 Fourier 系数满足一定条件时, 以 ReLU 函数为激活函数的浅层神经网络可达到 $\mathcal{O}(d_1^{-1/2-1/d})$ 的逼近阶. 然而, 正如文献 [7] 所述, 浅层神经网络的维数无关逼近阶对被逼近函数作了很强的约束, 当维数越大时, 相应的被逼近函数越少, 从而表明浅层神经网络只能在一定程度上降低维数灾难出现的可能性, 并无法从本质上避免它.

另一方面, 众多学者通过对比浅层神经网络与经典的诸如代数多项式、B-样条等逼近工具的逼近性能来阐述其优越性. 较为有代表性的工作包括文献 [68,92, 98,100]. 文献 [100] 构造了以 k 阶 Sigmoid 函数为激活函数的浅层神经网络来逼近样条函数, 从而证明了浅层神经网络的逼近能力不弱于 B-样条, 定理 2.6 就摘自文献 [100]. 文献 [98] 运用 Taylor 公式证明了当激活函数为无穷阶可导的非多项式函数时, 浅层神经网络的逼近能力不弱于代数多项式. 定理 2.5 便是受启发于文献 [98]. 文献 [92] 证明了存在一个单调、无限次可导的 Sigmoid 函数, 若浅层神经网络以此函数为激活函数, 则其逼近能力严格强于代数多项式. 定理 2.3 是受 [92] 启发所建立的. 文献 [68] 从宽度理论的角度对比了浅层神经网络与代数多项式的逼近能力. 关于浅层神经网络逼近能力及其优越性的文献非常多, 有兴趣的读者可重点关注 H. N. Mhaskar, V. E. Maiorov, C. K. Chui 及 V. Kurková 这几位学者有关浅层神经网络逼近的文章.

关于浅层神经网络逼近的局限性最早可追溯到 1994 年, 文献 [21] 指出以 Heaviside 为激活函数的浅层神经网络不具备识别输入位置信息的能力. 文献 [22] 通过建立浅层神经网络逼近下界的方式阐明了浅层神经网络在逼近光滑函数时未必优于代数多项式. 定理 2.8 是受启发于文献 [22] 而建立的. 定理 2.8 是立足于在 $\text{Lip}^{(r,co)}(\mathbb{I}^d)$ 中寻找一个 "差" 的函数使得浅层神经网络对这个函数的逼近效果不佳, 那么这种 "差" 的函数在 $\text{Lip}^{(r,co)}(\mathbb{I}^d)$ 中多吗? 文献 [69,76,91] 构造了一个概率测度, 使得在该测度下 $\text{Lip}^{(r,co)}(\mathbb{I}^d)$ 中的所有元素有很大概率都是 "差" 的. 随着深度学习的兴起, 浅层神经网络的局限性被进一步挖掘. 文献 [65,66] 证明了即使匹配最好的激活函数, 浅层神经网络也无法识别目标函数的径向性质. 定理 2.7 就摘自这两篇文献. 文献 [31] 证明了以 ReLU 函数为激活函数的浅层神经网络不具备识别输入位置信息的能力; 文献 [99] 证明了以 Logisitc 函数为激活函数的浅层神经网络不具备识别目标函数分层信息的能力; 文献 [109,130] 证明了以 ReLU 函数为激活函数的浅层神经网络不具备很好地逼近超光滑函数的能力; 文献 [75,118] 分别证明了以 Logistic 及 ReLU 函数为激活函数的浅层神经网络不具备识别频率稀疏性的能力; 等等.

最后我们对本章的论述作一个简单的总结.

本章总结

- 方法论层面: 本章介绍了浅层神经网络的稠密性与复杂性. 本章的核心观点是: 从函数逼近的角度来看, 浅层神经网络可以用较少的参数完成任何代数多项式能完成的任务, 故浅层神经网络确实要优于代数多项式. 然而浅层神经网络的瓶颈也非常明显, 比如其无法识别目标函数的径向性质, 这给深度的必要性研究提供了研究动机.

- 分析技术层面: 本章提供了比较浅层神经网络与代数多项式逼近能力的证明方法. 特别地, 应用积分余项 Taylor 公式证明了在同样的参数个数下, 浅层神经网络的逼近能力不弱于代数多项式. 同时, 本章还提供了由假设空间容量估计推导逼近下界的理论分析框架, 该框架表明导出逼近下界的充分条件就是求出假设空间的容量.

第 3 章　深度的必要性

> **本章导读**
>
> 方法论: 深度的必要性问题.
>
> ------
>
> 分析技术: 深度神经网络的覆盖数估计与相应 Oracle 不等式的建立.

第 2 章讲述了浅层神经网络在函数逼近方面的优越性及瓶颈, 本章聚焦加深神经网络所带来的变化, 进而阐述深度的必要性问题. 首先, 我们从函数逼近的角度证明加深神经网络确实能克服浅层神经网络的逼近瓶颈, 然而深度神经网络的这种优越性是建立在极大的容量代价下的. 其次, 我们证明网络的深度是否起本质作用依赖于所学任务的难易程度. 实际上, 在只提取目标函数的光滑性信息时, 深度神经网络并不会本质上好于浅层神经网络, 但若同时提取径向及光滑性信息, 则深度神经网络会本质优于浅层神经网络. 最后, 我们从学习理论的角度证明存在很多学习任务, 深度神经网络具备 (近似) 最优泛化性而浅层神经网络没有. 上述三个论断分别从容量、逼近、学习三个角度阐述了深度的必要性. 在分析技术方面, 本章提供了如何推导深度神经网络覆盖数的普适性方法, 并建立了基于覆盖数与逼近结果推导泛化误差界的普适性工具, 由此导出了以深度神经网络为假设空间的经验风险极小化策略的本质泛化阶.

3.1　函数逼近中深度的作用

因为浅层神经网络难以用较少的参数有效逼近连续函数, 所以在实际应用中, 完成特定任务所需的网络宽度往往较大. 于是产生了本章的第一个问题.

> **问题 3.1　深度-宽度置换问题**
>
> 在逼近多维函数时, 可否通过加深网络的方式减少浅层神经网络的参数个数?

问题 3.1 具有深刻的数学背景, 它与著名的 Hilbert 第十三个问题有着密切的联系. 我们知道, 在 1900 年举行的第二届国际数学家大会上, Hilbert 提出了二十三个问题, 这些问题大大推动了 20 世纪数学的发展. 其中第十三个问题可叙述如下: 任一高阶代数方程的解能否用一元函数的复合来精确表示? Hilbert 猜想方程

$$x^7 + ax^3 + bx^2 + cx + 1 = 0$$

的解作为 a, b, c 的函数甚至不能用几个二元函数的复合来表示.

　　该猜想在 1957 年被 Kolmogorov [64] 所否定, Lorentz [85] 进一步证明了下述引理.

引理 3.1　Kolmogorov 延拓定理

任意一个定义在 $\mathbb{I}^d$ ($d \geqslant 2$) 上的连续函数 $f(x) = f(x^{(1)}, \cdots, x^{(d)})$ 均可表示成

$$f(x^{(1)}, \cdots, x^{(d)}) = \sum_{j=1}^{2d+1} g\left(\sum_{k=1}^{d} v_k \psi_j\left(x^{(k)}\right)\right),$$

其中 $v_k \in \mathbb{R}$ 满足 $v_k \geqslant 0$, $k = 1, \cdots, d$, $\sum\limits_{k=1}^{d} v_k \leqslant 1$, 且 $g \in C(\mathbb{I})$, $\psi_j : \mathbb{I} \to \mathbb{I}$, $j = 1, \cdots, 2d+1$.

　　引理 3.1 表明, 任意一个多维连续函数可以表示成有限个一维函数的复合. 如果能够将引理中的 g 与 ψ_j 用神经网络表示出来, 那么我们就可以突破浅层神经网络的桎梏了. 令人振奋的是, 引理 2.3 表明存在浅层神经网络可以很好地逼近 g 与 ψ_j, 从而我们可得到下述定理.

定理 3.1　基于两隐藏层神经网络的延拓定理

存在非多项式激活函数 $\sigma \in C(\mathbb{R})$ 满足对任意的 $f \in C(\mathbb{I}^d)$ 及 $\varepsilon > 0$, 存在 $b_j, b_{jk}, v_k \in \mathbb{R}$ 使得

$$\left| f(x) - \sum_{j=1}^{2d+1} \sigma\left(\sum_{k=1}^{d} v_k \sigma\left(x^{(k)} - b_{jk}\right) - b_j\right) \right| < \varepsilon.$$

　　定理 3.1 可视为 Kolmogorov 延拓定理的神经网络实现. 该定理表明, 任意一个多维连续函数, 可由一个两隐藏层且宽度向量为 $(d, 2d+1)^{\mathrm{T}}$ 的深度神经网络任意逼近. 当维数 d 给定时, 该网络只需 $3d+1$ 个隐藏层神经元即可. 单个简单的

例子, 若逼近一个二维连续函数至任意精度, 理论上只需要两隐藏层、七神经元的深度神经网络即可. 需要注意的是, 定理 3.1 中的激活函数与定理 2.3 及推论 2.1 中的激活函数相同, 这表明用同样的激活函数, 只需将神经网络加深一层, 我们就可以轻松突破浅层神经网络如推论 2.2 所示的理论瓶颈. 因此, 定理 3.1 严格回答了问题 3.1, 即在逼近多维连续函数时, 我们的确可以通过加深网络的方式来减少参数个数. 同时, 定理 3.1 也给出了深度的必要性证明, 即用同样的参数个数, 深度神经网络可轻松突破浅层神经网络的理论瓶颈.

然而令人遗憾的是, 和定理 2.3 相仿, 我们无法轻易寻找到满足定理 3.1 的激活函数, 这使得定理 3.1 所示的深度神经网络的优越性只能体现在理论层面. 更进一步, 定理 3.1 只考虑了深度神经网络的逼近能力, 并未考虑其达到该能力所付出的容量代价, 从而无法完整地揭示深度的必要性.

3.2 深度与宽度对神经网络覆盖数的影响

3.1 节从函数逼近的角度证明了加深网络, 哪怕只加深一层, 神经网络的逼近性能会得到极大提升. 然而, 我们并未考虑加深网络所付出的代价. 在这一节, 我们着重讨论神经网络的容量与深度及宽度的关系, 从而量化加深网络所付出的容量代价. 我们首先考虑如下问题.

> **问题 3.2　参数个数与非线性空间容量问题**
>
> 在非线性空间中, 参数个数是否对空间容量有决定性作用?

问题 3.2 的回答特别关键. 事实上, 若像线性空间一样, 参数个数对空间容量起着决定性作用, 那么定理 3.1 就能完美地解答深度的必要性问题. 若答案是否定的, 那么该如何衡量非线性空间的容量并刻画其与参数个数的关系就是另一个非常重要的问题了.

为此, 我们先引入刻画深度神经网络容量的度量——覆盖数. 本书使用覆盖数来刻画神经网络容量的理由有三: 其一, 覆盖数与熵数联系紧密, 而熵数是信息论中衡量编码长度的重要指标, 因此用覆盖数衡量容量能在一定程度上反映神经网络的表示能力. 其二, 如定理 2.9 所示, 覆盖数可以确定函数类的逼近下界, 从而能够刻画神经网络的最优逼近能力. 其三, 如文献 [25, 42] 所示, 覆盖数是连接逼近论与学习理论的纽带, 基于逼近误差和覆盖数估计, 我们很容易导出神经网络学习的泛化误差. 为此, 我们给出覆盖及覆盖数的定义如下:

定义 3.1　覆盖数定义

令 $\mathbb{B}$ 为 Banach 空间且 V 为其子集. 对任意的 $\varepsilon > 0$, 若存在 $\{g_1, g_2, \cdots, g_N\} \subset \mathbb{B}$ 满足对任一 $f \in V$, 总存在 $j(f) \in \{1, \cdots, N\}$ 使得

$$\|f - g_{j(f)}\|_{\mathbb{B}} \leqslant \varepsilon,$$

则称 $\{g_1, g_2, \cdots, g_N\}$ 为 V 的一个 ε-覆盖. V 的 ε-覆盖数定义为 V 的 ε-覆盖的最少元素个数. 我们将集合 V 在 $\mathbb{B}$ 中的 ε-覆盖数记为 $\mathcal{N}(\varepsilon, V, \mathbb{B})$.

直观上来讲, V 的 ε-覆盖数就是可覆盖 V 的以 ε 为半径的球的最少个数. 图 3.1 给出了 ε-覆盖数的直观解释. 在图 3.1 中, 集合 A 的 0.1-覆盖数为 33, 而集合 B 的 0.1-覆盖数为 15, 所以集合 A 要比集合 B 大, 这与我们的直观理解是一样的.

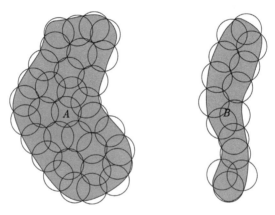

图 3.1　不同集合的覆盖数

基于定理 3.1 及定理 2.9 所建立的逼近下界与覆盖数的关系, 我们可以得到如下命题.

命题 3.1　万有逼近神经网络的覆盖数估计

对任意的 $\Gamma > 0$, 存在非多项式激活函数 $\sigma \in C(\mathbb{R})$, 使得对任意的 $\varepsilon > 0$, 均成立

$$\mathcal{N}\left(\varepsilon, \mathcal{H}_{d,2d+1,\sigma}, C(\mathbb{I}^d)\right) \geqslant C\left(\frac{1}{\varepsilon}\right)^{\Gamma},$$

其中 C 为与 ε, Γ 无关的常数.

命题 3.1 表明, 即使是两隐藏层有限个神经元的神经网络, 其容量 (通过覆盖

数刻画) 也可无穷大. 虽然这种大容量性质使得理论上存在神经网络可逼近任意的连续函数至任意的精度, 但是针对给定的 f 如何在 $\mathcal{H}_{d,2d+1,\sigma}$ 中寻找其最佳逼近无异于大海捞针. 更有甚者, 在机器学习过程中, 这个具体目标函数 f 是通过带有噪声的数据刻画的, 超大容量的假设空间很容易产生过拟合: 所学函数能很好地拟合训练数据, 但泛化能力很差.

命题 3.1 给出了问题 3.2 的答案, 即参数个数无法刻画 (在某些情况下甚至独立于) 非线性空间的容量. 基于命题 3.1, 我们很自然会问: "是否所有的深度神经网络都具有如此大的容量?" 答案必然是否定的. 事实上, 命题 3.1 所涉及的两隐藏层神经网络的容量无法控制的原因有两个: 其一是激活函数的特殊性使得我们很难通过网络深度与宽度去刻画其容量; 其二是所涉及的神经网络的参数是无界的. 这与我们在实际应用中所采用的深度神经网络是完全不同的. 首先, 应用中考虑的神经网络通常用表 2.1 中的激活函数, 这与命题 3.1 所采用的激活函数不同; 其次, 应用中通常通过特定的学习算法确定参数, 其结果就是所学到的参数一定是有界的, 这也异于命题 3.1; 最后, 应用中所用的神经网络往往带有某些特定结构, 这与命题 3.1 有所不同.

我们现在关注特定结构、特定激活函数及参数幅值有界的深度神经网络的覆盖数估计. 特别地, 记深度全连接神经网络的参数个数为

$$\mathcal{A}_L = d_L + \sum_{k=1}^{L}(d_{k-1}d_k + d_k).$$

我们考虑某种具有固定结构、以 σ 为激活函数、L 层共 n 个自由参数的深度神经网络 $\mathcal{H}_{n,L,\sigma}$. 在该网络中, 其权矩阵 W_k 包含 $\mathcal{F}_{k,w}$ 个自由参数, 偏置向量 $\boldsymbol{b}_k$ 包含 $\mathcal{F}_{k,b}$ 个自由参数, 外权向量 $\boldsymbol{a}$ 包含 $\mathcal{F}_{L,a}$ 个自由参数, 从而在该网络中, 共有

$$n := \sum_{k=1}^{L}(\mathcal{F}_{k,w} + \mathcal{F}_{k,b}) + \mathcal{F}_{L,a} \tag{3.1}$$

个自由参数, 易知 $n \leqslant \mathcal{A}_L$. 这里我们所说的固定结构包含如下三种情况: 第一种情况是权矩阵 W_k 中只有 $\mathcal{F}_{k,w}$ 个元素可调而剩余的 $d_k d_{k-1} - \mathcal{F}_{k,w}$ 个元素固定; 第二种情况是 W_k 由 $\mathcal{F}_{k,w}$ 个元素通过共享参数的方式生成; 第三种情况是上面两种情况的混合. 记

$$\mathcal{H}_{n,L,\sigma,\mathcal{R}} = \{h \in \mathcal{H}_{n,L,\sigma} : h \text{ 的所有参数的绝对值不超过 } \mathcal{R}\} \tag{3.2}$$

为所有包含 L 层、n 个幅值不超过 $\mathcal{R}$ 的自由参数、具有某种固定结构的神经网络的集合, 这里 $\mathcal{R} \geqslant 1$ 可能依赖于 n, d_k 及 L. 基于上述定义, 我们可得到如下关于 $\mathcal{H}_{n,L,\sigma,\mathcal{R}}$ 的覆盖数估计.

定理 3.2　深度神经网络的覆盖数估计

若 σ 满足 (2.11), 则

$$\mathcal{N}\left(\varepsilon, \mathcal{H}_{n,L,\sigma,\mathcal{R}}, C(\mathbb{I}^d)\right) \leqslant (c_2 \mathcal{R} d_{\max})^{3(L+1)^2 n}\, \varepsilon^{-n},$$

其中 $d_{\max} := \max\limits_{0 \leqslant \ell \leqslant L} d_\ell$, $c_2 \geqslant 1$ 仅与 σ 和 d 有关.

定理 3.2 展现了与命题 3.1 完全不同的性态, 即若深度神经网络的激活函数满足 (2.11) 且参数的幅值可控, 则其覆盖数是可控的. 注意到浅层神经网络的覆盖数满足类似的估计 ([42, Chap.16]):

$$\mathcal{N}\left(\varepsilon, \mathcal{H}_{d_1,\sigma,\mathcal{R}}, C(\mathbb{I}^d)\right) \preceq (\mathcal{R} d_1)^{d_1}\, \varepsilon^{-d_1}.$$

我们可知, 若激活函数满足 (2.11) 且参数幅值可控, 则适当地加深网络未必会本质增大浅层神经网络的容量.

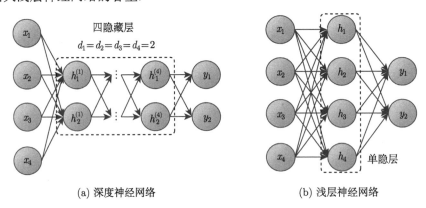

(a) 深度神经网络　　　　　　　　　　　　　　(b) 浅层神经网络

图 3.2　相同参数个数下深度神经网络与浅层神经网络的结构

另一方面, 定理 3.2 表明在具有相同自由参数个数的情况下, 神经网络的宽度与深度在其容量方面起着完全不同的作用. 特别地, 神经网络的覆盖数随着宽度 $d_{\max}$ 的增加呈现出多项式速度增长的趋势, 然而随着深度 L 的增加却展现出指数速度增长的趋势. 这表明, 为了使深度神经网络具有更好的逼近能力 (或更大的容量), 加深神经网络比加宽神经网络往往更高效. 根据定理 3.2, 虽然有同样多的参数个数 (不考虑偏置), 图 3.2 (a) 的神经网络所张成空间的容量要大于图 3.2 (b) 的神经网络所张成空间的容量. 结合命题 3.1 与定理 3.2, 我们可给出问题 3.2 的完整回答: 不同于经典的线性空间与浅层神经网络, 在深度神经网络中参数个数无法完整地刻画空间的容量, 我们往往需要结合深度、参数个数及参数幅值来综合衡量深度神经网络所张成的假设空间的大小.

3.3 深度的必要性

3.1 节讲述了在不考虑容量代价的前提下, 加深网络可以从本质上提高神经网络的逼近性能, 这从某种程度上体现了深度的必要性. 需要注意的是, 这种必要性是建立在巨大的容量代价下的. 在本节, 我们主要探讨在容量 (通过覆盖数体现) 相仿的情况下, 深度神经网络是否一定优于浅层神经网络, 即在同样的容量代价下深度的必要性问题.

需要强调的是, 深度的必要性必然依赖于数据的特征, 或者更具体一点, 依赖于目标函数 (或被逼近函数) 的性质. 若目标函数本身就是一个浅层神经网络, 则用浅层神经网络作为逼近工具足矣, 我们完全没有必要用深度神经网络去逼近一个浅层神经网络. 本节的研究需要排除掉这种情况, 特别地, 我们关注逼近特定函数类时深度的必要性问题. 鉴于光滑函数类是函数逼近论与统计学习理论中最常见的函数类之一, 我们首先考虑目标函数为光滑函数时, 深度的必要性问题. 下述定理阐述了深度神经网络对光滑函数类的逼近.

***

定理 3.3　深度神经网络的局限性

令 $r, c_0 > 0$. 若 σ 满足 (2.11), 则有

$$\text{dist}(\text{Lip}^{(r,c_0)}(\mathbb{I}^d), \mathcal{H}_{n,L,\sigma,\mathcal{R}}, C(\mathbb{I}^d)) \succeq [L^2 n \log_2 n \log_2(\mathcal{R}d_{\max})]^{-\frac{r}{d}}.$$

***

定理 3.3 的证明与定理 2.8 的证明完全类似, 只需要将定理 3.2 代入定理 2.9 中即可. 为简便起见, 我们删除了具体的证明细节. 对比定理 2.6、定理 2.5、定理 2.2 及定理 3.3, 我们发现在 L 不是特别大的情况下, 相同参数的深度神经网络与浅层神经网络的逼近性能类似. 也就是说, 若目标函数为光滑函数, 在相似的容量代价下, 深度神经网络无法本质上改进浅层神经网络的逼近能力, 从而说明若目标函数只具有光滑性质, 则深度并不是必要的. 鉴于经典的神经网络逼近均以光滑性来刻画目标函数的性质, 定理 3.3 也在一定程度上解释了为什么深度神经网络早在 20 世纪 90 年代就已被某些学者关注, 却为何在理论层面没有引起足够重视.

由于光滑函数类在连续函数中稠密, 定理 3.3 似乎从理论上证明了深度神经网络并不是必要的. 需要强调的是, 定理 3.3 的下界聚焦的是最差情况分析, 即证明了光滑函数类中存在一个 "差" 的函数, 逼近该函数时, 深度神经网络并未本质上提高浅层神经网络的性能. 然而, 若使用浅层神经网络, 上述 "差" 的函数会充斥在整个光滑函数类中. 事实上, 文献 [91] 及 [76] 构造了一个概率测度, 在该测度下, 若以浅层神经网络作为逼近工具, 则光滑函数类中的任意函数大概率都是 "差" 的函数. 我们接下来表明深度神经网络会呈现出完全不同的性质, 即若以深

度神经网络为逼近工具, 则上述 "差" 的函数在光滑函数类中是不多的.

为此, 我们给予目标函数的一些额外假设. 以光滑径向函数为例, 由推论 2.2 可知, 对任意的激活函数, 容易推出浅层神经网络的逼近误差满足

$$\mathrm{dist}(W^\diamond \cap \mathrm{Lip}^{(r,c_0)}(\mathbb{B}^d), \mathcal{H}_{d_1,\sigma}, C(\mathbb{B}^d)) \succeq d_1^{-\frac{r}{d-1}}. \tag{3.3}$$

在选择合适激活函数的前提下, 只需将网络加深两层, 那么浅层神经网络的上述瓶颈即可被突破. 下述定理表明了深度神经网络对光滑径向函数的逼近性能.

定理 3.4　深度的必要性

令 $r, c_0 > 0$, $n \in \mathbb{N}$. 若 $\sigma(t) = \dfrac{1}{1 + e^{-t}}$, 则存在一个具有三隐藏层特定结构的神经网络集合 $\mathcal{H}_{n,3,\sigma,\mathcal{R}}$ 使得

$$(n \log n)^{-r} \preceq \mathrm{dist}(W^\diamond \cap \mathrm{Lip}^{(r,c_0)}(\mathbb{B}^d), \mathcal{H}_{n,3,\sigma,\mathcal{R}}, C(\mathbb{B}^d)) \preceq n^{-r}, \tag{3.4}$$

其中 $\mathcal{H}_{n,3,\sigma,\mathcal{R}}$ 的宽度 $d_{\max} \sim n$, 参数幅值 $\mathcal{R} \sim n^a$, a 为与 n 无关的正数.

定理 3.4 的证明较为烦琐. 证明其上界的核心思想是先运用一层神经网络逼近多项式 $\|x\|_2^2 = (x^{(1)})^2 + \cdots + (x^{(d)})^2$, 经过这一作用后, 我们只需构造神经网络逼近一维光滑函数即可; 然后运用局部化 Taylor 多项式逼近一维光滑函数; 最后通过深度神经网络的局部逼近性质及其 "乘积门" 性质 (这两个性质我们将在第 4 章具体讨论) 构造两层神经网络来逼近局部化 Taylor 多项式. 下界的证明与定理 3.3 的证明是一样的, 唯一的区别是需要注意径向函数本质上是一个一维函数. 对具体证明感兴趣的读者可查阅文献 [24], 本书就不作赘述了.

对比定理 3.4 与公式 (3.3), 我们可以得到如下三点结论: ① 浅层神经网络在逼近某些特殊函数时, 很容易遇到逼近瓶颈, 这种局限性是由浅层神经网络的网络结构而不是激活函数的选择所决定的. ② 注意到定理 3.4 只用了三层神经网络, 所以在相同数量的可控参数下, 定理 3.4 所涉及的深度神经网络的覆盖数与 (3.3) 所涉及的浅层神经网络的覆盖数相仿, 即两种网络所张成的空间大小相仿. 定理 3.4 表明, 在类似的容量代价下, 深度神经网络可以本质突破浅层神经网络的局限性, 从而展示了深度的必要性. ③ 随着输入维数的增加, 深度神经网络发挥着越来越重要的作用. 特别地, 若我们只考虑一维或二维输入, 则深度神经网络未必会比浅层神经网络强. 需要强调的是, 这里所指的深度神经网络与浅层神经网络仅针对网络结构, 即我们考虑在该网络结构下是否存在激活函数达到特定的性质, 而不是如 [21, 130] 等文献所考虑的给定激活函数下神经网络的性能比较.

定理 3.4 表明, 不同于浅层神经网络, 深度神经网络作为逼近工具可本质上减

少"差"的函数. 直接后果就是, 若以浅层神经网络为逼近工具, 则逼近效果与目标函数是否具有除光滑性以外的性质无关. 而若以深度神经网络为逼近工具, 则我们能同时抓住目标函数的光滑性与径向性质, 从而成功规避掉 (3.3) 式中的那些"差"的函数. 作为逼近工具, 深度神经网络与浅层神经网络的性能比较如图 3.3 所示. 由于本节主要关注深度的必要性, 即只需要证明深度神经网络在某些情况下比浅层神经网络好即可, 所以我们只在定理 3.4 中给出了一个体现深度必要性的例子, 更多的例子我们将在后面章节中给出.

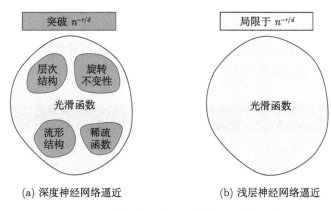

(a) 深度神经网络逼近   (b) 浅层神经网络逼近

图 3.3 深度与浅层神经网络的逼近能力比较

综上所述, 在相同的容量代价下, 从函数逼近的角度, 深度的必要性问题的回答如下: 若目标函数仅仅是光滑的, 则深度并非必要的, 我们只需要寻找合适的激活函数去匹配浅层神经网络即可达到其最优逼近阶; 若目标函数除了光滑性还具有一些其他的性质, 比如径向性, 则深度神经网络能从本质上改进浅层神经网络的性能, 从而是必要的.

3.4 深度神经网络的最优泛化性

在前面几节中, 我们从函数逼近的角度揭示了深度的必要性, 即证明了针对某些特定的学习任务, 以深度神经网络为假设空间的学习算法会突破浅层学习方法的桎梏. 本节我们考虑在深度神经网络上实施最小二乘经验风险极小化策略的最优泛化性. 令 $D = \{(x_i, y_i)\}_{i=1}^{|D|}$, 其中 $x_i \in \mathbb{I}^d$, $|y_i| \leqslant M$. 在定理 3.4 所给的神经网络集合 $\mathcal{H}_{n,3,\sigma,\mathcal{R}}$ 上定义经验风险极小化如下:

$$f_{D,n,3,\sigma,\mathcal{R}} \in \underset{f \in \mathcal{H}_{n,3,\sigma,\mathcal{R}}}{\arg\min} \frac{1}{|D|} \sum_{(x_i,y_i) \in D} (y_i - f(x_i))^2. \tag{3.5}$$

由于 $|y_i| \leqslant M$, 很自然地, 我们可将函数 $f_{D,n,3,\sigma,\mathcal{R}}$ 截断投影到区间 $[-M, M]$ 上, 即定义截断投影算子

$$\pi_M f(x) := \text{sgn}(f(x)) \min\{|f(x)|, M\}.$$

根据上述定义, 直接计算可得

$$\mathcal{E}(\pi_M f) \leqslant \mathcal{E}(f), \qquad \forall\, f \in L^2_{\rho_X}.$$

在估计中加入上述截断投影算子可以在不增加计算量的情况下减少泛化误差, 因此该投影技术被广泛应用于各种机器学习方法 [25, 42, 123]. 为保证更好的泛化性, 我们也将该技术用于 $f_{D,n,L,\sigma,\mathcal{R}}$, 即考虑 $\pi_M f_{D,n,3,\sigma,\mathcal{R}}$ 的泛化性能.

下述定理表明, 深度神经网络在学习某些学习任务时, 具有 (近似) 最优泛化性.

定理 3.5   深度神经网络的本质泛化性

令 $\delta \in (0, 1)$, $c_0, r, a > 0$ 且 $f_{D,n,3,\sigma,\mathcal{R}}$ 由 (3.5) 所定义. 若 $f_\rho \in W^\circ \cap$ $\text{Lip}^{(r,c_0)}(\mathbb{I}^d)$, $n \sim |D|^{\frac{1}{2r+1}}$, $\mathcal{R} \sim n^a$, 且 $\sigma(t) = \dfrac{1}{1 + e^{-t}}$, 则依概率 $1 - \delta$ 成立

$$\mathcal{E}(\pi_M f_{D,n,3,\sigma,\mathcal{R}}) - \mathcal{E}(f_\rho) \preceq m^{-\frac{2r}{2r+1}} \log(m+1) \log\frac{3}{\delta}. \qquad (3.6)$$

进一步,

$$m^{-\frac{2r}{2r+1}} \preceq \sup_{f_\rho \in W^\circ \cap \text{Lip}^{(r,c_0)}(\mathbb{I}^d)} \mathbb{E}\left[\mathcal{E}(\pi_M f_{D,n,3,\sigma,\mathcal{R}}) - \mathcal{E}(f_\rho)\right]$$

$$\preceq m^{-\frac{2r}{2r+1}} \log(m+1). \qquad (3.7)$$

如 1.3 节所述, 记 $\mathcal{M}(W^\circ \cap \text{Lip}^{(r,c_0)}(\mathbb{B}^d))$ 为 Z 上所有满足 $f_\rho \in W^\circ \cap$ $\text{Lip}^{(r,c_0)}(\mathbb{B}^d)$ 的 Borel 测度的集合, 且 $e_D(W^\circ \cap \text{Lip}^{(r,c_0)}(\mathbb{B}^d))$ 如 (1.9) 所定义. 由 [42, Chap.3] 可知

$$e_D(W^\circ \cap \text{Lip}^{(r,c_0)}(\mathbb{B}^d)) \sim m^{-\frac{2r}{2r+1}}.$$

因此定理 3.5 表明针对光滑且径向的回归函数, 深度神经网络具有近似最优泛化性, 而且这种最优性是建立在比浅层神经网络更少参数的情况下的, 即 $n \sim$ $|D|^{\frac{1}{2r+1}}$. 注意到推论 2.2, 若使用浅层神经网络及 $n \sim |D|^{\frac{1}{2r+1}}$ 个参数, 则能达到的最好泛化误差为 $|D|^{-\frac{2r}{(2r+1)(d-1)}}$, 远差于 (3.7) 所给的逼近阶. 当然我们可以将浅层神经网络加宽, 使其逼近误差小于 $|D|^{-\frac{2r}{2r+1}}$, 然而由推论 2.2 可知达到这一

效果的浅层神经网络至少需要 $n \sim |D|^{\frac{d-1}{2n+d}}$ 个参数. 当参数量过大时, 会极大影响相应经验风险极小化策略的方差, 从而使其泛化误差增大. 这体现了深度神经网络在学习某些特定数据时是严格优于浅层神经网络的, 进而从学习理论的角度说明了深度的必要性.

3.5 数 值 实 验

为了验证深度的必要性, 本节在人工数据集上进行了数值实验. 人工数据集的生成过程如下: 训练样本集的输入 $\{x_i\}_{i=1}^m$ 通过对 $\mathbb{I}^d$ 上均匀分布的独立采样获得, 其对应的输出 $\{y_i\}_{i=1}^m$ 根据回归模型 $y_i = g(x_i) + \epsilon_i$ 生成, 其中 ϵ_i 是独立的高斯噪声 $\mathcal{N}(0, \sigma^2)$, 函数

$$g(x) = \begin{cases} (1 - \|x\|_2)^6 (35\|x\|_2^2 + 18\|x\|_2 + 3), & 0 < \|x\|_2 \leqslant 1, \\ 0, & \|x\|_2 > 1. \end{cases}$$

易知 g 为光滑且径向的函数. 测试样本集的输入 $\{x_i'\}_{i=1}^{m'}$ 同样通过对超立方体 $[0,1]^d$ 上均匀分布的独立采样获得, 而对应的输出 $\{y_i'\}_{i=1}^{m'}$ 通过 $y_i' = g(x_i')$ 生成.

参与比较的方法包括: ① MATLAB 的 "Deep Learning Toolbox" 中针对浅层神经网络的 13 种误差反向传播 (back propagation, BP) 算法 [86], 具体分为 5 种梯度下降相关算法 (即 GD, GDA, GDM, GDX 和 RP)① 和 8 种共轭梯度下降相关算法 (即 LM, BR, BFG, CGB, CGF, CGP, OSS 和 SCG)②; ② 具有两隐藏层的深度网络. 对于所有网络, 我们均采用全连接神经网络和 Sigmoid 激活函数, 并使用 Nguyen-Widrow 方法 [108] 对权重参数进行初始化. 对于深度网络, 设置其两个隐藏层的宽度相同, 且采用随机梯度下降算法求解.

在实验中, 我们设置训练样本个数 $m = 2000$, 测试样本个数 $m' = 2000$, 数据维数 $d = 3$, 高斯噪声标准差 $\sigma = 1/\sqrt{10}$; 同时设置学习率 (learning rate) 为 0.05, 批量大小 (batch size) 为 2000, 其他参数为 MATLAB 默认设置. 对于参数

---

① 梯度下降反向传播 (gradient descent backpropagation, 简称 GD)、带自适应学习率的梯度下降反向传播 (gradient descent backpropagation with adaptive learning rate, 简称 GDA)、带动量的梯度下降反向传播 (gradient descent backpropagation with momentum, 简称 GDM)、带动量和自适应学习率的梯度下降反向传播 (gradient descent backpropagation with momentum and adaptive learning rate, 简称 GDX) 和弹性反向传播 (resilient backpropagation, 简称 RP).

② Levenberg-Marquardt 反向传播 (Levenberg-Marquardt backpropagation, 简称 LM)、贝叶斯正则化反向传播 (Bayesian regularisation backpropagation, 简称 BR)、BFGS 拟牛顿反向传播 (BFGS quasi-Newton backpropagation, 简称 BFG)、带 Powell-Beale 重启的共轭梯度反向传播 (conjugate gradient backpropagation with Powell-Beale restarts, 简称 CGB)、带 Fletcher-Reeves 更新的共轭梯度反向传播 (conjugate gradient backpropagation with Fletcher-Reeves updates, 简称 CGF)、带 Polak-Ribiére 更新的共轭梯度反向传播 (conjugate gradient backpropagation with Polak-Ribiére updates, 简称 CGP)、一步割线反向传播 (one-step secant backpropagation, 简称 OSS)、缩放共轭梯度反向传播 (scaled conjugate gradient backpropagation, 简称 SCG).

选择问题, 将网络宽度和训练迭代轮次 (epoch) 作为算法实施的关键参数, 分别从集合 $\{10, 20, \cdots, 200\}$ 和 $\{1, 2, \cdots, 50000\}$ 中通过网格搜索方法选取. 具体来讲, 针对每个网络宽度, 我们重复执行 50 次实验, 记录每次实验在测试集上的均方误差 (mean square error, MSE) 随着迭代轮次的数值变化结果, 并将 50 次实验测试 MSE 的平均值作为泛化误差的度量, 来选取最优的网络宽度和训练迭代轮次.

图 3.4 展示了各种方法在其最优网络宽度下的泛化误差随着迭代轮次的变化趋势, 表 3.1 记录了各种方法在其最优网络宽度和迭代轮次下的数值结果. 从以上结果可以获得以下结论: ① 对于浅层神经网络而言, 共轭梯度下降算法的最优泛化性能往往好于梯度下降算法, 且其取得最优泛化性能所需的迭代轮次远远小于梯度下降算法; ② 由于两隐藏层的深度神经网络采用随机梯度下降算法求解, 因此其取得最优泛化性能所需的迭代轮次远远大于浅层神经网络中的共轭梯度下降算法. 尽管如此, 两隐藏层深度神经网络的泛化性能远远好于所有的浅层神经网络方法, 这也验证了网络深度的必要性.

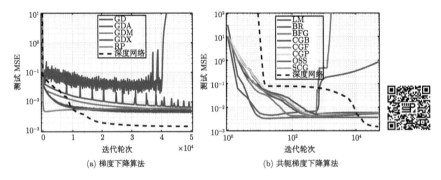

(a) 梯度下降算法　　　　　　　　(b) 共轭梯度下降算法

图 3.4　浅层神经网络与深度神经网络的泛化误差随着迭代轮次的变化情况比较

表 3.1　最优参数下的均方误差比较

算法	测试 MSE (10^{-3})	算法	测试 MSE (10^{-3})
GD	6.53 ± 5.23	BFG	4.24 ± 0.65
GDA	18.54 ± 41.93	CGB	4.91 ± 1.38
GDM	5.34 ± 2.10	CGF	4.68 ± 0.90
GDX	4.38 ± 0.80	CGP	4.75 ± 1.23
RP	4.75 ± 1.16	OSS	4.24 ± 0.75
LM	4.55 ± 0.87	SCG	4.23 ± 0.72
BR	3.34 ± 0.56	深度网络	1.51 ± 0.59

3.6 相 关 证 明

本章的核心证明技巧是通过覆盖数估计以及集中不等式为函数逼近论和学习理论搭建一座桥梁. 因而, 如何估计覆盖数以及如何运用集中不等式是本节的核心. 我们先运用引理 3.1 及引理 2.3 来证明定理 3.1.

定理 3.1 的证明　由引理 2.3 可得, 存在非多项式激活函数 $\sigma \in C(\mathbb{R})$, 对引理 3.1 中的任意 $g, \psi_j, j = 1, 2, \cdots, 2d+1$, 以及 $\nu > 0$, 存在 $b_j, b_{jk} \in \mathbb{R}$ 满足

$$|g(u) - \sigma(t - b_j)| < \nu, \qquad \forall t \in \mathbb{R}$$

以及

$$|\psi_j(x^{(k)}) - \sigma(x^{(k)} - b_{jk})| \leqslant \nu, \qquad \forall j = 1, \cdots, 2d+1, \; k = 1, \cdots, d.$$

由三角不等式, 可得

$$\left| \sum_{j=1}^{2d+1} g\left(\sum_{k=1}^{d} v_k \psi_j(x^{(k)}) \right) - \sum_{j=1}^{2d+1} \sigma\left(\sum_{k=1}^{d} v_k \sigma(x^{(k)} - b_{jk}) - b_j \right) \right|$$

$$\leqslant \left| \sum_{j=1}^{2d+1} g\left(\sum_{k=1}^{d} v_k \psi_j(x^{(k)}) \right) - \sum_{j=1}^{2d+1} g\left(\sum_{k=1}^{d} v_k \sigma(x^{(k)} - b_{jk}) \right) \right|$$

$$+ \left| \sum_{j=1}^{2d+1} g\left(\sum_{k=1}^{d} v_k \sigma(x^{(k)} - b_{jk}) \right) - \sum_{j=1}^{2d+1} \sigma\left(\sum_{k=1}^{d} v_k \sigma(x^{(k)} - b_{jk}) - b_j \right) \right|.$$

由于 g 在 $C(\mathbb{I})$ 上连续, 则对于任意小的 $\delta > 0$, 存在 $\epsilon > 0$, 使得当 $|t - t'| \leqslant \epsilon$ 时, 有 $|g(t) - g(t')| \leqslant \delta$. 令 $\nu < \epsilon$, 则由 $v_k \geqslant 0, \sum_{k=1}^{d} v_k \leqslant 1$ 可得

$$\left| \sum_{k=1}^{d} v_k \psi_j(x^{(k)}) - \sum_{k=1}^{d} v_k \sigma(x^{(k)} - b_{jk}) \right| \leqslant \sum_{k=1}^{d} v_k \nu \leqslant \nu.$$

从而成立

$$\left| \sum_{j=1}^{2d+1} g\left(\sum_{k=1}^{d} v_k \psi_j(x^{(k)}) \right) - \sum_{j=1}^{2d+1} g\left(\sum_{k=1}^{d} v_k \sigma(x^{(k)} - b_{jk}) \right) \right| \leqslant \delta.$$

又因为

$$\left| \sum_{j=1}^{2d+1} g\left(\sum_{k=1}^{d} v_k \sigma(x^{(k)} - b_{jk}) \right) - \sum_{j=1}^{2d+1} \sigma\left(\sum_{k=1}^{d} v_k \sigma(x^{(k)} - b_{jk}) - b_j \right) \right| \leqslant (2d+1)\nu,$$

所以成立

$$\left| \sum_{j=1}^{2d+1} g\left(\sum_{k=1}^{d} v_k \psi_j(x^{(k)}) \right) - \sum_{j=1}^{2d+1} \sigma\left(\sum_{k=1}^{d} v_k \sigma(x^{(k)} - b_{jk}) - b_j \right) \right| \leqslant (2d+1)\nu + \delta.$$

令 $(2d+1)\nu + \delta = \varepsilon$, 定理 3.1 得证.　　　　　　　　　　　　　　　□

命题 3.1 的证明　由定理 3.1 可知, 存在非多项式激活函数 $\sigma \in C(\mathbb{R})$ 满足对任意的 $f \in C(\mathbb{I}^d)$ 及 $\nu > 0$, 均有

$$\text{dist}(f, \mathcal{H}_{d,(2d+1)d,\sigma}, L_1(\mathbb{I}^d)) < \nu.$$

而定理 2.9 的逆否命题表明, 若有

$$\text{dist}(\text{Lip}^{(d,c_0)}(\mathbb{I}^d), \mathcal{H}_{d,(2d+1)d,\sigma}, L_1(\mathbb{I}^d)) \leqslant C'n^{-2},$$

则必存在与 ν, ε 无关的实数 $\beta, \tilde{C}_1, \tilde{C}_2$ 使得

$$\mathcal{N}(\varepsilon, \mathcal{H}_{d,(2d+1)d,\sigma}, L^1(\mathbb{I}^d)) \geqslant \tilde{C}_1 \left(\frac{\tilde{C}_2 n^\beta}{\varepsilon} \right)^n.$$

令 $\nu = C'n^{\frac{1}{2}}$, 则有 $n = (C')^{\frac{1}{2}}\nu^{-\frac{1}{2}}$, 从而有

$$\mathcal{N}(\varepsilon, \mathcal{H}_{d,(2d+1)d,\sigma}, L^1(\mathbb{I}^d)) \geqslant \tilde{C}_1 \left(\frac{\tilde{C}_2 (C')^{\frac{\beta}{2}} \nu^{-\frac{\beta}{2}}}{\varepsilon} \right)^{(C')^{\frac{1}{2}}\nu^{-\frac{1}{2}}}.$$

注意到 $\nu > 0$ 可以任意小, 我们令 $(C')^{\frac{1}{2}}\nu^{-\frac{1}{2}} \geqslant \Gamma$, 则有

$$\mathcal{N}(\varepsilon, \mathcal{H}_{d,(2d+1)d,\sigma}, C(\mathbb{I}^d)) \geqslant \mathcal{N}(\varepsilon, \mathcal{H}_{d,(2d+1)d,\sigma}, L^1(\mathbb{I}^d)) \geqslant C \left(\frac{\Gamma^\beta}{\varepsilon} \right)^\Gamma.$$

命题 3.1 得证.　　　　　　　　　　　　　　　　　　　　　　　　　　□

欲证定理 3.2, 我们需要 3 个辅助引理. 对任意的 $1 \leqslant \ell \leqslant L$, 令 $\mathcal{W}^*_{\mathcal{F}_{\ell,w}}$ 为所有具有固定结构的、包含 $\mathcal{F}_{\ell,w}$ 个自由参数的 $d_\ell \times d_{\ell-1}$ 矩阵的集合. 令 $\mathcal{B}^*_{\mathcal{F}_{\ell,b}}$ 为所有具有固定结构的、包含 $\mathcal{F}_{\ell,b}$ 个自由参数的向量集合. 记

$$\mathcal{W}_{\mathcal{F}_{\ell,w}} := \{ W \in \mathcal{W}^*_{\mathcal{F}_{\ell,w}} : |W^{i,j}| \leqslant \mathcal{R} \}$$

及

$$\mathcal{B}_{\mathcal{F}_{\ell,b}} := \{\boldsymbol{b} \in B^*_{\mathcal{F}_{\ell,b}} : |b_i| \leqslant \mathcal{R}\},$$

其中 $W^{i,j}$ 表示 W 的第 i 行第 j 列元素. 对任意的 $x \in \mathbb{I}^d$, 记 $\mathcal{H}_0 = \{h_0(x) = x\}$. 当 $\ell = 1, 2, \cdots, L$ 时, 定义

$$\mathcal{H}_\ell = \{\boldsymbol{h}_\ell(x) = \sigma(W_\ell \boldsymbol{h}_{\ell-1}(x) + \boldsymbol{b}_\ell) : \boldsymbol{h}_{\ell-1} \in \mathcal{H}_{\ell-1}, W_\ell \in \mathcal{W}_{\mathcal{F}_{\ell,w}}, \boldsymbol{b}_\ell \in \mathcal{B}_{\mathcal{F}_{\ell,b}}\}.$$

对任意的 $\boldsymbol{h}_\ell = (h_\ell^1, \cdots, h_\ell^{d_\ell})^{\mathrm{T}} \in \mathcal{H}_\ell$, 定义 $\|\boldsymbol{h}_\ell\|_{*,d_\ell} := \max\limits_{1 \leqslant i \leqslant d_\ell} \|h_\ell^i\|_{L_\infty(\mathbb{I}^d)}$.

> **引理 3.2　神经元的有界性**
>
> 对任意的 $\ell = 1, 2, \cdots, L$ 及 $\boldsymbol{h}_\ell \in \mathcal{H}_\ell$, 若 σ 满足 (2.11), 则
>
> $$\|\boldsymbol{h}_\ell\|_{*,d_\ell} \leqslant (3c\mathcal{R})^\ell d_{\ell-1} \cdots d_0. \tag{3.8}$$

证明　对任意的 $\ell = 1, \cdots, L$, 由 (2.11) 可得

$$\|\boldsymbol{h}_\ell\|_{*,d_\ell} = \|\sigma(W_\ell \boldsymbol{h}_{\ell-1}(x) + \boldsymbol{b}_\ell)\|_{*,d_\ell} = \max_{1 \leqslant i \leqslant d_\ell} \max_{x \in \mathbb{I}^d} |\sigma_\ell(W_\ell^i \cdot \boldsymbol{h}_{\ell-1}(x) + b_\ell^i)|$$

$$\leqslant c \max_{1 \leqslant i \leqslant d_\ell} \max_{x \in \mathbb{I}^d} \left(\left| \sum_{j=1}^{d_{\ell-1}} W_\ell^{i,j} h_{\ell-1}^j(x) + b_\ell^i \right| + 1 \right)$$

$$\leqslant c \max_{1 \leqslant i \leqslant d_\ell} \left\{ \sum_{j=1}^{d_{\ell-1}} |W_\ell^{i,j}| \max_{x \in \mathbb{I}^d} |h_{\ell-1}^j(x)| + |b_\ell^i| \right\} + c$$

$$\leqslant (cd_{\ell-1} \|\boldsymbol{h}_{\ell-1}\|_{*,d_{\ell-1}} + c)\mathcal{R} + c,$$

其中 W_ℓ^i 表示矩阵 W_ℓ 的第 i 行, $W_\ell^{i,j}$ 表示 W_ℓ 的第 i 行第 j 列元素, $\boldsymbol{b}_\ell = (b_\ell^1, \cdots, b_\ell^{d_\ell})^{\mathrm{T}}$, $\boldsymbol{h}_{\ell-1} \in \mathcal{H}_{\ell-1}$. 注意到 $\|\boldsymbol{h}_0\|_{*,d_0} = \max\limits_{1 \leqslant i \leqslant d_0} \max\limits_{x^i \in \mathbb{I}} |x^i| = 1$, 从而有

$$\|\boldsymbol{h}_\ell\|_{*,d_\ell} \leqslant (3c\mathcal{R})^\ell d_{\ell-1} \cdots d_0.$$

引理 3.2 得证. □

> **引理 3.3　矩阵的覆盖数估计**
>
> 对任意的 $\varepsilon > 0$ 及 $1 \leqslant \ell \leqslant L$, 成立
>
> $$\mathcal{N}(\varepsilon, \mathcal{W}_{\mathcal{F}_{\ell,w}}, \|\cdot\|_1) \leqslant \left(\frac{2d_\ell d_{\ell-1} \mathcal{R}}{\varepsilon} \right)^{\mathcal{F}_{\ell,w}} \quad \text{及} \quad \mathcal{N}(\varepsilon, \mathcal{B}_{\mathcal{F}_{\ell,b}}, \ell_\infty^m) \leqslant \left(\frac{2\mathcal{R}}{\varepsilon} \right)^{\mathcal{F}_{\ell,b}}.$$

证明　我们可将任意的 $d_\ell \times d_{\ell-1}$ 矩阵改写为 $d_\ell \times d_{\ell-1}$ 维向量 $(w_1, \cdots,$ $w_{d_\ell \times d_{\ell-1}})^{\mathrm{T}}$. 注意到在权矩阵中共有 $\mathcal{F}_{k,w}$ 个自由参数, 我们分三种情况来证明该引理: 第一种情况是权矩阵 W_k 中只有 $\mathcal{F}_{k,w}$ 个元素可调而剩余的 $d_k \times d_{k-1} - \mathcal{F}_{k,w}$ 个元素固定; 第二种情况是 W_k 是由 $\mathcal{F}_{k,w}$ 个元素通过共享参数的方式生成; 第三种情况是上面两种情况的混合. 不失一般性, 假设改写后的 $d_\ell \times d_{\ell-1}$ 维向量的前 $\mathcal{F}_{\ell,w}$ 个元素为自由参数. 令 $\mathcal{E}_{F_i}$ 为 $\{w_i : |w_i| \leqslant \mathcal{R}\}$ 的一个 ε-网, 即对任意的 $|w_i| \leqslant \mathcal{R}$, 存在 $w_i' \in \mathcal{E}_{F_i}$ 使得

$$|w_i - w_i'| \leqslant \varepsilon, \qquad \forall i = 1, \cdots, \mathcal{F}_{\ell,w},$$

则对任意的 $W, W' \in \mathcal{W}_{\mathcal{F}_{\ell,w}}$, 其中 W, W' 是对应于向量 $(w_1, \cdots, w_{\mathcal{F}_{\ell,w}}, \cdots)^{\mathrm{T}}$ 及 $(w_1', \cdots, w_{\mathcal{F}_{\ell,w}}', \cdots)^{\mathrm{T}}$ 的矩阵, 成立

$$\|W - W'\|_1 = \sum_{i=1}^{d_\ell} \sum_{j=1}^{d_{\ell-1}} |W^{i,j} - W'^{i,j}| = \sum_{i=1}^{\mathcal{F}_{\ell,w}} |w_i - w_i'| + \sum_{i=\mathcal{F}_{\ell,w}+1}^{d_\ell d_{\ell-1}} |w_i - w_i'|.$$

若 $d_\ell d_{\ell-1} - \mathcal{F}_{\ell,w}$ 为固定常数, 则有 $\displaystyle\sum_{i=\mathcal{F}_{\ell,w}+1}^{d_\ell d_{\ell-1}} |w_i - w_i'| = 0$. 若矩阵是由第二、三种情况生成的, 此即 $d_\ell - \mathcal{F}_{\ell,w}$ 元素中有些元素与之前的 $\mathcal{F}_{\ell,w}$ 中的元素相等, 则有

$$\sum_{i=\mathcal{F}_{\ell,w}+1}^{d_\ell d_{\ell-1}} |w_i - w_i'| \leqslant (d_\ell d_{\ell-1} - \mathcal{F}_{\ell,w}) \max_{1 \leqslant i \leqslant \mathcal{F}_{\ell,w}} |w_i - w_i'|,$$

从而有

$$\|W - W'\|_1 \leqslant d_\ell d_{\ell-1} \varepsilon.$$

因此 $\{w_i : |w_i| \leqslant \mathcal{R}\}$ 的 $\mathcal{F}_{\ell,w}$ 个 ε 覆盖组成了 $\mathcal{W}_{\mathcal{F}_{\ell,w}}$ 的 $d_\ell d_{\ell-1} \varepsilon$ 覆盖, 结合 $|\mathcal{E}_{F_i}| \leqslant \dfrac{2\mathcal{R}}{\varepsilon}$, $i = 1, 2, \cdots, \mathcal{F}_{\ell,w}$, 我们有

$$\mathcal{N}(\varepsilon, \mathcal{W}_{\mathcal{F}_{\ell,w}}, \|\cdot\|_1) \leqslant \left(\frac{2 d_\ell d_{\ell-1} \mathcal{R}}{\varepsilon} \right)^{\mathcal{F}_{\ell,w}}.$$

由此关于 $\mathcal{W}_{\mathcal{F}_{\ell,w}}$ 的覆盖数得证, 关于 $\boldsymbol{\mathcal{B}}_{\mathcal{F}_{\ell,b}}$ 的覆盖数可用同样的方法得证. 引理 3.3 得证. $\qquad\square$

引理 3.4　覆盖数关于层数的迭代估计

若 σ 满足 (2.11)，则对任意的 $\ell = 2, \cdots, L$ 成立

$$\mathcal{N}(\varepsilon, \mathcal{H}_\ell, \|\cdot\|_{*,d_\ell}) \leqslant (c_1'\mathcal{R})^{\ell\mathcal{F}_\ell} D_\ell^{2\mathcal{F}_\ell} \varepsilon^{-\mathcal{F}_\ell} \mathcal{N}\left(\frac{\varepsilon}{(c_1'\mathcal{R})^{\ell-1} D_\ell}, \mathcal{H}_{\ell-1}, \|\cdot\|_{*,d_{\ell-1}}\right),$$

且有

$$\mathcal{N}(\varepsilon, \mathcal{H}_1, \|\cdot\|_{*,d_1}) \leqslant \left(\frac{c_1'\mathcal{R}D_1}{\varepsilon}\right)^{\mathcal{F}_1},$$

其中 $D_\ell = d_\ell \cdots d_0$，$\mathcal{F}_\ell = \mathcal{F}_{\ell,w} + \mathcal{F}_{\ell,b}$ 及 $c_1' = 18c_1c$。

证明　对每一个 $\ell = 1, 2, \cdots, L$，令 $\mathcal{E}_{\ell,w}$ 与 $\mathcal{E}_{\ell,b}$ 分别为 $\mathcal{W}_{\mathcal{F}_{\ell,w}}$ 与 $\mathcal{B}_{\mathcal{F}_{\ell,b}}$ 的 ε-网，令 $\mathcal{E}_{\ell,h}$ 为 $\mathcal{H}_{\ell-1}$ 的 ε-网。则对任一 $h_{\ell-1} \in \mathcal{H}_{\ell-1}, W_\ell \in \mathcal{W}_{\mathcal{F}_{\ell,w}}$ 及 $b_\ell \in \mathcal{B}_{\mathcal{F}_{\ell,b}}$，存在 $h_{\ell-1}' \in \mathcal{E}_{\ell,h}, W_\ell' \in \mathcal{E}_{\ell,w}, b_\ell' \in \mathcal{E}_{\ell,b}$ 使得

$$\|h_{\ell-1} - h_{\ell-1}'\|_{*,d_{\ell-1}} \leqslant \varepsilon, \qquad \ell = 2, \cdots, L \tag{3.9}$$

及

$$\|W_\ell - W_\ell'\|_1 \leqslant \varepsilon, \quad \|b_\ell - b_\ell'\|_{\ell_\infty^{d_\ell}} \leqslant \varepsilon, \qquad \ell = 1, \cdots, L. \tag{3.10}$$

从而对任意的 $h_\ell \in \mathcal{H}_\ell, \ell = 2, 3, \cdots, L$，成立

$$
\begin{aligned}
\|h_\ell - \sigma(W_\ell'h_{\ell-1}' + b_\ell')\|_{*,d_\ell} \leqslant{}& \|\sigma(W_\ell h_{\ell-1} + b_\ell) - \sigma(W_\ell'h_{\ell-1} + b_\ell)\|_{*,d_\ell}\\
&+\|\sigma(W_\ell'h_{\ell-1} + b_\ell) - \sigma(W_\ell'h_{\ell-1}' + b_\ell)\|_{*,d_\ell}\\
&+\|\sigma(W_\ell'h_{\ell-1}' + b_\ell) - \sigma(W_\ell'h_{\ell-1}' + b_\ell')\|_{*,d_\ell}.
\end{aligned}
\tag{3.11}
$$

由 (2.11) 及引理 3.2 可得

$$
\begin{aligned}
&\|\sigma(W_\ell h_{\ell-1} + b_\ell) - \sigma(W_\ell'h_{\ell-1} + b_\ell)\|_{*,d_\ell}\\
={}& \max_{1\leqslant i\leqslant d_\ell} \max_{x\in\mathbb{I}^d} |\sigma(W_\ell^i \cdot h_{\ell-1}(x) + b_\ell^i) - \sigma(W_\ell'^i \cdot h_{\ell-1}(x) + b_\ell^i)|\\
\leqslant{}& c_1 \sum_{i=1}^{d_\ell} \max_{x\in\mathbb{I}^d} |(W_\ell^i - W_\ell'^i) \cdot h_{\ell-1}(x)| \leqslant c_1 \|h_{\ell-1}\|_{*,d_{\ell-1}} \sum_{i=1}^{d_\ell} \sum_{j=1}^{d_{\ell-1}} |W_\ell^{ij} - W_\ell'^{ij}|\\
\leqslant{}& c_1 (3c\mathcal{R})^{\ell-1} d_{\ell-2} \cdots d_0 \|W_\ell - W_\ell'\|_1.
\end{aligned}
$$

对任意的 $\ell = 1, 2, \cdots, L$，由 (2.11) 可得

$$\|\sigma(W_\ell'h_{\ell-1} + b_\ell) - \sigma(W_\ell'h_{\ell-1}' + b_\ell)\|_{*,d_\ell}$$

$$= \max_{1 \leqslant i \leqslant d_\ell} \max_{x \in \mathbb{I}^d} |\sigma(W_\ell^{'i} \cdot \boldsymbol{h}_{\ell-1}(x) + b_\ell^i) - \sigma(W_\ell^{'i} \cdot \boldsymbol{h}_{\ell-1}'(x) + b_\ell^i)|$$

$$\leqslant c_1 \max_{1 \leqslant i \leqslant d_\ell} \max_{x \in \mathbb{I}^d} |W_\ell^{'i} \cdot (\boldsymbol{h}_{\ell-1}(x) - \boldsymbol{h}_{\ell-1}'(x))|$$

$$\leqslant c_1 \sum_{i=1}^{d_\ell} \sum_{j=1}^{d_{\ell-1}} |W_\ell^{'ij}| \|\boldsymbol{h}_{\ell-1} - \boldsymbol{h}_{\ell-1}'\|_{*,d_{\ell-1}}$$

$$\leqslant c_1 d_\ell d_{\ell-1} \mathcal{R} \|\boldsymbol{h}_{\ell-1} - \boldsymbol{h}_{\ell-1}'\|_{*,d_{\ell-1}}$$

及

$$\|\sigma(W_\ell' \boldsymbol{h}_{\ell-1}' + \boldsymbol{b}_\ell) - \sigma(W_\ell' \boldsymbol{h}_{\ell-1}' + \boldsymbol{b}_\ell')\|_{*,d_\ell}$$
$$= \max_{1 \leqslant i \leqslant d_\ell} \max_{x \in \mathbb{I}^d} |\sigma(W_\ell^{'i} \cdot \boldsymbol{h}_{\ell-1}'(x) + b_\ell^i) - \sigma(W_\ell^{'i} \cdot \boldsymbol{h}_{\ell-1}'(x) + b_\ell^{'i})|$$
$$\leqslant c_1 \max_{1 \leqslant i \leqslant d_\ell} |b_\ell^i - b_\ell^{'i}| = c_1 \|\boldsymbol{b}_\ell - \boldsymbol{b}_\ell'\|_{\ell_\infty^{d_\ell}}.$$

将上述三项估计代入 (3.11), 并由 (3.9) 及 (3.10) 可得

$$\|\boldsymbol{h}_\ell - \sigma(W_\ell' \boldsymbol{h}_{\ell-1}' + \boldsymbol{b}_\ell')\|_{*,d_\ell} \leqslant 3c_1 (3c\mathcal{R})^{\ell-1} d_\ell \cdots d_0 \varepsilon,$$

即集合

$$\{\sigma(W_\ell' \boldsymbol{h}_{\ell-1}' + \boldsymbol{b}_\ell') : W_\ell' \in \mathcal{E}_{\ell,w}, \boldsymbol{h}_{\ell-1}' \in \mathcal{E}_{\ell,h}, \boldsymbol{b}_\ell' \in \mathcal{E}_{\ell,b}\}$$

为 $\boldsymbol{\mathcal{H}}_\ell$ 的 $3c_1 (3c\mathcal{R})^{\ell-1} d_\ell \cdots d_0 \varepsilon$-网. 结合引理 3.3, 成立

$$\mathcal{N}\left(3c_1 (3c\mathcal{R})^{\ell-1} d_\ell \cdots d_0 \varepsilon, \boldsymbol{\mathcal{H}}_\ell, \|\cdot\|_{*,d_\ell}\right)$$
$$\leqslant \left(\frac{2d_\ell d_{\ell-1} \mathcal{R}}{\varepsilon}\right)^{\mathcal{F}_{\ell,w} + \mathcal{F}_{\ell,b}} \mathcal{N}\left(\varepsilon, \boldsymbol{\mathcal{H}}_{\ell-1}, \|\cdot\|_{*,d_{\ell-1}}\right).$$

将 ε 放缩至 $\dfrac{\varepsilon}{3c_1 (3c\mathcal{R})^{\ell-1} d_\ell \cdots d_0}$, 则有

$$\mathcal{N}(\varepsilon, \boldsymbol{\mathcal{H}}_\ell, \|\cdot\|_{*,d_\ell}) \leqslant (c_1' \mathcal{R})^{\ell \mathcal{F}_\ell} D_\ell^{2\mathcal{F}_\ell} \varepsilon^{-\mathcal{F}_\ell} \mathcal{N}\left(\frac{\varepsilon}{(c_1' \mathcal{R})^{\ell-1} D_\ell}, \boldsymbol{\mathcal{H}}_{\ell-1}, \|\cdot\|_{*,d_{\ell-1}}\right),$$

其中 $c_1' = 18c_1 c$, $D_\ell := d_\ell \cdots d_0$. 由此可得: 当 $\ell = 2, \cdots, L$ 时, 引理 3.4 成立. 若 $\ell = 1$, 则对任意的 $\boldsymbol{h}_1 \in \boldsymbol{\mathcal{H}}_1$, 有

$$\|\boldsymbol{h}_1 - \sigma(W_1' x + \boldsymbol{b}_1')\|_{*,d_1} \leqslant \|\sigma(W_1 x + \boldsymbol{b}_1) - \sigma(W_1' x + \boldsymbol{b}_1)\|_{*,d_1}$$
$$+ \|\sigma(W_1' x + \boldsymbol{b}_1) - \sigma(W_1' x + \boldsymbol{b}_1')\|_{*,d_1}. \quad (3.12)$$

类似的方法可得集合

$$\{\sigma(W_1' x + \boldsymbol{b}_1') : W_1' \in \mathcal{E}_{1,w}, \boldsymbol{b}_1' \in \mathcal{E}_{1,b}\}$$

为 $\boldsymbol{\mathcal{H}}_1$ 的 $2c_1\varepsilon$-网. 应用引理 3.3, 我们可知

$$\mathcal{N}(2c_1\varepsilon, \boldsymbol{\mathcal{H}}_1, \|\cdot\|_{*,d_1}) \leqslant \left(\frac{2D_1\mathcal{R}}{\varepsilon}\right)^{\mathcal{F}_{1,w}+\mathcal{F}_{1,b}}.$$

将 ε 放缩至 $\varepsilon/(2c_1)$, 则成立

$$\mathcal{N}(\varepsilon, \boldsymbol{\mathcal{H}}_1, \|\cdot\|_{*,d_1}) \leqslant \left(\frac{c_1'\mathcal{R}D_1}{\varepsilon}\right)^{\mathcal{F}_1}.$$

引理 3.4 得证. $\square$

基于上述三个引理, 我们可证明定理 3.2 如下:

定理 3.2 的证明 令 $\boldsymbol{A}_{\mathcal{F}_{L,a}}^*$ 为所有具有固定结构、包含 $\mathcal{F}_{L,a}$ 个自由参数的 d_L 维向量的集合. 记 $\boldsymbol{\mathcal{A}}_{\mathcal{F}_{L,a}} := \{\boldsymbol{a} \in \boldsymbol{A}_{\mathcal{F}_{L,a}}^* : |a_i| \leqslant \mathcal{R}\}$. 若 $\mathcal{E}_{L,a}$ 为 $\boldsymbol{\mathcal{A}}_{\mathcal{F}_{L,a}}$ 在 $\ell_1^{d_L}$ 测度下的一个 ε-网, 则对任意满足 $|a_i| \leqslant \mathcal{R}$ 的向量 $\boldsymbol{a} \in \mathbb{R}^{d_L}$ 及 $\boldsymbol{h}_L \in \boldsymbol{\mathcal{H}}_L$, 存在 $\boldsymbol{a}^* \in \mathcal{E}_{L,a}$ 及 $\boldsymbol{h}_L^* \in \mathcal{E}_{L,h}$ 使得

$$\|\boldsymbol{a} - \boldsymbol{a}^*\|_{\ell_1^{d_L}} \leqslant \varepsilon \quad \text{及} \quad \|\boldsymbol{h}_L - \boldsymbol{h}_L^*\|_{*,d_L} \leqslant \varepsilon.$$

由三角不等式, 可得

$$\|\boldsymbol{a} \cdot \boldsymbol{h}_L - \boldsymbol{a}^* \cdot \boldsymbol{h}_L^*\|_{C(\mathbb{I}^d)}$$
$$\leqslant \|\boldsymbol{a} \cdot \boldsymbol{h}_L - \boldsymbol{a}^* \cdot \boldsymbol{h}_L\|_{C(\mathbb{I}^d)} + \|\boldsymbol{a}^* \cdot \boldsymbol{h}_L - \boldsymbol{a}^* \cdot \boldsymbol{h}_L^*\|_{C(\mathbb{I}^d)}. \tag{3.13}$$

引理 3.2 表明

$$\|\boldsymbol{a} \cdot \boldsymbol{h}_L - \boldsymbol{a}^* \cdot \boldsymbol{h}_L\|_{C(\mathbb{I}^d)} \leqslant \|\boldsymbol{a} - \boldsymbol{a}^*\|_{\ell_1^{d_L}} \|\boldsymbol{h}_L\|_{*,d_L}$$
$$\leqslant (3c\mathcal{R})^L d_{L-1}\cdots d_0 \|\boldsymbol{a} - \boldsymbol{a}^*\|_{\ell_1^{d_L}} \leqslant (3c\mathcal{R})^L d_{L-1}\cdots d_0\varepsilon$$

及

$$\|\boldsymbol{a}^* \cdot \boldsymbol{h}_L - \boldsymbol{a}^* \cdot \boldsymbol{h}_L^*\|_{C(\mathbb{I}^d)} \leqslant d_L\mathcal{R}\|\boldsymbol{h}_L - \boldsymbol{h}_L^*\|_{*,d_L} \leqslant d_L\mathcal{R}\varepsilon.$$

将上述估计代入 (3.13), 我们有

$$\|\boldsymbol{a} \cdot \boldsymbol{h}_L - \boldsymbol{a}^* \cdot \boldsymbol{h}_L^*\|_{C(\mathbb{I}^d)} \leqslant (c_2'\mathcal{R})^L D_L\varepsilon,$$

其中 $c_2' = 6c$. 注意到引理 3.3 意味着

$$
\mathcal{N}\left(\frac{\varepsilon}{(c_2'\mathcal{R})^L D_L}, \boldsymbol{\mathcal{A}}_{\mathcal{F}_{L,a}}, \ell_1^{d_L}\right) \leqslant (c_2'\mathcal{R})^{(L+1)\mathcal{F}_{L,a}} D_L^{2\mathcal{F}_{L,a}} \varepsilon^{-\mathcal{F}_{L,a}},
$$

故有

$$
\mathcal{N}\left(\varepsilon, \mathcal{H}_{n,L,\sigma,\mathcal{R}}, C(\mathbb{I}^d)\right)
$$

$$
\leqslant (c_2'\mathcal{R})^{(L+1)\mathcal{F}_{L,a}} D_L^{2\mathcal{F}_{L,a}} \varepsilon^{-\mathcal{F}_{L,a}} \mathcal{N}\left(\frac{\varepsilon}{(c_2'\mathcal{R})^L D_L}, \boldsymbol{\mathcal{H}}_L, \|\cdot\|_{*,d_L}\right). \tag{3.14}
$$

我们现在运用引理 3.4 来估计上述式子的第二项. 令

$$
\begin{aligned}
B_\ell &:= 2(c_1'\mathcal{R})^\ell D_\ell^2 D_{\ell+1}, \quad \ell = 1, 2, \cdots, L-1, \\
B_L &:= 2(c_1'\mathcal{R})^L D_L^2, \\
B_{L+1} &:= 2(c_1'\mathcal{R})^{L+1} D_L^2.
\end{aligned} \tag{3.15}
$$

则引理 3.4 的第一个估计表明

$$
\mathcal{N}(\varepsilon, \boldsymbol{\mathcal{H}}_\ell, \|\cdot\|_{*,d_\ell}) \leqslant B_\ell^{\mathcal{F}_\ell} \varepsilon^{-\mathcal{F}_\ell} \mathcal{N}\left(\frac{\varepsilon}{B_{\ell-1}}, \boldsymbol{\mathcal{H}}_{\ell-1}, \|\cdot\|_{*,d_{\ell-1}}\right), \quad \ell = L, \cdots, 2.
$$

当 $\ell = L, L-1, \cdots, 2$ 时, 重复上述的估计, 可得

$$
\mathcal{N}\left(\frac{\varepsilon}{(c_2'\mathcal{R})^L D_L}, \boldsymbol{\mathcal{H}}_L, \|\cdot\|_{*,d_L}\right) \leqslant B_L^{\mathcal{F}_L} (B_L B_{L-1})^{\mathcal{F}_{L-1}} \cdots (B_L \cdots B_2)^{\mathcal{F}_2}
$$

$$
\times \left(\prod_{\ell=2}^{L} B_\ell^{\mathcal{F}_\ell}\right) \left(\varepsilon^{-\sum_{\ell=2}^{L} \mathcal{F}_\ell}\right) \mathcal{N}\left(\frac{\varepsilon}{\prod_{\ell=1}^{L} B_\ell}, \boldsymbol{\mathcal{H}}_1, \|\cdot\|_{*,d_1}\right)
$$

$$
= \left(\prod_{\ell=2}^{L-1} B_\ell^{\mathcal{F}_\ell}\right) \left(\prod_{\ell=2}^{L} B_\ell^{\sum_{j=2}^{\ell} \mathcal{F}_j}\right) \varepsilon^{-\sum_{\ell=2}^{L} \mathcal{F}_\ell} \mathcal{N}\left(\frac{\varepsilon}{\prod_{\ell=1}^{L} B_\ell}, \boldsymbol{\mathcal{H}}_1, \|\cdot\|_{*,d_1}\right).
$$

引理 3.4 的第二个估计及 B_ℓ 的定义说明

$$\mathcal{N}\left(\frac{\varepsilon}{\prod_{\ell=1}^{L} B_\ell}, \boldsymbol{\mathcal{H}}_1, \|\cdot\|_{*,d_1}\right) \leqslant \left(B_1 \prod_{\ell=1}^{L} B_\ell\right)^{\mathcal{F}_1} \varepsilon^{-\mathcal{F}_1}.$$

从而有

$$\mathcal{N}\left(\frac{\varepsilon}{(c_2'\mathcal{R})^L D_L}, \boldsymbol{\mathcal{H}}_L, \|\cdot\|_{*,d_L}\right) \leqslant \left(\prod_{\ell=1}^{L-1} B_\ell^{\mathcal{F}_\ell}\right)\left(\prod_{\ell=1}^{L} B_\ell^{\sum_{j=1}^{\ell} \mathcal{F}_j}\right) \varepsilon^{-\sum_{\ell=1}^{L} \mathcal{F}_\ell}. \quad (3.16)$$

将上式代入 (3.14), 我们有

$$\mathcal{N}\left(\varepsilon, \mathcal{H}_{n,L,\sigma,\mathcal{R}}, C(\mathbb{I}^d)\right) \leqslant B_{L+1}^{\mathcal{F}_{L,a}} \prod_{\ell=1}^{L} B_\ell^{\mathcal{F}_\ell + \sum_{j=1}^{\ell} \mathcal{F}_j} \varepsilon^{-\sum_{\ell=1}^{L} \mathcal{F}_\ell - \mathcal{F}_{L,a}}.$$

由 (3.15), 可得

$$\max_{1 \leqslant \ell \leqslant L+1} B_\ell \leqslant B_{L+1} D_L.$$

因此

$$\mathcal{N}\left(\varepsilon, \mathcal{H}_{n,L,\sigma,\mathcal{R}}, C(\mathbb{I}^d)\right) \leqslant (B_{L+1} D_L)^{\mathcal{F}_{L,a} + (L+1) \sum_{\ell=1}^{L} \mathcal{F}_\ell} \varepsilon^{-n} \leqslant (B_{L+1} D_L)^{(L+1)n} \varepsilon^{-n}.$$

联合 (3.15), 上式意味着

$$\mathcal{N}\left(\varepsilon, \mathcal{H}_{n,L,\sigma,\mathcal{R}}, C(\mathbb{I}^d)\right) \leqslant \left((c_3\mathcal{R})^{L+1} D_L^3\right)^{(L+1)n} \varepsilon^{-n},$$

其中 $c_3 = 2\max\{c_1', c_2'\}$. 注意到 $D_L \leqslant (d_{\max})^{L+1}$, 定理 3.2 得证. $\qquad\square$

欲证泛化误差界, 我们需要下述的 Oracle 不等式, 该不等式搭建了覆盖数、假设空间的逼近性能以及优化策略 (1.5) 的解的泛化性之间的量化关系. 记

$$\mathcal{E}_D(f) = \frac{1}{|D|} \sum_{(x_i, y_i) \in D} (f(x_i) - y_i)^2. \quad (3.17)$$

定义

$$f_{D,\mathcal{H}} = \arg\min_{f \in \mathcal{H}} \mathcal{E}_D(f), \quad (3.18)$$

其中 $\mathcal{H}$ 为某些定义在 $\mathcal{X}$ 上的连续函数的集合.

定理 3.6　基于覆盖数的 Oracle 不等式

若存在 $n', \mathcal{U} > 0$ 使得

$$\log \mathcal{N}(\varepsilon, \mathcal{H}, C(\mathbb{I}^d)) \leqslant n' \log \frac{\mathcal{U}}{\varepsilon}, \qquad \forall \varepsilon > 0, \qquad (3.19)$$

则对任意 $h \in \mathcal{H}$ 及任意的 $\varepsilon > 0$, 均成立

$$\mathbb{P}[\|\pi_M f_{D,\mathcal{H}} - f_\rho\|_\rho^2 > \varepsilon + 2\|h - f_\rho\|_\rho^2]$$

$$\leqslant \exp\left\{ n' \log \frac{16\mathcal{U}M}{\varepsilon} - \frac{3m\varepsilon}{512M^2} \right\} + \exp\left\{ \frac{-3m\varepsilon^2}{16(3M + \|h\|_{C(\mathcal{X})})^2 \left(6\|h - f_\rho\|_\rho^2 + \varepsilon\right)} \right\}.$$

欲证定理 3.6, 我们需要两个引理. 其一是著名的 Bernstein 不等式.

引理 3.5　Bernstein 不等式

令 ξ 为定义在概率空间 $\mathcal{Z}$ 上以 $\mathbb{E}[\xi]$ 为均值、$\sigma^2(\xi) = \sigma^2$ 为方差的随机变量. 若对所有的 $z \in \mathcal{Z}$ 均成立 $|\xi(z) - \mathbb{E}(\xi)| \leqslant M_\xi$, 则对任意的 $\varepsilon > 0$, 我们有

$$\mathbb{P}\left[\frac{1}{m}\sum_{i=1}^m \xi(z_i) - \mathbb{E}(\xi) > \varepsilon \right] \leqslant \exp\left\{ -\frac{m\varepsilon^2}{2\left(\sigma^2 + \frac{1}{3}M_\xi\varepsilon\right)} \right\}.$$

我们需要的第二个引理是面向函数类的 Bernstein-型集中不等式 [129].

引理 3.6　Bernstein-型集中不等式

令 $\mathcal{G}$ 为定义在 $\mathcal{Z}$ 上几乎处处成立

$$|f^* - \mathbb{E}(f^*)| \leqslant B', \qquad \mathbb{E}[(f^*)^2] \leqslant \tilde{c}\mathbb{E}(f^*), \qquad \forall f^* \in \mathcal{G}$$

的连续函数的集合, 其中 $B' > 0, \tilde{c} > 0$, 则对任意的 $\varepsilon > 0$ 均成立

$$\mathbb{P}\left[\sup_{f^* \in \mathcal{G}} \frac{\mathbb{E}(f^*) - \dfrac{1}{m}\sum_{i=1}^m f^*(z_i)}{\sqrt{\mathbb{E}(f^*) + \varepsilon}} > \sqrt{\varepsilon} \right] \leqslant \mathcal{N}(\varepsilon, \mathcal{G}, C(\mathbb{I}^d)) \exp\left\{ -\frac{m\varepsilon}{2\tilde{c} + \dfrac{2B'}{3}} \right\}.$$

基于上述两个引理, 我们可证明定理 3.6 如下:

定理 3.6 的证明　对任一 $h \in \mathcal{H}$, 由 (3.18) 可得 $\mathcal{E}_D(f_{D,\mathcal{H}}) \leqslant \mathcal{E}_D(h)$. 注意到 $\mathcal{E}_D(\pi_M f_{D,\mathcal{H}}) \leqslant \mathcal{E}_D(f_{D,\mathcal{H}})$, 我们有

$$\mathcal{E}(\pi_M f_{D,\mathcal{H}}) - \mathcal{E}(f_\rho) \leqslant \mathcal{E}(h) - \mathcal{E}(f_\rho) + \mathcal{E}_D(h) - \mathcal{E}(h)$$
$$+ \mathcal{E}(\pi_M f_{D,\mathcal{H}}) - \mathcal{E}_D(\pi_M f_{D,\mathcal{H}}).$$

记

$$\mathcal{D}(\mathcal{H}) := \mathcal{E}(h) - \mathcal{E}(f_\rho) = \|h - f_\rho\|_\rho^2,$$
$$\mathcal{S}_1(D,\mathcal{H}) := \{\mathcal{E}_D(h) - \mathcal{E}_D(f_\rho)\} - \{\mathcal{E}(h) - \mathcal{E}(f_\rho)\}$$

及

$$\mathcal{S}_2(D,\mathcal{H}) := \{\mathcal{E}(\pi_M f_{D,\mathcal{H}}) - \mathcal{E}(f_\rho)\} - \{\mathcal{E}_D(\pi_M f_{D,\mathcal{H}}) - \mathcal{E}_D(f_\rho)\},$$

则有

$$\mathcal{E}(\pi_M f_{D,\mathcal{H}}) - \mathcal{E}(f_\rho) \leqslant \mathcal{D}(\mathcal{H}) + \mathcal{S}_1(D,\mathcal{H}) + \mathcal{S}_2(D,\mathcal{H}). \tag{3.20}$$

我们先运用引理 3.5 来估计 $\mathcal{S}_1(D,\mathcal{H})$. 定义

$$\xi(z) = (y - h(x))^2 - (y - f_\rho(x))^2.$$

因为 $|y| \leqslant M$ 且 $|f_\rho(x)| \leqslant M$ 几乎处处成立, 所以 $|\xi(z)| \leqslant M_\xi' := (3M + \|h\|_{C(\mathcal{X})})^2$, $|\xi - \mathbb{E}(\xi)| \leqslant 2M_\xi'$, 以及 $\sigma^2 = \mathbb{E}(\xi^2) \leqslant M_\xi' \mathcal{D}(\mathcal{H})$ 几乎处处成立. 从而由引理 3.5 可知依概率

$$1 - \exp\left\{ -\frac{m\varepsilon^2}{2(3M + \|h\|_{C(\mathcal{X})})^2 \left(\mathcal{D}(\mathcal{H}) + \dfrac{2}{3}\varepsilon \right)} \right\} \tag{3.21}$$

成立

$$\mathcal{S}_1(D,\mathcal{H}) \leqslant \varepsilon. \tag{3.22}$$

另一方面, 若定义

$$\mathcal{G} := \left\{ f^* : f^*(z) = (\pi_M f(x) - y)^2 - (f_\rho(x) - y)^2, f \in \mathcal{H} \right\},$$

则对任意的 $f^* \in \mathcal{G}$, 必存在 $f \in \mathcal{H}$ 使得 $f^*(z) = (\pi_M f(x) - y)^2 - (f_\rho(x) - y)^2$. 因而由 (1.6) 可得

$$\mathbb{E}(f^*) = \mathcal{E}(\pi_M f) - \mathcal{E}(f_\rho) = \|\pi_M f - f_\rho\|_\rho^2.$$

由 (3.17) 可得

$$\frac{1}{m}\sum_{i=1}^{m}f^*(z_i) = \mathcal{E}_D(\pi_M f) - \mathcal{E}_D(f_\rho).$$

同时

$$f^*(z) = (\pi_M f(x) - f_\rho(x))\left[(\pi_M f(x) - y) + (f_\rho(x) - y)\right].$$

由于 $|y| \leqslant M$ 及 $|f_\rho(x)| \leqslant M$ 几乎处处成立, 故

$$|f^*(z)| \leqslant (M + M)(M + 3M) \leqslant 8M^2$$

几乎处处成立, 从而有 $|f^*(z) - \mathbb{E}(f^*)| \leqslant B' := 16M^2$ 及 $\mathbb{E}((f^*)^2) \leqslant 16M^2 \|\pi_M f - f_\rho\|_\rho^2$. 因此, 令引理 3.6 中的 $B' = \tilde{c} = 16M^2$, 则依概率

$$1 - \mathcal{N}(\varepsilon, \mathcal{G}, C(\mathcal{X} \times \mathcal{Y}))\exp\left\{-\frac{3m\varepsilon}{128M^2}\right\}$$

成立

$$\sup_{f \in \mathcal{H}} \frac{\mathcal{E}(\pi_M f) - \mathcal{E}(f_\rho) - (\mathcal{E}_D(\pi_M f) - \mathcal{E}_D(f_\rho))}{\sqrt{\mathcal{E}(\pi_M f) - \mathcal{E}(f_\rho) + \varepsilon}} \leqslant \sqrt{\varepsilon}. \tag{3.23}$$

注意到对任意的 $f_1, f_2 \in \mathcal{H}$, 成立

$$\left|(\pi_M f_1(x) - y)^2 - (\pi_M f_2(x) - y)^2\right| \leqslant 4M|\pi_M f_1(x) - \pi_M f_2(x)|$$

$$\leqslant 4M|f_1(x) - f_2(x)|,$$

这说明 $\mathcal{H}$ 的 $\frac{\varepsilon}{4M}$-覆盖一定是 $\mathcal{G}$ 的 ε-覆盖, 即有

$$\mathcal{N}(\varepsilon, \mathcal{G}, L^\infty(\mathcal{X} \times \mathcal{Y})) \leqslant \mathcal{N}(\varepsilon/(4M), \mathcal{H}, L^\infty(\mathcal{X})).$$

上式联合 (3.19) 可得

$$\mathcal{N}(\varepsilon, \mathcal{G}, C(\mathcal{X} \times \mathcal{Y})) \leqslant \exp\left\{n' \log \frac{4M\mathcal{U}}{\varepsilon}\right\}.$$

因此, 由 (3.23) 可导出依概率

$$1 - \exp\left\{n' \log \frac{4M\mathcal{U}}{\varepsilon} - \frac{3m\varepsilon}{128M^2}\right\} \tag{3.24}$$

成立

$$\mathcal{S}_2(D, \mathcal{H}) \leqslant \frac{1}{2}(\mathcal{E}(\pi_M f_{D,\mathcal{H}}) - \mathcal{E}(f_\rho)) + \varepsilon. \tag{3.25}$$

将 (3.22), (3.21), (3.25) 及 (3.24) 代入 (3.20), 可得依概率

$$
1 - \exp\left\{ -\frac{m\varepsilon^2}{2(3M + \|h\|_{C(\mathcal{X})})^2 \left(\mathcal{D}(\mathcal{H}) + \frac{2}{3}\varepsilon \right)} \right\}
$$

$$
- \exp\left\{ n'\log\frac{4M\mathcal{U}}{\varepsilon} - \frac{3m\varepsilon}{128M^2} \right\}
$$

成立

$$
\mathcal{E}(\pi_M f_{D,\mathcal{H}}) - \mathcal{E}(f_\rho) \leqslant 2\mathcal{D}(\mathcal{H}) + 4\varepsilon.
$$

将 4ε 放缩至 ε, 定理 3.6 得证. □

最后, 我们来证明定理 3.5.

定理 3.5 的证明　在定理 3.6 中, 令 $\mathcal{H} = \mathcal{H}_{n,3,\sigma,\mathcal{R}}$. 由定理 3.4 可知, 对任意的 $f_\rho \in W^\diamond \cap \mathrm{Lip}^{(r,c_0)}(\mathbb{I}^d)$, 存在 $h \in \mathcal{H}$ 使得

$$
\|f_\rho - h\|_{C(\mathbb{B}^d)} \leqslant \bar{C}_1 n^{-r},
$$

其中 $\bar{C}_1$ 为仅与 r, c_0, d 有关的常数. 由 $|y| \leqslant M$ 及 $\|f_\rho\|_{C(\mathbb{B}^d)} \leqslant M$, 并结合上式可知

$$
\|h\|_{C(\mathbb{B}^d)} \leqslant M + \bar{C}_1.
$$

令 $n' = 2(\log_2 e)n$, $\mathcal{U} = 2^{\frac{13}{2}}\mathcal{R}^5 n^{5\alpha}$, 在定理 3.2 中取 $L = 3$ 及 $c_2 = 1$, 可得

$$
\log\mathcal{N}(\varepsilon, \mathcal{H}, C(\mathbb{I}^d)) \leqslant n'\log\frac{\mathcal{U}}{\varepsilon}.
$$

取 $\bar{C}_2 := \max\{6\bar{C}_1^2, 2^{21/2}M\mathcal{R}^5\}$ 及 $\bar{C}_3 := \left(\dfrac{3\bar{C}_2}{2048M^2(5\alpha + 2r)\log_2 e} \right)^{\frac{1}{2r+1}}$. 注意到

$$
2\|h - f_\rho\|_\rho^2 \leqslant 2\|h - f_\rho\|_{C(\mathbb{B}^d)}^2 \leqslant 2\bar{C}_1^2 n^{-2r} \leqslant \bar{C}_2 n^{-2r}\log n.
$$

由定理 3.6 可得: 当

$$
\varepsilon \geqslant \bar{C}_2 n^{-2r}\log n \geqslant 2\|h - f_\rho\|_\rho^2 \tag{3.26}
$$

成立时, 有

$$
\mathbb{P}\{\|\pi_M f_{D,n,\sigma,\mathcal{R}} - f_\rho\|_\rho^2 > 2\varepsilon\} \leqslant \mathbb{P}\{\|\pi_M f_{D,n,\sigma,\mathcal{R}} - f_\rho\|_\rho^2 > \varepsilon + 2\|h - f_\rho\|_\rho^2\}
$$

$$\leqslant \exp\left\{2(\log_2 e)n\log\frac{M2^{\frac{21}{2}}\mathcal{R}^5 n^{5\alpha}}{\varepsilon} - \frac{3m\varepsilon}{512M^2}\right\}$$

$$+\exp\left\{\frac{-3m\varepsilon^2}{16(4M+\bar{C}_1)^2\left(6\bar{C}_1^2 n^{-2r}+\varepsilon\right)}\right\}$$

$$\leqslant \exp\left\{2(\log_2 e)(5\alpha+2r)n\log n - \frac{3m\varepsilon}{512M^2}\right\} + \exp\left\{\frac{-3m\varepsilon}{32(4M+\bar{C}_1)^2}\right\}$$

$$\leqslant \exp\left\{-\frac{3m\varepsilon}{1024M^2}\right\} + \exp\left\{-\frac{3m\varepsilon}{32(4M+\bar{C}_1)^2}\right\} \leqslant 2\exp\left\{-\frac{3m\varepsilon}{64(4M+\bar{C}_1)^2}\right\}$$

$$\leqslant 3\exp\left\{-\frac{3m^{\frac{2r}{2r+1}}\varepsilon}{2[64(4M+\bar{C}_1)^2+3\bar{C}_2(\bar{C}_3)^{-2r}]\log(n+1)}\right\}. \tag{3.27}$$

令

$$3\exp\left\{-\frac{3m^{\frac{2r}{2r+1}}\varepsilon}{2[64(4M+\bar{C}_1)^2+3\bar{C}_2(\bar{C}_3)^{-2r}]\log(n+1)}\right\} = \delta,$$

则有

$$\varepsilon = \frac{2}{3}[64(4M+\bar{C}_1)^2+3\bar{C}_2(\bar{C}_3)^{-2r}]m^{-\frac{2r}{2r+1}}\log(n+1)\log\frac{3}{\delta},$$

取 $n=\left[\bar{C}_3 m^{\frac{1}{2r+1}}\right]$，则易知 (3.26) 成立. 因此由 (3.27) 可得: 依概率 $1-\delta$ 成立

$$\|\pi_M f_{D,n,\sigma,\mathcal{R}} - f_\rho\|_\rho^2 \leqslant C_1^* m^{-\frac{2r}{2r+1}}\log(n+1)\log\frac{3}{\delta} \leqslant C_1^* m^{-\frac{2r}{2r+1}}\log(m+1)\log\frac{3}{\delta},$$

其中 $C_1^* := \frac{8}{3}[64(4M+\bar{C}_1)^2+3\bar{C}_2(\bar{C}_3)^{-2r}]$. 结合 (1.6), (3.6) 得证.

为证 (3.7) 的上界，我们将公式

$$\mathbb{E}(\xi) = \int_0^\infty \mathbb{P}[\xi > t]dt \tag{3.28}$$

运用至 $\xi = \mathcal{E}(\pi_M f_{D,n,\sigma,\mathcal{R}}) - \mathcal{E}(f_\rho)$. 由 (3.26)—(3.28)，可得

$$\mathbb{E}\{\mathcal{E}(\pi_M f_{D,n,\sigma,\mathcal{R}}) - \mathcal{E}(f_\rho)\} = \int_0^\infty \mathbb{P}[\mathcal{E}(\pi_M f_{D,n,\sigma,\mathcal{R}}) - \mathcal{E}(f_\rho) > \varepsilon]d\varepsilon$$

$$= \left(\int_0^{\bar{C}_2 n^{-2r}\log n} + \int_{\bar{C}_2 n^{-2r}\log n}^\infty\right)\mathbb{P}[\mathcal{E}(\pi_M f_{D,n,\phi}) - \mathcal{E}(f_\rho) > \varepsilon]d\varepsilon$$

$$\leqslant \bar{C}_2 n^{-2r} \log n + 3 \int_{\bar{C}_2 n^{-2r} \log n}^{\infty} \exp\left\{-\frac{3m^{\frac{2r}{2r+1}}\varepsilon}{2[64(4M+\bar{C}_8)^2+3\bar{C}_2(\bar{C}_3)^{-2r}]\log(n+1)}\right\} d\varepsilon$$

$$\leqslant \bar{C}_2 n^{-2r} \log n + 6[64(4M+\bar{C}_8)^2+3\bar{C}_2(\bar{C}_3)^{-2r}]m^{-\frac{2r}{2r+1}}\log(n+1)\int_0^{\infty} e^{-t}dt$$

$$\leqslant C_2^* m^{-\frac{2r}{2r+1}}\log(m+1),$$

其中

$$C_2^* = 6[64(4M+\bar{C}_1)^2+3\bar{C}_2(\bar{C}_3)^{-2r}]+\bar{C}_2[(\bar{C}_3)^{-2r}+1].$$

最后, 我们来证 (3.7) 的下界. 由于 $x_1, \cdots, x_m$ 为独立同分布随机变量, 故 $|x_1|^2$, $\cdots, |x_m|^2$ 也为独立同分布随机变量, 从而集合 $\{(|x_i|^2, y_i)\}_{i=1}^m$ 可看作按照某一定义在 $\mathbb{I} \times [-M, M]$ 上的概率分布抽取的独立同分布数据. 由 [42, 定理 3.2] 可知, 存在 ρ_0, 其回归函数 $g_{\rho_0} \in \mathrm{Lip}^{(r, c_0)}(\mathbb{I})$, 使得所有基于 $|D|$ 个样本的回归函数估计的泛化误差均不小于 $C_3^* m^{-\frac{2r}{2r+1}}$. 令 $f_\rho(x) = g_{\rho_0}(|x|^2)$, 即得 (3.7) 的下界. 由此定理 3.5 得证. $\qquad \square$

3.7 文献导读

从函数逼近论的角度研究深度的必要性可追溯到 20 世纪 90 年代. 特别地, 文献 [21] 证明了若以 Heaviside 函数作为激活函数, 则浅层神经网络不具备局部逼近性质, 即若要识别输入的位置信息, 浅层神经网络需要无穷多个神经元. 同时该文献还证明了若将网络加深一层, 那么只需要有限个神经元即可识别输入的位置信息. 在 2017 年, 文献 [116] 证明了以 ReLU 函数作为激活函数的神经网络也具有类似的性质. 需要注意的是, 上述结论均是针对配备具体激活函数的神经网络, 阐述的是某些特定的神经网络中深度的必要性问题.

文献 [92] 是第一篇针对结构说明深度必要性的文章. 该文献从函数逼近的角度揭露了浅层神经网络 (以任意激活函数) 的逼近能力不会比 (2.14) 式所定义的岭函数网络强, 从而岭函数网络的逼近瓶颈[87] 决定了浅层神经网络的逼近瓶颈. 关于岭函数网络的逼近能力, 有兴趣的读者可参考文献 [87,110] 这两篇重要文献. 根据引理 3.1, 文献 [92] 证明了存在激活函数使得仅有限个神经元 (参考定理 3.1) 的两层神经网络即可轻松突破无穷多个神经元的岭函数网络的瓶颈, 从而展示了深度神经网络这种网络结构的优越性. 近年来, 也有众多文献, 如文献 [53,54,83] 关注到深度神经网络这一性质, 从而进一步改进文献 [92] 的结果, 使得达到相同目标的深度神经网络的神经元进一步减少. 本书定理 3.1 便是参考文献了 [53,92]

的结果而进行归纳的.

需要注意的是, 定理 3.1 及文献 [53, 54, 92] 中的激活函数均是存在性的, 我们很难在实践中构造出这样一个具有良好性质的激活函数. 一个可行的操作是构造一个神经网络去近似该激活函数, 这就导致实际上所用的神经网络具有更深的深度与更多的神经元. 进一步, 定理 3.1 及文献 [53, 54, 92] 所需神经网络的参数往往是无界的, 这无法在实践中通过优化算法获得. 也就是说, 虽然这些结果理论上非常好, 但是注定无法被实践. 鉴于文献 [65, 66] 所推导的浅层神经网络对径向函数的逼近瓶颈, 文献 [24] 证明了即使是有界的参数及常用的激活函数, 加深神经网络依然可突破浅层神经网络这种网络结构 (与激活函数无关) 的瓶颈. 值得注意的是, 这种突破并未增加假设空间的容量; 换句话说, 在相同的容量代价下, 深度神经网络可以轻易完成浅层神经网络无法完成的逼近任务, 从而从函数逼近的角度严格证明了深度神经网络优于浅层神经网络, 这是文献 [53, 54, 92] 中的神经网络无法做到的. 本书定理 3.3 与定理 3.4 便是摘自文献 [24] 的部分结果.

从逼近到学习, 假设空间的容量估计起着至关重要的作用. 作为刻画容量的经典工具, 深度神经网络的覆盖数估计早在 20 年前就已引起众多学者的关注. 比如, 专著 [42, Chap.16] 建立了浅层神经网络的覆盖数估计, 专著 [4, Chap.14] 导出了深度全连接神经网络的覆盖数估计, 文献 [59] 建立了深度树状神经网络的覆盖数估计等. 随着近年来深度神经网络的火热, 其相应的容量估计包括 VC 维[9]、Rademacher 复杂度[8]、Betti 数[16]、轨道半径[112] 等均已被众多学者所建立. 更进一步, 文献 [41] 针对众多常用的激活函数及各种不同的结构, 推导出了深度神经网络的覆盖数估计, 本章定理 3.2 便摘自于文献 [41]. 所有这些容量估计的基本结论是: 假设空间的容量随深度以指数速度增长而随宽度仅以多项式速度增长. 因此在同样多可调参数的情况下, 深度神经网络的容量往往会远大于浅层神经网络的容量.

研究深度神经网络的泛化性能并体现其优势的工作最早可追溯到文献 [59], 该文献针对某些特定的统计模型证明了深度神经网络具有近似最优泛化性. 随着深度学习的兴起, 从学习理论的角度证明深度神经网络的优越性已引起越来越多学者的研究兴趣. 这些学者大致上从三个角度证明了: ① 当回归函数具有一定的分层结构时, 深度神经网络要优于浅层神经网络 [11, 60, 63, 117]; ② 当回归函数具有空间局部化性质时, 深度神经网络要优于浅层神经网络 [23, 52, 77, 105]; ③ 当回归函数具有某种变换不变性时, 深度神经网络要优于浅层神经网络 [24, 45, 95]. 本书的定理 3.5 摘自于文献 [24].

最后我们对本章的论述作一个简单的总结.

本章总结

- 方法论层面: 本章着重论述深度的必要性问题. 本章的核心观点是: 深度是否必要取决于目标函数的性质. 若目标函数仅仅是光滑的, 则深度并非是必要的, 我们只需寻找合适的激活函数去匹配浅层神经网络即可达到其本质逼近阶; 若目标函数除了光滑性还具有一些其他的性质, 比如径向性质, 则深度神经网络能从本质上改进浅层神经网络的性能, 从而是必要的.

- 分析技术层面: 本章以矩阵覆盖数为媒介, 提供了如何推导深度神经网络覆盖数的普适性方法. 同时, 基于若干经典的集中不等式, 本章还搭建了由函数逼近到统计学习的基本证明框架.

第 4 章　深度全连接神经网络的学习理论

本章导读

方法论: 深度神经网络的适用性问题与数据规模问题.

- -

分析技术: 网络堆叠技术与深度神经网络的构造.

本章我们将以全连接神经网络为例, 聚焦深度神经网络的适用性问题与数据规模问题. 由于 ReLU 激活函数在深度学习中的广泛应用, 从本章开始, 我们所有的理论均围绕以 ReLU 为激活函数的深度神经网络所展开. 本章的主要内容有如下三个方面: 首先, 我们研究深度全连接神经网络的基本性质, 包括其对平方函数、乘积函数及指示函数的逼近性能; 其次, 通过所建立的性质探讨深度全连接神经网络在逼近和学习中的优越性, 进而回答深度神经网络的适用性问题; 最后, 研究数据规模对深度神经网络学习性能的影响, 进而回答深度神经网络的数据规模问题. 在分析技术方面, 我们侧重于利用深度神经网络的 "平方门"、"乘积门" 以及定位性质等. 本书的核心分析技术是面向深度神经网络多功能特性的不同功效网络模块的堆叠技术.

4.1　深度全连接神经网络的性质

深度全连接神经网络, 顾名思义, 即相邻层之间的所有神经元均存在有效连接的深度神经网络, 其结构如图 1.5 所示. 从理论上来看, 在具有相同深度和宽度的情况下, 全连接神经网络相较于卷积神经网络、稀疏连接神经网络等拥有最多的可调参数, 从而具备理论上最好的逼近性能, 这也是深度全连接神经网络自 20 世纪 90 年代起一直深受学者青睐的重要原因. 记 $\mathcal{H}_{d_1,\cdots,d_L}^{\mathrm{DFCN}}$ 为所有 L 层、宽度向量为 $(d_1,\cdots,d_L)^{\mathrm{T}}$、激活函数为 ReLU 的全连接神经网络的集合. 由式 (1.4) 可知, $\mathcal{H}_{d_1,\cdots,d_L}^{\mathrm{DFCN}}$ 中的元素具有

$$n_{\mathrm{DFCN}} = d_L + \sum_{k=1}^{L}(d_{k-1}d_k + d_k) \tag{4.1}$$

个可调参数. 本节着重讨论 $\mathcal{H}_{d_1,\cdots,d_L}^{\mathrm{DFCN}}$ 的理论性质.

在此之前, 我们先简述使用 ReLU 函数作为激活函数的优缺点. 由于反向传播梯度型算法一直是求解深度神经网络的核心算法, ReLU 型神经网络 (以 ReLU 函数作为激活函数的神经网络) 在训练过程中不仅可规避掉 Logistic 型神经网络的两端梯度饱和现象 [131], 从而在一定程度上避免梯度消失问题, 而且 ReLU 函数的易于求导性质会大大减少反向传播梯度型算法的计算量. 在优化领域, 梯度饱和现象是指自变量进入某个区间后, 梯度接近于 0 且变化非常小. 表现在图上就是函数曲线进入某些区域后, 越来越趋近于一条平行于 x 轴的直线. 梯度饱和会导致训练过程中梯度变化缓慢, 从而造成模型训练缓慢, 在深度神经网络训练时更会伴随着梯度消失. 如表 2.1 所示, Logistic 函数、Tanh 函数及 Gauss 函数均呈现两端梯度饱和现象, 而 ReLU 函数仅呈现单边梯度饱和现象. 因此在深度学习中 ReLU 函数逐渐代替了经典的 Logistic 函数被广泛应用于各种场景. 然而由于 ReLU 函数非光滑, 其有限个线性组合依然是非光滑函数, 从而我们很难用浅层的 ReLU 型神经网络抓取目标函数的光滑性. 一个很简单的例子便是以 ReLU 函数作为激活函数的浅层神经网络无法很好地逼近任一单项式 $t^s(s \geqslant 2)$ [130]. 这也说明了 ReLU 型神经网络中深度的必要性.

上述讨论表明通过加深网络可以规避 ReLU 型神经网络的缺陷, 特别地, 下列命题阐述了深度全连接神经网络在逼近 t^2 时的良好性态.

> **命题 4.1 全连接神经网络的 "平方门" 性质**
>
> 对任意的 $m \in \mathbb{N}$, 存在一个 m 层、$\mathcal{O}(m^2)$ 个绝对值不超过 $\mathcal{O}(4^m)$ 的参数的全连接神经网络 f_m, 使得
>
> $$\sup_{t \in \mathbb{I}} |t^2 - f_m(t)| \leqslant 2^{-2m-2}.$$

命题 4.1 表明, 若要逼近 t^2 至任意小的精度 ε, 只需 $\mathcal{O}\left(\log \dfrac{1}{\varepsilon}\right)$ 层、$\mathcal{O}\left(\log \dfrac{1}{\varepsilon}\right)$ 个自由参数的深度全连接神经网络即可. 命题 4.1 称为全连接神经网络的 "平方门" 性质, 它是深度全连接神经网络的一个重要性质, 其本质是通过复合不光滑函数来逼近任意的光滑函数, 这是浅层神经网络所不具备的 (详见 [130, Chap.6]), 因此该命题体现了 ReLU 型神经网络中深度的必要性. 由 ReLU 函数的定义可知 $\sigma(\sigma(t)) = \sigma(t)$, 所以 ReLU 函数的简单复合并不会改变其逼近能力, 从而命题 4.1 并不是一个平凡的结果. 人们自然会问: "加深网络这种复合的方式并不能改变 ReLU 型神经网络的光滑性, 为什么却可以使其很好地逼近平方函数呢?" 原因其实不难解释. 事实上, 我们可以把 $f_m(t)$ 对 t^2 的逼近问题看成在 $[0, 1]$ 区间

上寻找 t 的具体位置的搜索问题. 浅层神经网络相当于普通的区间分割搜索, 即用 $m-1$ 个点将区间等分成 m 份, 然后利用搜索方案 f_m 找到 t 所在的区间, 那么用 $m-1$ 个点能达到的最好搜索精度为 $\mathcal{O}(1/m)$. 深度神经网络采用的是二分法的思想, 即先用一层网络确定点是在 $[0,1/2]$ 还是在 $[1/2,1]$, 如果点在 $[0,1/2]$, 再用一层确定点是在 $[0,1/4]$ 还是在 $[1/4,1/2]$, 以此类推. 因此用 m 层、$\mathcal{O}(m^2)$ 个参数的网络, 搜索精度自然可达到 $\mathcal{O}(2^{-m})$.

注意到对任意的 $t_1, t_2 \in \mathbb{I}$, 均成立 $t_1 t_2 = 2\left(\dfrac{t_1+t_2}{2}\right)^2 - \dfrac{t_1^2}{2} - \dfrac{t_2^2}{2}$, 我们可由命题 4.1 直接得到下述结论.

命题 4.2　全连接神经网络的 "乘积门" 性质

对任意的 $m \in \mathbb{N}$, 存在一个 m 层、$\mathcal{O}(m^2)$ 个绝对值不超过 $\mathcal{O}(4^m)$ 的参数的全连接神经网络 $\tilde{\times}_{2,m}$, 使得

$$\sup_{t_1, t_2 \in \mathbb{I}} |t_1 t_2 - \tilde{\times}_{2,m}(t_1, t_2)| \leqslant \frac{3}{4} \times 2^{-2m}.$$

特别地, 若 $t_1 t_2 = 0$, 则可得 $\tilde{\times}_{2,m}(t_1, t_2) = 0$.

命题 4.2 又称为深度全连接神经网络的 "乘积门" 性质, 在神经网络逼近中起着至关重要的作用. 首先, 先验信息的很多特征都是通过乘积形式呈现的, 比如后续定义中的分片光滑函数; 其次, 结合命题 4.1、命题 4.2 及 $t = \sigma(t) - \sigma(-t)$, 必然存在一个 $\mathcal{O}\left(\log\dfrac{1}{\varepsilon}\right)$ 层, $\mathcal{O}\left(s\log\dfrac{1}{\varepsilon}\right)$ 个自由参数的深度全连接神经网络可逼近单项式 t^s 至任意小的精度 ε, 这表明深度全连接神经网络的逼近性能至少不弱于代数多项式, 从而消除了 ReLU 函数的不光滑性带来的逼近方面的劣势. 基于上述命题, 我们很自然可获得如下推论.

推论 4.1　全连接神经网络的多重 "乘积门" 性质

若 $m \in \mathbb{N}$, $\ell \in \{3, 4, \cdots\}$ 满足 $m \geqslant \dfrac{1}{2}\log(3\ell - 6)$, 则存在一个 m 层、ℓ 个输入、$\mathcal{O}(\ell m^2)$ 个绝对值不超过 $\mathcal{O}(4^m)$ 的参数的全连接神经网络 $\tilde{\times}_{m,\ell}$, 使得

$$|t_1 t_2 \cdots t_\ell - \tilde{\times}_{\ell, m}(t_1, \cdots, t_\ell)| \leqslant 3(\ell-1)2^{-m}, \quad \forall t_1, \cdots, t_\ell \in \mathbb{I}.$$

本节的最后一个性质描述了深度全连接神经网络的定位能力, 即探求深度全连接神经网络对特定区域 A 上的指示函数 $\mathcal{I}_A$ 的逼近能力. 注意到定位能力不仅关系到深度全连接神经网络对分片光滑性 (4.2 节)、空间稀疏性 (4.3 节) 等在图像、信号、语音领域十分常见的数据特征, 而且在民生、军事等实际场景中起着至关重要的作用 (比如全球定位系统 (GPS) 的设计). 由于浅层神经网络不具备定位能力 [21,31], 深度全连接神经网络定位能力的建立将极大拓宽其应用范围, 从而在很大程度上反映深度的必要性并确定深度神经网络的适用范围. 下述命题表明, 存在两隐藏层的深度全连接神经网络具备良好的定位性质.

> **命题 4.3　全连接神经网络的定位性质**
>
> 令 $a < b, 0 < \tau \leqslant 1$ 及 $d \geqslant 2$, 则对任意的 $x \in \mathbb{I}^d$ 均存在参数绝对值不超过 $1/\tau$ 的深度神经网络 $\mathcal{L}_{a,b,\tau} \in \mathcal{H}^{\mathrm{DFCN}}_{4d,1}$, 满足 $0 \leqslant \mathcal{L}_{a,b,\tau}(x) \leqslant 1$, 且有
>
> $$\mathcal{L}_{a,b,\tau}(x) = \begin{cases} 0, & x \notin [a-\tau, b+\tau]^d, \\ 1, & x \in [a,b]^d. \end{cases} \tag{4.2}$$

由 (4.2) 知, 对任意的 $1 \leqslant p < \infty$, 可得

$$\|\mathcal{L}_{a,b,\tau} - \mathcal{I}_{[a,b]^d}\|_{L_p(\mathbb{R}^d)} = \left(\int_{\mathbb{R}^d} |\mathcal{L}_{a,b,\tau}(x) - \mathcal{I}_{[a,b]^d}(x)|^p dx \right)^{1/p} \preceq \tau^{d/p}.$$

由于 $\mathcal{L}_{a,b,\tau}$ 的结构与 τ 无关, 令上式的 τ 趋向于 0, 则上式表明深度全连接神经网络 $\mathcal{L}_{a,b,\tau}$ 可以很好地逼近 $\mathcal{I}_{[a,b]^d}$, 从而具备几乎完美的定位性质. 命题 4.3 揭示了深度全连接神经网络相较于浅层神经网络 [21,31] 在定位功能上的优越性. 基于该性质, 我们可构造全连接神经网络较好地识别输入的位置信息, 再结合命题 4.2, 可提取特定区域的光滑性、径向性等信息, 这为我们展现深度全连接神经网络的优势提供了重要工具.

4.2　深度全连接神经网络的适用性

4.1 节讨论了深度全连接神经网络的 "平方门"、"乘积门" 及定位等重要性质, 并阐明以全连接的方式加深网络可以克服 ReLU 函数的不光滑瓶颈. 本节我们着重讲述如何利用这些性质来验证深度全连接神经网络在逼近与学习方面的优势. 特别地, 我们将给出深度全连接神经网络针对不同逼近与学习任务的本质逼近阶与本质泛化阶.

我们知道, 不同类型的回归函数往往需要选择不同的假设空间. 如果回归函数仅为光滑函数, 那么多项式与浅层神经网络均是很好的选择; 如果回归

函数为径向函数, 那么可使用径向基函数网络来提取其径向性质; 如果回归函数满足某种空间局部化性质, 那么小波或者样条等具有良好定位性能的逼近工具会是较好的选择. 总而言之, 不同类型的回归函数对应着不同的最优假设空间, 而最优假设空间的选取 (在某种程度上可视为特征工程的一部分) 非常依赖于先验知识与人的经验, 从而一直是机器学习的难点. 由于深度学习的本质是通过训练深度神经网络以规避先验依赖性, 因此很自然地会产生下述问题.

问题 4.1   深度全连接神经网络的本质优势

全连接神经网络是否可以逼近不同类型的回归函数? 以全连接神经网络为假设空间的经验风险极小化策略是否在多种学习任务中具备 (近似) 最优泛化性?

问题 4.1 的回答是解决深度神经网络适用性问题的关键, 也是体现深度学习优越性的重要因素. 只有问题 4.1 得到正面的回答, 我们才能说以深度神经网络作为假设空间能够规避先验依赖性, 使得深度学习能够抽取多种数据特征并进行高效的学习. 由于不同的数据往往蕴含着多种多样的数据特征, 而我们又难以逐一枚举这些特征并证明深度神经网络可以很好地抽取它们, 因此, 深度适用性问题的解答并不容易. 现阶段, 我们只能回答问题 4.1 这一深度适用性问题的子问题, 即证明全连接神经网络可以很好地逼近多类常见的回归函数类, 并证明以其为假设空间的经验风险极小化策略在相应的学习问题中确实具备近似最优泛化性. 首先我们证明在逼近光滑函数时, 深度全连接神经网络具有良好的逼近性质.

定理 4.1   光滑函数逼近定理

令 $r, c_0 > 0$. 存在一个 $\mathcal{O}(\log n)$ 层、$\mathcal{O}(n \log n)$ 个绝对值不超过 $\mathcal{O}(n^a)$ 的参数的全连接神经网络 $\mathcal{H}^{\mathrm{DFCN}}_{n \log n, \log n, 1}$ 使得对任意的 $f \in \mathrm{Lip}^{(r, c_0)}(\mathbb{I}^d)$, 均有

$$\mathrm{dist}(f, \mathcal{H}^{\mathrm{DFCN}}_{n \log n, \log n, 1}, C(\mathbb{I}^d)) \preceq n^{-r/d}, \tag{4.3}$$

其中 a 为仅依赖于 c_0, d 及 r 的常数.

因为定理 4.1 对任意的 $r > 0$ 均成立, 所以深度全连接神经网络完全摆脱了浅层 ReLU 网络无法很好地逼近高阶光滑函数的桎梏, 进而展示了深度全连接神

经网络在抓取光滑性特征时的优越性. 对比定理 2.5, 定理 4.1 在降低激活函数光滑性要求的前提下, 大大减小了参数的幅值, 从而使得相应假设空间的覆盖数可控. 因此, 基于定理 3.6, 我们很容易导出相应最小二乘经验风险极小化策略的泛化误差. 对比定理 2.6, 定理 4.1 在降低 Sigmoid 阶数的同时 (注意到 ReLU 为一阶 Sigmoid 函数), 使神经网络适用于多维逼近问题. 由于达到上述目的所需的层数为 $\mathcal{O}(\log n)$, 具有这种优越性的全连接神经网络不需要太深, 即这种优越性不是建立在付出特别大深度的代价下而得到的.

由定理 4.1 可知, 若目标函数 $f \in \mathrm{Lip}^{(r,c_0)}(\mathbb{I}^d)$, 欲达到精度 ε, 只需要 $\mathcal{O}\left(\log \varepsilon^{-1}\right)$ 层、$\mathcal{O}\left(\varepsilon^{-d/r} \log \varepsilon^{-1}\right)$ 个参数的全连接神经网络即可. 相较于最优的线性逼近工具或者具有光滑激活函数的浅层神经网络所需的 $\mathcal{O}(\varepsilon^{-d/r})$ 个参数, 上述估计需要更多的自由参数, 即多了额外的对数因子使得式 (4.3) 的估计为近似最优估计而非最优估计. 需要注意的是, 定理 4.1 针对的是如何利用不光滑函数的复合去逼近光滑函数这一直观上较难理解的问题, 其结果表明深度全连接神经网络远好于浅层神经网络.

进一步, 下述定理表明全连接神经网络除了能抓取目标函数的光滑性特征, 还能识别其径向性质, 这是线性模型及浅层神经网络无法办到的.

定理 4.2　径向光滑函数逼近定理

令 $r, c_0, a > 0$. 存在一个 $\mathcal{O}(\log n)$ 层、$\mathcal{O}(n \log n)$ 个绝对值不超过 $\mathcal{O}(n^a)$ 的参数的全连接神经网络集合 $\mathcal{H}_{n \log n, \log n, 2}^{\mathrm{DFCN}}$ 使得对任意的 $f \in \mathrm{Lip}^{(r,c_0)}(\mathbb{B}^d) \cap W^\circ$, 均成立

$$\mathrm{dist}(f, \mathcal{H}_{n \log n, \log n, 2}^{\mathrm{DFCN}}, C(\mathbb{B}^d)) \preceq n^{-r}. \tag{4.4}$$

不同于定理 3.4 只需要 3 层、n 个参数的神经网络, 定理 4.2 表明若用 ReLU 函数作为激活函数且采用全连接的方式, 要达到 n^{-r} 的逼近精度, 需要 $\mathcal{O}(\log n)$ 层、$\mathcal{O}(n \log n)$ 个参数的神经网络. 由于定理 3.4 采用无限阶光滑的 Logistic 函数作为激活函数, 定理 4.2 所建立的逼近结果略差是显而易见的. 这并不能说明 Logistic 函数优于 ReLU 函数, 只是在抓取光滑性信息时, 用无限阶光滑的激活函数会更高效. 实际应用场景中, 目标函数的光滑性假设常常无法得到满足, 所以哪怕是从函数逼近的角度, ReLU 函数在实际应用中并不会总差于 Logistic 函数. 注意到表 2.1, Logistic 函数的导数在很大范围内均很小, 从而更易产生梯度消失问题. 因此, 从优化上讲, ReLU 网络更易通过梯度型方法求解; 而从逼近上讲, ReLU 函数能用较小的代价实现 Logistic 网络的功能. 上述两个定理本质上

讲述了为什么在实际应用中人们更倾向于采用 ReLU 激活函数. 下面, 我们讨论全连接神经网络对不光滑函数的逼近, 为此先介绍分片光滑函数的定义.

定义 4.1　分片光滑函数类

令 $N \in \mathbb{N}$. 记 $\{A_j\}_{j=1}^{N^d}$ 为 $\mathbb{I}^d$ 的 N^d 个立方体分割. 若对任意的 $j = 1, \cdots, N^d$, 存在 $g_j \in \mathrm{Lip}^{(r,c_0)}(A_j)$ 使得

$$f(x) = \sum_{j=1}^{N^d} g_j(x) \mathcal{I}_{A_j}(x), \tag{4.5}$$

则称 f 为基于分割 $\{A_j\}_{j=1}^{N^d}$ 的分片光滑函数. 记所有满足 (4.5) 的函数集合为 $\mathrm{Lip}^{(r,c_0,N^d)}$.

上述的分片光滑性质是图像与信号的基本特征之一. 比如说图像的局部相似性用数学语言来描述便是上述的分片光滑性质. 这就要求逼近函数具有很强的定位能力. 如命题 4.3 所述, 深度全连接神经网络具备这样的性质, 因而可以很好地逼近分片光滑函数, 这是浅层神经网络无法比拟的. 下述定理讲述了深度全连接神经网络对分片光滑函数的逼近.

定理 4.3　分片光滑函数逼近定理

令 $1 \leqslant p < \infty$, r, c_0 及 $N \in \mathbb{N}$. 存在深度为 $\mathcal{O}(\log(Nn))$、$\mathcal{O}(N^d n \log n)$ 个绝对值不超过 $\mathcal{O}(n^a)$ 的参数的全连接神经网络集合 $\mathcal{H}_{nN^d \log n, \log(Nn), 3}^{\mathrm{DFCN}}$ 使得对任意的 $f \in \mathrm{Lip}^{(r,c_0,N^d)}$, 成立

$$\mathrm{dist}(f, \mathcal{H}_{nN^d \log n, \log(Nn), 3}^{\mathrm{DFCN}}, L_p(\mathbb{I}^d)) \preceq N^{d(1-1/p)} n^{-r/d},$$

其中 a 为仅与 c_0, r, d 有关的常数.

定理 4.3 表明全连接神经网络可以提取目标函数的分片光滑特征, 从而很好地逼近分片光滑函数类. 注意到若 $N = \mathcal{O}(1)$, 则所需要的隐藏层层数及参数数量与逼近光滑函数所需要的层数和参数数量相仿. 基于上述三个定理, 我们可直接得到如下推论.

推论 4.2 深度全连接神经网络的适用性

令 $1 \leqslant p < \infty$, $N = \mathcal{O}(1)$, $r = s + v$ 满足 $s \in \mathbb{N}_0$, $0 < v \leqslant 1$ 及 $c_0 > 0$. 存在一个 $\mathcal{O}(\log n)$ 层、$\mathcal{O}(n \log n)$ 个绝对值不超过 $\mathcal{O}(n^a)$ 的参数的全连接神经网络集合 $\mathcal{H}_{n \log n, \log n}^{\mathrm{DFCN}}$, 满足

$$\mathrm{dist}(\mathrm{Lip}^{(r,c_0)}(\mathbb{I}^d), \mathcal{H}_{n \log n, \log n}^{\mathrm{DFCN}}, L_p(\mathbb{I}^d)) \preceq n^{-r/d},$$

$$\mathrm{dist}(\mathrm{Lip}^{(r,c_0)}(\mathbb{I}^d) \cap W^\diamond, \mathcal{H}_{n \log n, \log n}^{\mathrm{DFCN}}, L_p(\mathbb{I}^d)) \preceq n^{-r},$$

$$\mathrm{dist}(\mathrm{Lip}^{(r,c_0,N^d)}, \mathcal{H}_{n \log n, \log n}^{\mathrm{DFCN}}, L_p(\mathbb{I}^d)) \preceq n^{-r/d},$$

其中 a 为仅与 c_0, r, d 有关的常数.

上述推论以光滑函数、径向光滑函数、分片光滑函数为例揭示了深度全连接神经网络的适用范围, 并给出了问题 4.1 的正面解答. 在统一的网络结构下, 深度全连接神经网络可适用于多种不同的特征提取及逼近问题, 这是浅层神经网络及其他网络结构较难做到的. 举个简单的例子, 由定理 2.5 可知, 浅层神经网络在逼近光滑函数时会略优于深度全连接神经网络 (两者逼近阶差一个对数因子), 但是在逼近径向光滑函数时远远不及深度全连接神经网络 (参见推论 2.2 及推论 4.2), 而局部化方法 ([42, Chap.4-6]) 诸如 k-近邻等可较好地逼近分片光滑函数, 却无法逼近高阶光滑函数. 深度全连接神经网络之所以有用, 是其如推论 4.2 所展示的多功能性: 可以在不付出特别大容量代价的前提下较好地实现各种逼近或者学习工具的优点. 令 $\mathcal{H}_{n \log n, \log n}^{\mathrm{DFCN}}$ 为推论 4.2 所给的深度全连接神经网络集合. 定义

$$\mathcal{H}_{n \log n, \log n, \mathcal{R}}^{\mathrm{DFCN}} := \left\{ h \in \mathcal{H}_{n \log n, \log n}^{\mathrm{DFCN}} : h \text{ 的所有参数的绝对值不超过 } \mathcal{R} \right\}.$$

记

$$f_{D,n,\mathcal{R}}^{\mathrm{DFCN}} \in \mathop{\arg\min}_{f \in \mathcal{H}_{n \log n, \log n, \mathcal{R}}^{\mathrm{DFCN}}} \frac{1}{|D|} \sum_{(x_i, y_i) \in D} (y_i - f(x_i))^2 \tag{4.6}$$

为相应的经验风险极小化策略. 基于定理 3.6、定理 3.2 及推论 4.2, 我们可推导出如下泛化误差估计.

> **定理 4.4　深度全连接神经网络的最优泛化性**
>
> 令 $c_0, r > 0$ 且 $f_{D,n,\mathcal{R}}^{\mathrm{DFCN}}$ 由 (4.6) 所定义. 若 $f_\rho \in W^\diamond \cap \mathrm{Lip}^{(r,c_0)}$, $n \sim |D|^{\frac{1}{2r+1}}$ 且 $\mathcal{R} \sim n^a$, 则成立
>
> $$m^{-\frac{2r}{2r+1}} \preceq \sup_{W^\diamond \cap \mathrm{Lip}^{(r,c_0)}} \mathbb{E}[\mathcal{E}(\pi_M f_{D,n,\mathcal{R}}^{\mathrm{DFCN}}) - \mathcal{E}(f_\rho)]$$
> $$\preceq m^{-\frac{2r}{2r+1}} \log^3(m+1), \tag{4.7}$$
>
> 其中 a 为仅与 c_0, r, d 有关的常数.

上述定理的证明与定理 3.5 的证明完全相同, 我们将其留给有兴趣的读者. 由定理 4.4 易知, 除了额外的对数因子外, 所建立的泛化误差估计是近似最优的, 从而说明基于深度全连接神经网络的最小二乘算法 (4.6) 在回归函数满足光滑且径向性时具有近似最优泛化性. 类似地, 我们可以利用定理 3.6、定理 3.2 及推论 4.2 证明针对光滑函数或者分片光滑函数, (4.6) 具有类似的近似最优泛化性, 有兴趣的读者可以自行推导.

综上所述, 相较于浅层神经网络, 深度全连接神经网络的优势有两个: ① 通过适当加深神经网络, 可以克服浅层神经网络的逼近与学习瓶颈. 特别地, 以全连接的形式复合不光滑的 ReLU 函数, 能以较小的代价提其对高阶光滑函数的逼近与学习能力. ② 深度全连接神经网络具有类似推论 4.2 的多功能性, 即可直接通过堆叠、加深的方式以较小的代价整合出一个较大网络使其可实现多种功能, 这是其他为特定任务设定的学习方法所不具备的. 这说明了全连接神经网络可适用于多种应用场景并且可避免先做特征工程再学习的经典学习范式.

4.3　数据规模在深度学习中的作用

深度神经网络早在 20 世纪 90 年代就已引起众多学者的广泛关注, 也就是说深度神经网络, 特别是深度全连接神经网络, 并不是一个新兴的工具. 人们很自然有下述疑问.

> **问题 4.2　深度神经网络的驱动力**
>
> 是什么东西促使深度学习在现阶段如此成功? 深度学习的核心驱动力是什么?

泛泛来讲, 算力的突破、网络的加深、结构的开发、算法的革新、数据的增长

等都是其诱因. 然而, 如果从理论的角度来看, 本书到目前为止, 只解释了网络的加深是深度学习的驱动力之一, 其他因素的影响还有待进一步验证. 本节我们聚焦数据规模的作用, 为此先引入空间稀疏性的概念.

定义 4.2　空间稀疏函数类

将 $\mathbb{I}^d$ 分割为 N^d 个边长为 N^{-1} 且中心为 $\{\zeta_j\}_{j=1}^N$ 的子立方体 $\{A_j\}_{j=1}^{N^d}$. 对于 $s \in \mathbb{N}$ 且 $s \leqslant N^d$, 定义指标集

$$\Lambda_s := \left\{ j_\ell : j_\ell \in \{1, 2, \cdots, N^d\}, 1 \leqslant \ell \leqslant s \right\}. \tag{4.8}$$

若定义在 $\mathbb{I}^d$ 上的函数 f 的支撑集为 $S := \bigcup_{j \in \Lambda_s} A_j$, 则称 f 是基于 N^d 分割的 s-稀疏函数, 其稀疏度定义为 s/N^d. 记所有满足上述条件的函数类为 $SS^{(N^d, s)}$.

　　空间稀疏性是信号处理与图像处理中最重要的数据特征之一. 如图 4.1 所示, 如果我们将整个图像看成定义在二维平面的函数 (输出值通过灰度值来表示), 很显然, 目标 (白色的军舰) 在整个图像中是非常稀疏的. 不同于经典的稀疏性 (通过图片分辨率来定义), 定义 4.2 所展示的空间稀疏是一个浮动概念, 其目的是通过有限的样本精确定位输入. 以图 4.1 的军舰分布信息为例, 我们希望通过对整个图片的分割, 找到军舰具体所在的区域. 图 4.2 给出了不同分割下, 军舰的位置信息. 由图 4.2 可知, 分割越细, 越能精准定位军舰的位置. 同时, 识别这些分割需要越多的样本[84]. 给定样本, 若特定的学习方法能识别的分割越细, 则说明该方法越能体现空间稀疏性. 图 4.2 (a), (b), (c) 分别对应着空间稀疏度为 $\dfrac{7}{25}, \dfrac{2}{25}$ 及

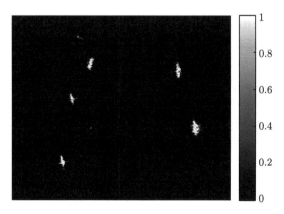

图 4.1　军舰信号

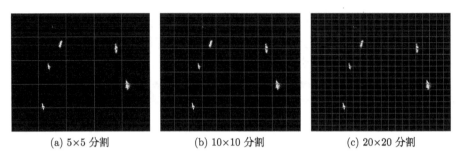

(a) 5×5 分割　　　　　　　　(b) 10×10 分割　　　　　　　　(c) 20×20 分割

图 4.2　军舰信号的不同尺度分割

$\dfrac{13}{400}$ (这里忽略了孤立噪声点) 的信号. 注意到浅层神经网络无法识别目标的位置信息 [21,23,31], 从而无法识别如上所定义的空间稀疏性. 我们只能加深网络以克服浅层神经网络的这一瓶颈.

　　在给出理论结果之前, 我们还需要对分布 ρ_X 作一些约束, 为此先给出分布的偏移假设.

> **定义 4.3　分布的偏移假设**
>
> 对任意的 $p \geqslant 2$, 令 J_p 为 $L_{\rho_X}^2$ 到 $L_p(\mathcal{X})$ 的恒等映射. 称 $D_{\rho_X, p} := \|J_p\|$ 为 ρ_X 关于 Lebesgue 测度的偏移. 若 $D_{\rho_X, p} < \infty$, 我们称 ρ_X 关于 $L_p(\mathcal{X})$ 满足偏移假设. 记 Ξ_p 为所有关于 $L_p(\mathcal{X})$ 满足偏移假设的分布的集合.

　　显然, 当 ρ_X 为一致分布时, 则对任意的 $p \geqslant 2$ 均成立 $D_{\rho_X, p} < \infty$. 由上述定义可知, 对任意的 $f \in L_{\rho_X}^2 \cap L_p(\mathcal{X})$, 均成立

$$\|f\|_\rho = \|J_p f\|_{L_p(\mathcal{X})} \leqslant D_{\rho_X, p} \|f\|_{L_p(\mathcal{X})}. \tag{4.9}$$

需要强调的是, 在目标函数满足空间稀疏性的前提下, 定义 4.3 给出的偏移假设是必要的. 事实上, 若没有类似的假设, 则会出现目标函数支撑与数据支撑不完全重叠的情况. 如图 4.3 (a) 所示, 数据支撑在蓝色区域以及左上的黄色区域, 而函数支撑在黄色区域, 在这种情况下, 不管有多少数据, 都无法完全抓取目标函数的空间稀疏性. 基于上述空间稀疏性假设以及偏移假设, 我们可得到如下定理.

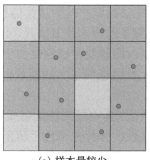 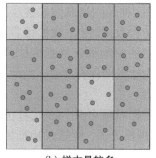

(a) 样本量较少　　　　　　　　(b) 样本量较多

图 4.3　目标函数支撑与数据支撑的关系

定理 4.5　深度全连接神经网络中数据规模的作用

令 $c_0, r > 0$, $N, s \in \mathbb{N}$, $1 \leqslant p < \infty$ 且 $f_{D,n,\mathcal{R}}^{\mathrm{DFCN}}$ 由 (4.6) 所定义. 若 $\mathcal{R} \sim m^a$, $n^{2r+d} \sim m \left(\dfrac{s}{N^d}\right)^{\frac{2}{p}} \Big/ \log m$, 且

$$\frac{m}{\log m} \succeq \frac{N^{\frac{2d+2rp+dp}{(2r+d)p}}}{s^{\frac{2}{2rp+dp}}}, \tag{4.10}$$

则

$$m^{-\frac{2r}{2r+d}} \left(\frac{s}{N^d}\right)^{\frac{d}{2r+d}} \preceq \sup_{f_\rho \in \mathrm{Lip}^{(N,s,r,c_0)}, \rho_X \in \Xi_p} \mathbb{E}\left\{\mathcal{E}(\pi_M f_{D,n,\mathcal{R}}^{\mathrm{DFCN}}) - \mathcal{E}(f_\rho)\right\}$$

$$\preceq \left(\frac{m}{\log m}\right)^{\frac{-2r}{2r+d}} \left(\frac{s}{N^d}\right)^{\frac{2}{p} - \frac{2r}{2r+d}}, \tag{4.11}$$

其中 a 为与 m, s, N 无关的常数.

注意到 (4.11) 的下界是针对稀疏与光滑函数类能达到的最好误差界, 当 $p=2$ 时, (4.11) 表明深度神经网络能同时提取光滑性和稀疏性, 并具备近似最优泛化性. 结合定理 4.1, 在 (4.11) 中, 我们知道 $m^{-\frac{2r}{2r+d}}$ 体现了深度神经网络对光滑性的抓取情况, 而 $\left(\dfrac{s}{N^d}\right)^{\frac{2}{p} - \frac{2r}{2r+d}}$ 表明了深度全连接神经网络对空间稀疏性的抓取情况. 众所周知, 对光滑性的抓取并不需要呈现诸如 (4.10) 的样本规模要求, 所以 (4.10) 实际上是针对空间稀疏性的. 也就是说, 当样本规模较小时, 浅层神经网络、线性模型及深度全连接神经网络均可识别目标的光滑性信息, 从而针对这类数据均有非常不错的逼近和学习能力. 在 20 世纪末的研究中, 由于样本规模较小, 即

(4.10) 不满足, 深度神经网络和浅层神经网络一样无法抓取空间稀疏性信息. 随着样本量的增加, 在大数据时代, 我们很容易获取足够多的样本使其满足 (4.10), 此时, 深度神经网络的空间稀疏性抓取能力得以体现. 而浅层神经网络由于不具备类似的能力, 其性能依旧保持不变. 由此, 定理 4.3 严格证明了大规模数据在深度学习中所起的作用.

粗略地讲, 数据特征可分为显式特征与隐式特征, 其中显式特征诸如光滑性、径向性等与数据规模无关, 而隐式特征如空间稀疏性、分片光滑性、流形性等需要大量的样本才能得以体现. 在数据规模较小时, 深度的优势仅体现在某些显式特征上, 而这些特征在实际应用中并不多见, 所以深度神经网络在很多情况下并不会本质优于浅层神经网络. 由于训练深度神经网络的难度往往远大于浅层神经网络, 所以这时人们倾向于使用浅层神经网络. 然而当数据规模较大时, 越来越多的隐式特征被发掘出来, 深度神经网络在抓取这些隐式特征方面的优势就显得至关重要, 这也解释了为什么深度学习在大数据时代如此受欢迎.

4.4　数 值 实 验

本节的实验共有两个目的, 其一是验证通过 4.3 节的证明所构造的深度全连接神经网络在逼近平方函数、乘积函数和指示函数时的性能; 其二是研究在参数个数相同的情况下, 网络深度与泛化性能之间的关系, 进而说明深度的优越性.

为了验证所构造的深度全连接神经网络的逼近性能, 参与比较的方法包括 MATLAB 的 "Deep Learning Toolbox" 中针对浅层神经网络的 13 种误差反向传播算法[86], 具体细节可参考第 3 章的实验. 数据集的生成过程如下: 训练样本集的输入 $\{x_i\}_{i=1}^m$ 通过对超立方体 $[0,1]^d$ 上均匀分布的独立采样获得, 其对应的输出 $\{y_i\}_{i=1}^m$ 根据函数 $y_i = g_j(x_i)$ 生成, 其中平方函数、二元乘积函数和二元指示函数分别为

$$g_1(x) = x^2, \quad g_2(u,v) = uv, \quad g_3(u,v) = \begin{cases} 1, & \dfrac{1}{2} \leqslant u \leqslant \dfrac{5}{8} \ \text{及} \ \dfrac{3}{8} \leqslant v \leqslant \dfrac{1}{2}, \\ 0, & \text{其他}. \end{cases}$$

我们按照训练样本集的生成方式生成测试样本集 $\{(x_i', y_i')\}_{i=1}^{m'}$.

对于平方函数和二元乘积函数, 我们设置训练样本个数 m 和测试样本个数 m' 均为 1000; 对于二元指示函数, 我们设置训练样本个数 m 和测试样本个数 m' 均为 10000. 在 13 种浅层网络的训练中, 设置学习率为 0.05, 隐藏层神经元个数设置为 $d_1 \in \{10, 50, 100, 500, 1000\}$, 使用 Nguyen-Widrow 方法对权重参数进行初始化[108]; 对于每个隐藏层神经元个数 d_1, 将训练迭代轮次作为算法实施的关键

参数, 从集合 $\{1, 2, \cdots, 50000\}$ 中通过网格搜索方法选取. 具体来讲, 每个浅层网络算法重复执行 30 次实验, 记录每次实验在测试集上的均方根误差 (root mean square error, RMSE) 随着迭代轮次的数值变化结果, 选取最优迭代轮次下的平均 RMSE 作为算法泛化误差的度量. 需要注意的是, 构造的深度神经网络不需要训练过程, 其逼近精度与所构造函数的参数相关.

图 4.4 展示了各种方法在三个函数逼近中的泛化误差比较. 每个柱状图最左侧的蓝色系柱子代表所构造的深度神经网络的逼近误差, 13 种彩色系柱子代表在给定隐藏层神经元个数 $d_1 \in \{10, 50, 100, 500, 1000\}$ 时 13 种浅层神经网络算法的逼近误差, 其中前 5 个柱子代表 5 种梯度下降相关算法, 后 8 个柱子代表 8 种共轭梯度下降相关算法. 从以上结果可以获得如下结论: ① 13 种浅层神经网络算法的逼近误差基本随着隐藏层神经元个数的增加呈现出先下降后上升的趋势, 这也符合模型从参数不足时的欠拟合到参数过多时的过拟合现象. 此外, 共轭梯度下降算法的最优逼近误差往往好于梯度下降算法. ② 针对平方函数和二元乘积函数, 所构造的深度神经网络的逼近误差随着参数 m 的增加呈指数下降趋势, 并远远好于 13 种浅层神经网络方法, 这也与命题 4.1 和命题 4.2 的结论相一致; 针对二元指示函数, 所构造的深度神经网络的逼近误差随着参数 τ 的减小大幅下降, 在参数 τ 足够小时, 同样能够取得远小于浅层神经网络的逼近误差, 这也符合命题 4.3 的结论.

接着, 我们研究在全连接神经网络参数个数基本相同的情况下, 网络深度与网络泛化性能之间的关系. 具体来讲, 在隐藏层神经元个数相同的情况下, 即 $d_1 = d_2 = \cdots = d_L = d$ 时, 根据式 (4.1) 获得隐藏层神经元个数 d 与参数个数 n_{DFCN} 和隐藏层个数 L 的关系为

$$d \sim \frac{-(L+1+d_0) + \sqrt{(L+1+d_0)^2 + 4n_{\mathrm{DFCN}}(L-1)}}{2(L-1)}. \tag{4.12}$$

该模拟实验的数据集生成过程与第 3 章一样, 不同之处在于设置高斯噪声 ϵ_i 的标准差为 $\sigma = 0.1$, 训练样本个数为 $N = 2000$, 测试样本个数为 $N' = 1000$. 在实验中, 将神经网络的参数个数固定为 $n_{\mathrm{DFCN}} = 1000$, 设置隐藏层个数 $L \in \{1, 2, \cdots, 10\}$, 通过 (4.12) 计算出每个隐藏层在不同的网络深度下所对应的隐藏层神经元个数. 我们选取 SGD, RMSProp 和 Adam 三个优化器对深度网络模型进行求解, 设置学习率为 0.05, 批量大小为 1000, 并使用 Nguyen-Widrow 方法对权重参数进行初始化[108], 其他参数为默认设置. 将迭代轮次作为算法实施的关键参数, 从集合 $\{1, 2, \cdots, 50000\}$ 中通过网格搜索方法选取. 针对每个网络深度, 重复执行 30 次实验, 选取最优迭代轮次下的平均 RMSE 作为算法泛化误差的度量. 三种求解算法的泛化误差随着隐藏层个数的变化情况如图 4.5 所

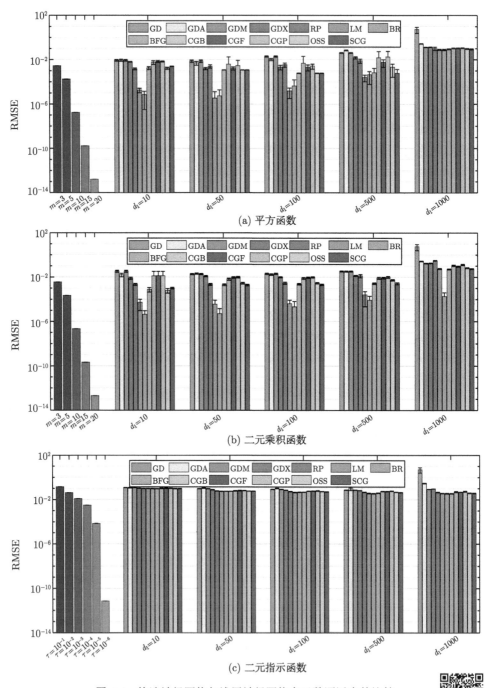

(a) 平方函数

(b) 二元乘积函数

(c) 二元指示函数

图 4.4　构造神经网络与浅层神经网络在函数逼近中的比较

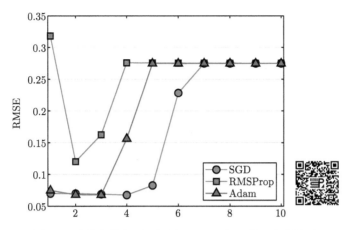

图 4.5 参数规模相同下测试 RMSE 与网络深度的关系

示, 可以看出, 不管是哪种优化算法, 泛化误差均随着网络深度的增加呈现出先下降后上升的趋势, 这种现象与学习理论相吻合, 即对于参数个数相同的神经网络, 深度越深, 其对应的假设空间的容量 (覆盖数) 往往越大, 从而导致经验风险极小化算法 (4.6) 所对应的样本误差越大, 这往往影响其泛化性.

4.5 相 关 证 明

本章主要讲述如何利用深度全连接神经网络的 "平方门"、"乘积门" 与定位性质实现其对不同数据特征 (或函数的先验信息) 进行抓取的方法. 核心思想是: 由于全连接神经网络可以逼近平方函数, 再注意到 $t = \sigma(t) - \sigma(-t)$, 并结合 "乘积门" 性质, 可知全连接神经网络可以很好地逼近代数多项式, 从而逼近光滑函数; 由于良好的定位性质以及 "乘积门" 性质, 可证明全连接神经网络能够很好地逼近分片光滑函数、空间稀疏函数等基于空间分割的函数类型. 需要强调的是, 本节仅仅是以 "平方门"、"乘积门" 与定位性质为例来证明全连接神经网络可以抓取相应的数据特征. 实际上, 深度全连接神经网络还具备局部流形表示性 [119]、分层特性 [99] 等性质, 因而在实际问题中, 也可以通过类似的方法构建神经网络提取相应的特征. 由于篇幅所限, 本章仅针对 4.1 节的三个性质做论述. 我们先用构造性的方法来证明这三个性质.

命题 4.1 的证明　对任意的 $m \in \mathbb{N}$, 以及 $k = 0, 1, \cdots, 2^m$, 定义 f_m 为 t^2 的分片线性插值函数, 其插值点为 $\dfrac{k}{2^m}, k = 0, 1, \cdots, 2^m$, 即 f_m 满足在区间 $\left[\dfrac{k}{2^m}, \dfrac{k+1}{2^m}\right]$ 上为线性函数, 且满足 $f\left(\dfrac{k}{2^m}\right) = \left(\dfrac{k}{2^m}\right)^2$. 通过直接计算可得

$$f_m(t) = \frac{2k+1}{2^m}t - \frac{k^2+k}{2^{2m}}, \qquad t \in \left[\frac{k}{2^m}, \frac{k+1}{2^m}\right], \quad k = 0, 1, \cdots, 2^m.$$

从而 $f_m(t) - t^2$ 在区间 $\left[\dfrac{k}{2^m}, \dfrac{k+1}{2^m}\right]$ 上为关于 t 的一元二次函数, 其最值为 2^{-2m-2}. 此即

$$|f_m(t) - t^2| \leqslant 2^{-2m-2}, \qquad t \in [0,1].$$

注意到

$$f_{m-1}(t) = \frac{4k+2}{2^m}t - \frac{4k^2+4k}{2^{2m}}, \qquad t \in \left[\frac{2k}{2^m}, \frac{2k+2}{2^m}\right], \quad k = 0, 1, \cdots, 2^m.$$

则当 $t \in \left[\dfrac{2k}{2^m}, \dfrac{2k+1}{2^m}\right]$, $k = 0, 1, \cdots, 2^{m-1} - 1$ 时, 成立

$$f_{m-1}(t) - f_m(t) = \frac{1}{2^m}t - \frac{2k}{2^{2m}};$$

当 $t \in \left[\dfrac{2k-1}{2^m}, \dfrac{2k}{2^m}\right]$, $k = 1, \cdots, 2^{m-1}$ 时, 成立

$$f_{m-1}(t) - f_m(t) = -\frac{1}{2^m}t + \frac{2k}{2^{2m}}.$$

现将 $f_{m-1} - f_m$ 用神经网络表示. 定义

$$g(t) = \begin{cases} 2t, & t < \dfrac{1}{2}, \\ 2(1-t), & \dfrac{1}{2} \leqslant t \leqslant 1, \end{cases}$$

则有 $g(t) = 2\sigma(t) - 4\sigma(t - 1/2)$. 对任意的 $s \in \mathbb{N}$, 定义

$$g_s(t) = g \circ g \circ \cdots \circ g(t).$$

易知 g_s 为 s 层全连接神经网络, 且共有 $\mathcal{O}(s)$ 个绝对值不超过 4^s 的参数. 直接计算可得

$$g_s(t) = \begin{cases} 2^s\left(t - \dfrac{2k}{2^s}\right), & t \in \left[\dfrac{2k}{2^s}, \dfrac{2k+1}{2^s}\right], k = 0, 1, \cdots, 2^{s-1} - 1, \\ 2^s\left(\dfrac{2k}{2^s} - t\right), & t \in \left[\dfrac{2k-1}{2^s}, \dfrac{2k}{2^s}\right], k = 1, \cdots, 2^{s-1}. \end{cases}$$

从而有

$$f_{m-1}(t) - f_m(t) = \frac{g_m(t)}{2^{2m}}.$$

考虑到 $f_0(t) = t$, 我们有

$$f_m(t) = t - \sum_{s=1}^{m} \frac{g_s(t)}{2^{2s}}.$$

因为 $g_s(t) \in [0,1]$, 所以 $g_s(t) = \sigma(g_s(t))$, 从而 f_m 为 m 层神经网络, 且共有 $\mathcal{O}(m^2)$ 个绝对值不超过 $\mathcal{O}(4^m)$ 的参数. 因此, 命题 4.1 可由简单的线性变换得到. □

命题 4.2 的证明　因为 $t_1 t_2 = 2\left(\dfrac{t_1 + t_2}{2}\right)^2 - \dfrac{t_1^2}{2} - \dfrac{t_2^2}{2}$, 可定义

$$\tilde{\times}_{2,m}(t_1, t_2) = 2f_m\left(\frac{t_1 + t_2}{2}\right) - \frac{f_m(t_1)}{2} - \frac{f_m(t_2)}{2},$$

所以有

$$|t_1 t_2 - \tilde{\times}_{2,m}(t_1, t_2)| \leqslant 3 \times 2^{-2m-2}.$$

进一步, 若 $t_1 t_2 = 0$, 则必有 $t_1 = 0$ 或 $t_2 = 0$. 不妨令 $t_1 = 0$, 则有 $t_1 t_2 = \dfrac{t_2^2}{2} - \dfrac{t_2^2}{2}$. 从而所构造的 $\tilde{\times}_{2,m}(t_1, t_2) = 0$. 由此命题得证. □

由于我们可以通过不同的复合方式去加深网络, 故推论 4.1 的证明方法有多种, 这里仅给出一种.

推论 4.1 的证明　若 $j = 2, \cdots, \ell$, 定义

$$\tilde{\times}_{j,m}(t_1, \cdots, t_j) := \overbrace{\tilde{\times}_{2,m}(\tilde{\times}_{2,m}(\cdots \tilde{\times}_{2,m}}^{j-1}(t_1, t_2), \cdots, t_{j-1}), t_j).$$

因为 $\tilde{\times}_{2,m}$ 是 m 层、$\mathcal{O}(m^2)$ 个参数的全连接神经网络, 且有 $t = \sigma(t) - \sigma(-t)$, 易知 $\tilde{\times}_{j,m}$ 为 $2(j-1)m$ 层、$\mathcal{O}((j-1)m^2)$ 个非零参数的全连接神经网络. 则有

$$\begin{aligned}
t_1 t_2 \cdots t_\ell - \tilde{\times}_{\ell,m}(t_1, t_2, \cdots, t_\ell) &= t_1 t_2 \cdots t_\ell - \tilde{\times}_{2,m}(t_1, t_2) t_3 \cdots t_\ell \\
&\quad + \tilde{\times}_{2,m}(t_1, t_2) t_3 \cdots t_\ell - \tilde{\times}_{3,m}(t_1, t_2, t_3) t_4 \cdots t_\ell \\
&\quad + \cdots + \tilde{\times}_{\ell-1,m}(t_1, \cdots, t_{\ell-1}) t_\ell - \tilde{\times}_{\ell,m}(t_1, \cdots, t_\ell).
\end{aligned}$$

由命题 4.2 可得

$$|\tilde{\times}_{2,m}(t, t')| \leqslant |t||t'| + 3 \times 2^{-2m-2} \leqslant |t| + 3 \times 2^{-2m-2}, \quad \forall\, t, t' \in \mathbb{I}.$$

因为 $m \geqslant \dfrac{1}{2} \log_2(3\ell - 3)$, 且 $t_i \leqslant 1$, 所以

$$
\begin{aligned}
|\tilde{\times}_{j,m}(t_1, \cdots, t_j)| &\leqslant |\tilde{\times}_{j-1,m}(t_1, \cdots, t_{j-1})| + 3 \times 2^{-2m} \\
&\leqslant \cdots \leqslant |\tilde{\times}_{2,m}(t_1, t_2)| + 3(j-2) \times 2^{-2m} \\
&\leqslant |t_1| + 3(j-1) \times 2^{-2m} \leqslant 1 + \frac{3(j-1)}{2^{\log_2(3\ell-3)}} \leqslant 2, \qquad \forall \, j = 2, \cdots, \ell.
\end{aligned}
$$

从而有

$$
\begin{aligned}
&|t_1 t_2 \cdots t_\ell - \tilde{\times}_{\ell,m}(t_1, \cdots, t_\ell)| \\
&\leqslant |t_1 t_2 - \tilde{\times}_{2,m}(t_1, t_2)| + |\tilde{\times}_{2,m}(t_1, t_2) t_3 - \tilde{\times}_{3,m}(t_1, t_2, t_3)| \\
&\quad + \cdots + |\tilde{\times}_{\ell-1,m}(t_1, \cdots, t_{\ell-1}) t_\ell - \tilde{\times}_{\ell,m}(t_1, \cdots, t_\ell)| \leqslant 3(\ell-1) 2^{-2m-2}.
\end{aligned}
$$

推论得证. $\qquad\qquad\qquad\qquad\qquad\qquad\qquad\qquad\qquad\qquad\qquad\qquad\qquad\quad$ □

命题 4.3 的证明　令 $a, b \in \mathbb{R}$ 满足 $a < b$ 且 $0 < \tau \leqslant 1$, 定义

$$
T_{\tau,a,b}(t) := \frac{1}{\tau} \big\{ \sigma(t - a + \tau) - \sigma(t - a) - \sigma(t - b) + \sigma(t - b - \tau) \big\}. \tag{4.13}
$$

则由 σ 的定义可知

$$
T_{\tau,a,b}(t) = \begin{cases}
1, & a \leqslant t \leqslant b, \\[2mm]
0, & t \geqslant b + \tau, \ \text{或} \ t \leqslant a - \tau, \\[2mm]
\dfrac{b + \tau - t}{\tau}, & b < t < b + \tau, \\[3mm]
\dfrac{t - a + \tau}{\tau}, & a - \tau < t < a.
\end{cases} \tag{4.14}
$$

令

$$
\mathcal{L}_{a,b,\tau}(x) := \sigma \left(\sum_{j=1}^{d} T_{\tau,a,b}(x^{(j)}) - (d-1) \right). \tag{4.15}
$$

记 $x = (x^{(1)}, \cdots, x^{(d)}) \in \mathbb{I}^d$. 由 (4.14) 可知对任意的 $j \in \{1, \cdots, d\}$ 均成立 $0 \leqslant T_{\tau,a,b}(x^{(j)}) \leqslant 1$, 故有 $\displaystyle\sum_{j=1}^{d} T_{\tau,a,b}(x^{(j)}) \leqslant d$, 从而有 $0 \leqslant \mathcal{L}_{a,b,\tau}(x) \leqslant 1$. 若 $x \notin [a - \tau, b + \tau]^d$, 则至少存在一个 $j_0 \in \{1, \cdots, d\}$ 使得 $x^{(j_0)} \notin [a - \tau, b + \tau]$, 结合

(4.14) 可得 $T_{\tau,a,b}(x^{(j_0)}) = 0$. 因此成立 $\sum_{j=1}^{d} T_{\tau,a,b}(x^{(j)}) \leqslant d - 1$, 从而 $\mathcal{L}_{a,b,\tau}(x) = 0$. 若 $x \in [a,b]^d$, 则对任意 $j \in \{1, \cdots, d\}$ 均成立 $x^{(j)} \in [a,b]$. 因此, 由式 (4.14) 可知, 对任意的 $j \in \{1, \cdots, d\}$ 均成立 $T_{\tau,a,b}(x^{(j)}) = 1$, 此即 $\sum_{j=1}^{d} T_{\tau,a,b}(x^{(j)}) = d$, 从而有 $\mathcal{L}_{a,b,\tau}(x) = 1$. 命题得证. □

为证明定理 4.1, 我们先介绍几个引理. 第一个引理是关于 Taylor 多项式的逼近能力 ([58, Lemma 1]).

引理 4.1　Taylor 多项式逼近

令 $r = s + v$ 满足 $s \in \mathbb{N}_0$ 及 $0 < v \leqslant 1$, 若 $f \in \text{Lip}^{(r,c_0)}(\mathbb{I}^d)$, $x_0 \in \mathbb{R}^d$ 且 $p_{s,x_0,f}$ 为 f 在 x_0 展开的 s 阶多项式, 即

$$p_{s,x_0,f}(x) = \sum_{k_1 + \cdots + k_d \leqslant s} \frac{1}{k_1! \cdots k_d!} \frac{\partial^{k_1 + \cdots + k_d} f(x_0)}{\partial^{k_1} x^{(1)} \cdots \partial^{k_d} x^{(d)}}$$
$$\cdot (x^{(1)} - x_0^{(1)})^{k_1} \cdots (x^{(d)} - x_0^{(d)})^{k_d}, \tag{4.16}$$

则有

$$|f(x) - p_{s,x_0,f}(x)| \preceq \|x - x_0\|_2^r, \qquad \forall\, x \in \mathbb{I}^d. \tag{4.17}$$

介绍下一个引理之前, 我们先给出一些定义. 对 $t \in \mathbb{R}$, 定义

$$\psi(t) = \sigma(t+2) - \sigma(t+1) - \sigma(t-1) + \sigma(t-2), \tag{4.18}$$

即 $\psi(t) = T_{1,-1,1}$, 其中 $T_{\tau,a,b}$ 由式 (4.13) 所定义. 所以由式 (4.14) 可得

$$\psi(t) = \begin{cases} 1, & |t| \leqslant 1, \\ 0, & |t| \geqslant 2, \\ 2 - |t|, & 1 < |t| < 2. \end{cases} \tag{4.19}$$

进一步, 对于 $N \in \mathbb{N}$ 及 $\boldsymbol{j} = (j_1, \cdots, j_d) \in \{0, 1, \cdots, N\}^d$, 定义

$$\phi_{\boldsymbol{j},N}(x) = \prod_{k=1}^{d} \psi\left(3N\left(x^{(k)} - \frac{j_k}{N}\right)\right). \tag{4.20}$$

直接计算可得

$$\sum_{\boldsymbol{j} \in \{0,1,\cdots,N\}^d} \phi_{\boldsymbol{j},N}(x) = 1, \qquad \forall\, x \in \mathbb{I}^d, \tag{4.21}$$

以及

$$\operatorname{supp}\phi_{j,N} \subseteq \{x : |x^{(k)} - j_k/N| < 1/N, \quad \forall k\}. \tag{4.22}$$

基于此, 我们可得到下述引理.

> **引理 4.2　局部 Taylor 多项式逼近**
>
> 令 $r = s + v$ 满足 $s \in \mathbb{N}_0$ 及 $0 < v \leqslant 1$. 对任意的 $f \in \mathrm{Lip}^{(r,c_0)}(\mathbb{I}^d)$, 定义
>
> $$f_1(x) = \sum_{j \in \{0,1,\cdots,N\}^d} \phi_{j,N}(x) p_{s,j/N,f}(x), \tag{4.23}$$
>
> 其中 $j/N = (j_1/N, \cdots, j_d/N)$, 则有
>
> $$|f(x) - f_1(x)| \preceq N^{-r}, \qquad \forall x \in \mathbb{I}^d. \tag{4.24}$$

证明　由 (4.21), (4.22), $0 \leqslant \phi_{j,N}(x) \leqslant 1$ 及引理 4.1 可得

$$|f(x) - f_1(x)| = \left| f(x) - \sum_{j \in \{0,\cdots,N\}^d} \phi_{j,N}(x) p_{s,j/N,f}(x) \right|$$

$$\leqslant \sum_{j \in \{0,1,\cdots,N\}^d} \phi_{j,N}(x) |f(x) - p_{s,j/N,f}(x)| \leqslant \sum_{j : |x^{(k)} - j_k/N| < 1/N, \forall k} |f(x) - p_{s,j/N,f}(x)|$$

$$\leqslant 2^d \max_{j : |x^{(k)} - j_k/N| < 1/N, \forall k} |f(x) - p_{s,j/N,f}(x)| \leqslant 2^d \tilde{c}_1 \max_{j : |x^{(k)} - j_k/N| < 1/N, \forall k} \|x - j/N\|_2^r$$

$$\leqslant \tilde{c}_1 2^{d+r} \sqrt{d^r} N^{-r}.$$

从而引理得证.　　　　　　　　　　　　　　　　　　　　　　　　　　　□

我们证明定理 4.1 的核心思路是: 利用 "平方门" 与 "乘积门" 性质证明全连接神经网络可以很好地逼近多项式, 利用定位性质证明全连接神经网络可以很好地逼近上述局部化 Taylor 多项式, 再利用上述引理所展示的局部化 Taylor 多项式的逼近就能证明定理 4.1.

定理 4.1 的证明　记

$$f_1 = \sum_{j \in \{0,1,\cdots,N\}^d} \sum_{\alpha : |\alpha| \leqslant s} a_{j,\alpha} \phi_{j,N}(x) x^{\alpha} \tag{4.25}$$

满足

$$|a_{j,\alpha}| \leqslant \tilde{B} := \max_{k_1 + \cdots + k_d \leqslant s} \max_{x \in \mathbb{I}^d} \left| \frac{1}{k_1! \cdots k_d!} \frac{\partial^{k_1 + \cdots + k_d} f(x)}{\partial^{k_1} x^{(1)} \cdots \partial^{k_d} x^{(d)}} \right|.$$

则对任意固定的满足 $|\boldsymbol{\alpha}| \leqslant s$ 的 $\boldsymbol{\alpha}$ 及 $\boldsymbol{j} \in \{0, 1, \cdots, N\}^d$ 有

$$\phi_{\boldsymbol{j},N}(x)x^{\boldsymbol{\alpha}} = \overbrace{x^{(1)}\cdots x^{(1)}}^{\alpha_1}\cdots\overbrace{x^{(d)}\cdots x^{(d)}}^{\alpha_d}\cdot\overbrace{1\cdots1}^{s-|\boldsymbol{\alpha}|}\prod_{k=1}^{d}\psi_k(x),$$

其中

$$\psi_k(x) = \psi\left(3N\left(x^{(k)} - \frac{j_k}{N}\right)\right). \tag{4.26}$$

然而推论 4.1 表明对足够大的 m 及 $u_1, \cdots, u_{s+d} \in \mathbb{I}$, 存在 $2(d+s-1)m$ 层, $\mathcal{O}((d+s)m)$ 个自由参数的全连接神经网络 $\tilde{\times}_{d+s,m}$ 使得

$$|u_1u_2\cdots u_{d+s} - \tilde{\times}_{d+s}(u_1,\cdots,u_{d+s})| \leqslant 3(d+s-1)2^{-m}. \tag{4.27}$$

定义

$$h_f(x) := \sum_{\boldsymbol{j}\in\{0,1,\cdots,N\}^d}\sum_{\boldsymbol{\alpha}:|\boldsymbol{\alpha}|\leqslant s}a_{\boldsymbol{j},\boldsymbol{\alpha}}\tilde{\times}_{d+s,m}(\psi_1(x),\cdots,\psi_d(x),$$

$$\overbrace{x^{(1)},\cdots,x^{(1)}}^{\alpha_1},\cdots,\overbrace{x^{(d)},\cdots,x^{(d)}}^{\alpha_d},\overbrace{1,\cdots,1}^{s-|\boldsymbol{\alpha}|}). \tag{4.28}$$

易知 h_f 是一个 $\mathcal{O}(m(d+s))$ 层, $\mathcal{O}(mN(d+s))$ 个自由参数的全连接神经网络. 由 (4.28), (4.27) 及 (4.25) 可知, 对任意的 $x \in \mathbb{I}^d$ 均成立

$$|f_1(x) - h_f(x)| \leqslant \sum_{\boldsymbol{j}\in\{0,1,\cdots,N\}^d}\sum_{\boldsymbol{\alpha}:|\boldsymbol{\alpha}|\leqslant s}|a_{\boldsymbol{j},\boldsymbol{\alpha}}|3(d+s-1)2^{-m}$$

$$\leqslant (N+1)^d\begin{pmatrix} s+d \\ s \end{pmatrix}\tilde{B}3(d+s-1)2^{-m}.$$

注意到引理 4.2, 我们有

$$|f(x) - h_f(x)| \leqslant \tilde{c}_2N^{-r} + (N+1)^d\begin{pmatrix} s+d \\ s \end{pmatrix}\tilde{B}3(d+s-1)2^{-m}.$$

令 $2^m = N^{d+r}$, 即 $m = (d+r)\log_2 N$, 我们有

$$|f(x) - h_f(x)| \leqslant \tilde{c}_3N^{-r},$$

其中 $\tilde{c}_3$ 为与 m, N 无关的常数. 定理得证. $\qquad\square$

定理 4.2 的证明是先用全连接神经网络的 "平方门" 性质证明全连接神经网络可以逼近 $\|x\|_2^2$, 再利用定理 4.1 的结论即可.

定理 4.2 的证明　因为 $f \in W^\diamond$, 所以存在 $g \in \mathrm{Lip}^{(r,c_0)}(\mathbb{I})$ 使得 $f(x) = g(\|x\|_2^2)$. 特别地, 存在仅依赖于 g 的常数 c' 使得

$$|g(t) - g(t')| \leqslant c'|t - t'|.$$

由命题 4.1 知, 存在一个 m 层、$\mathcal{O}(m^2)$ 个非零参数的全连接神经网络 f_m 使得

$$\left| \|x\|_2^2 - \sum_{j=1}^d f_m(x^{(j)}) \right| \leqslant d2^{-2m-2}, \qquad \forall x \in \mathbb{B}^d.$$

取 m 足够大使得 $d2^{-2m-2} \leqslant 1$, 我们有

$$\left| g(\|x\|_2^2) - g\left(\sum_{j=1}^d f_m(x^{(j)}) \right) \right| \leqslant c'd2^{-2m-2}, \qquad \forall x \in \mathbb{B}^d.$$

再由定理 4.1 可知, 存在一个 $\mathcal{O}(\log n)$ 层、$\mathcal{O}(n \log n)$ 个参数的全连接神经网络 h_g 满足

$$\|g - h_g\|_{L^\infty(\mathbb{I})} \leqslant c_1 n^{-r}. \tag{4.29}$$

定义 $H_f = h_g(f_m)$, 则 H_f 是一个 $\mathcal{O}(m + \log n)$ 层、$\mathcal{O}(n \log n + m^2)$ 个非零参数的全连接神经网络, 且有

$$|f(x) - H_f(x)| \leqslant c'd2^{-2m-2} + c_1 n^{-r}.$$

令 $2^{-2m} = n^{-r}$, 可得定理 4.2 成立. 　　　　　　　　　　　　　　　□

定理 4.3 的证明方法是利用全连接神经网络的定位性质来构造网络使其能够很好地逼近特定区域的指示函数, 再利用定理 4.1 的结论. 为此, 我们需要引入如下记号. 对 $\mathbb{I}^d$ 的立方体分割 $\{A_j\}_{j=1}^{N^d}$, 记 $\tilde{A}_{j,\tau} := \zeta_j + [-1/(2N) - \tau, 1/(2N) + \tau]^d \cap \mathbb{I}^d$, 其中 $\zeta_j := \left(\zeta_j^{(1)}, \cdots, \zeta_j^{(d)} \right)$, 易知 $A_j \subset \tilde{A}_{j,\tau}$. 定义

$$\mathcal{N}_{1,N,\zeta_j,\tau}(x) = \sigma\left(\sum_{\ell=1}^d T_{\tau, \zeta_j^{(\ell)} - \frac{1}{2N}, \zeta_j^{(\ell)} + \frac{1}{2N}}\left(x^{(\ell)} \right) - (d-1) \right). \tag{4.30}$$

下述引理可由命题 4.1 直接导出.

> **引理 4.3　局部逼近引理**
>
> 令 $0 < \tau \leqslant 1$. 则对任意的 $x \in \mathbb{I}^d$ 及 $j \in \{1, \cdots, N^d\}$, 成立 $|\mathcal{N}_{1,N,\zeta_j,\tau}(x)| \leqslant 1$ 及
>
> $$\mathcal{N}_{1,N,\zeta_j,\tau}(x) = \begin{cases} 0, & x \notin \tilde{A}_{j,\tau}, \\ 1, & x \in A_j. \end{cases} \tag{4.31}$$

由此, 我们可证明定理 4.3 如下.

定理 4.3 的证明　对任意的 $f \in \mathrm{Lip}^{(r,c_0,N^d)}$, 存在满足 $g_j \in \mathrm{Lip}^{(r,c_0)}(A_j)$ 的集合 $\{g_j\}_{j=1}^{N^d}$ 使得 $f = \sum\limits_{j=1}^{N^d} g_j(x)\mathcal{I}_{A_j}(x)$. 对任意的 $g_j \in \mathrm{Lip}^{(r,c_0)}(A_j)$, 由定理 4.1 可知存在 $\mathcal{O}(\log n)$ 层、$\mathcal{O}(n \log n)$ 个参数的全连接神经网络 h_{g_j} 使得

$$\|g_j - h_{g_j}\|_{C(A_j)} \leqslant c_1 n^{-r/d}. \tag{4.32}$$

定义

$$h_3 = \sum_{j=1}^{N^d} (c_1 + \|g_j\|_{C(A_j)}) \tilde{\times}_2 (h_{g_j}/(c_1 + \|g_j\|_{C(A_j)}), \mathcal{N}_{1,N,\zeta_j,\tau}). \tag{4.33}$$

则对任意的 $1 \leqslant p < \infty$, 均成立

$$\begin{aligned}
\|f - h_3\|_{L_p(\mathbb{I}^d)} &\leqslant \left\| f - \sum_{j=1}^{N^d} h_{g_j} \mathcal{I}_{A_j}(x) \right\|_{L_p(\mathbb{I}^d)} \\
&+ \left\| \sum_{j=1}^{N^d} h_{g_j} \mathcal{I}_{A_j} - \sum_{j=1}^{N^d} h_{g_j} \mathcal{N}_{1,N,\zeta_j,\tau} \right\|_{L_p(\mathbb{I}^d)} \\
&+ \left\| \sum_{j \in \Lambda_s} h_{g_j} \mathcal{N}_{1,N,\zeta_j,\tau} - h_3 \right\|_{L_p(\mathbb{I}^d)} := J_1 + J_2 + J_3.
\end{aligned} \tag{4.34}$$

欲估计 J_1, 由 (4.32) 可得

$$J_1 = \left(\int_{\mathbb{I}^d} \left| \sum_{j=1}^{N^d} (g_j(x)\mathcal{I}_{A_j}(x) - h_{g_j}(x)\mathcal{I}_{A_j}(x)) \right|^p dx \right)^{1/p}$$

$$= \sum_{j=1}^{N^d} \left(\int_{\mathbb{I}^d} |g_j(x) - h_{g_j}(x)|^p \mathcal{I}_{A_j}(x) dx \right)^{1/p}$$

$$= \sum_{j=1}^{N^d} \left(\int_{A_j} |g_j(x) - h_{g_j}(x)|^p dx \right)^{1/p}$$

$$\leqslant c_1 n^{-r/d} \sum_{j=1}^{N^d} \left(\int_{A_j} dx \right)^{1/p}$$

$$= c_1 n^{-r/d} N^{d(1-1/p)}.$$

欲估计 J_2, 我们可由 $|N_{1,N,\zeta_j,\tau}(x)| \leqslant 1$, (4.31) 及 (4.32) 得到

$$J_2 = \left(\int_{\mathbb{I}^d} \left| \sum_{j=1}^{N^d} h_{g_j}(x) \mathcal{I}_{A_j}(x) - \sum_{j \in \Lambda_s} h_{g_j}(x) \mathcal{N}_{1,N,\zeta_j,\tau}(x) \right|^p dx \right)^{1/p}$$

$$\leqslant \sum_{j=1}^{N^d} \left(\int_{\mathbb{I}^d} |h_{g_j}(x)| |\mathcal{I}_{A_j}(x) - \mathcal{N}_{1,N,\zeta_j,\tau}(x)|^p dx \right)^{1/p}$$

$$\leqslant (c_1 + \max_j \|g_j\|_{C(A_j)}) \sum_{j=1}^{N^d} \left(\int_{\mathbb{I}^d} |\mathcal{I}_{A_j}(x) - \mathcal{N}_{1,N,\zeta_j,\tau}(x)|^p dx \right)^{1/p}$$

$$\leqslant (c_1 + c_2) \sum_{j=1}^{N^d} \left(\int_{\tilde{A}_{j,\tau} \setminus A_j} dx \right)^{1/p}$$

$$\leqslant (c_1 + c_2) N^d \left[(2\tau + 1/N)^d - 1/N^d \right]^{1/p}$$

$$\leqslant (c_1 + c_2) N^d \left(2d\tau N^{1-d} \right)^{1/p},$$

其中 $c_2 = \max_j \|g_j\|_{C(A_j)}$. 现在我们来估计 J_3. 由 $|N_{1,N,\zeta_j,\tau}(x)| \leqslant 1$ 及推论 4.1 可知

$$J_3 = \left(\int_{\mathbb{I}^d} \left| \sum_{j=1}^{N^d} h_{g_j}(x) \mathcal{N}_{1,N,\zeta_j,\tau}(x) - h_3(x) \right|^p dx \right)^{1/p}$$

$$\leqslant (c_1 + c_2) \sum_{j=1}^{N^d} \left(\int_{\mathbb{I}^d} |\mathcal{N}_{1,N,\zeta_j,\tau}(x) h_{g_j}(x) / (c_1 + \|g_j\|_{C(A_j)}) \right.$$

$$-\tilde{\times}_2(h_{g_j}(x)/(c_1+\|g_j\|_{C(A_j)}),\mathcal{N}_{1,N,\zeta_j,\tau}(x))|^p dx\Big)^{1/p}$$

$$\leqslant 6(c_1+c_2)N^d 2^{-m}.$$

因此 (4.34) 意味着

$$\|f-h_3\|_{L_p(\mathbb{I}^d)} \leqslant 2c_1 n^{-r/d}N^{d(1-1/p)}+(c_1+c_2)N^d\left(2d\tau N^{1-d}\right)^{1/p}+6(c_1+c_2)N^d 2^{-m}.$$

令 $\tau = N^{-1}n^{-pr/d}$ 及 $m \sim \log(nN)$, 有

$$\|f-h_3\|_{L_p(\mathbb{I}^d)} \leqslant c_3 N^{d(1-1/p)}n^{-r/d},$$

其中 $c_3 := 2c_1 + (2d)^{1/p}(c_1+c_2) + 6(c_1+c_2)$. 注意到 (4.33), 易知 h_3 是深度为 $\mathcal{O}(\log(Nn))$、自由参数个数为 $\mathcal{O}(N^d n\log n)$ 的深度全连接神经网络. 定理得证. $\qquad\qquad\square$

定理 4.5 的证明核心思路与上述定理相仿, 都是利用全连接神经网络的定位性质构造神经网络逼近某个区域的指示函数, 再构造神经网络逼近光滑函数. 其证明需要如下几个引理. 对任意的 $N^* \in \mathbb{N}$, 将 $\mathbb{I}^d$ 分割为 $(N^*)^d$ 个边长为 $1/N^*$, 中心为 $\{\xi_k\}_{k=1}^{(N^*)^d}$ 的子立方体 $\{B_k\}_{k=1}^{(N^*)^d}$. 对任意的 $\tau > 0$, 记 $\tilde{B}_{k,\tau} := [\xi_k + [-1/(2N^*)-\tau, 1/(2N^*)+\tau]^d] \cap \mathbb{I}^d$. 显然有 $B_k \subset \tilde{B}_{k,\tau}$. 定义局部化 Taylor 多项式如下:

$$\mathcal{N}_{2,N^*,\tau}(x) := \sum_{k=1}^{(N^*)^d} p_{u,\xi_k,f}(x)\mathcal{N}_{1,N^*,\xi_k,\tau}(x), \tag{4.35}$$

其中 $\mathcal{N}_{1,N^*,\xi_k,\tau}$ 为式 (4.30) 所定义的神经网络. 下述引理表明了局部化 Taylor 多项式对光滑且空间稀疏函数的逼近性质.

引理 4.4　局部化 Taylor 多项式的位置抓取能力

令 $N, s \in \mathbb{N}$, $r > 0, c_0 > 0$, $1 \leqslant p < \infty$ 及 $N^* \geqslant 4N$. 若 $f \in \text{Lip}^{(r,c_0)}(\mathbb{I}^d) \cap SS^{(N^d,s)}$, 则对任意的 $0 < \tau \leqslant \dfrac{s}{2N^d(N^*)^{1+pr}}$, 均成立

$$\|f-\mathcal{N}_{2,N^*,\tau}\|_{L_p(\mathbb{I}^d)} \preceq (N^*)^{-r}\left(\frac{s}{N^d}\right)^{1/p} \tag{4.36}$$

及

$$\|\mathcal{N}_{2,N^*,\tau}\|_{C(\mathbb{I}^d)} \preceq 1. \tag{4.37}$$

证明　由于 $\mathbb{I}^d = \bigcup_{k=1}^{(N^*)^d} B_k$, 故对任一 $x \in \mathbb{I}^d$, 令 k_x 为满足 $x \in B_{k_x}$ 的最小 k, 易知如上所定义的 k_x 是唯一的. 由 (4.35) 和 (4.31) 可得

$$f(x) - \mathcal{N}_{2,N^*,\tau}(x) = f(x) - \sum_{k=1}^{(N^*)^d} p_{u,\xi_k,f}(x)\mathcal{N}_{1,N^*,\xi_k,\tau}(x)$$

$$= f(x) - p_{u,\xi_{k_x},f}(x)\mathcal{N}_{1,N^*,\xi_{k_x},\tau}(x) - \sum_{k \neq k_x} p_{u,\xi_k,f}(x)\mathcal{N}_{1,N^*,\xi_k,\tau}(x)$$

$$= f(x) - p_{u,\xi_{k_x},f}(x) - \sum_{k \neq k_x} p_{u,\xi_k,f}(x)\mathcal{N}_{1,N^*,\xi_k,\tau}(x).$$

故有

$$\left\| f - \mathcal{N}_{2,N^*,\tau} \right\|_{L_p(\mathbb{I}^d)} \leqslant \left\| f - p_{u,\xi_{k_x},f} \right\|_{L_p(\mathbb{I}^d)} + \left\| \sum_{k \neq k_x} p_{u,\xi_k,f}(x)\mathcal{N}_{1,N^*,\xi_k,\tau}(x) \right\|_{L_p(\mathbb{I}^d)}. \tag{4.38}$$

我们先估计上述式子的第一项. 对任意的 $j \in \Lambda_s$, 定义

$$\tilde{\Lambda}_j := \{k \in \{1, \cdots, (N^*)^d\} : B_k \cap A_j \neq \varnothing\}. \tag{4.39}$$

由于 $\{A_j\}_{j=1}^{N^d}$ 和 $\{B_k\}_{k=1}^{(N^*)^d}$ 均为 $\mathbb{I}^d$ 的立方体分割且 $N^* \geqslant 4N$, 所以

$$|\tilde{\Lambda}_j| \leqslant \left(\frac{N^*}{N} + 2 \right)^d \leqslant \left(\frac{2N^*}{N} \right)^d, \qquad \forall j \in \Lambda_s. \tag{4.40}$$

注意到 (4.39), 我们有

$$\mathbb{I}^d \subseteq \left[\bigcup_{j \in \Lambda_s} \left(\bigcup_{k \in \tilde{\Lambda}_j} B_k \right) \right] \bigcup \left[\left(\bigcup_{k \in \{1, \cdots, (N^*)^d\} \setminus (\cup_{j \in \Lambda_s} \tilde{\Lambda}_j)} B_k \right) \right]. \tag{4.41}$$

从而

$$\left\| f - p_{u,\xi_{k_x},f} \right\|_{L_p(\mathbb{I}^d)}^p = \left[\int_{\mathbb{I}^d} \left| f(x) - p_{u,\xi_{k_x},f}(x) \right|^p dx \right] \tag{4.42}$$

$$\leqslant \left[\left[\sum_{j \in \Lambda_s} \sum_{k \in \tilde{\Lambda}_j} + \sum_{k \in \{1, \cdots, (N^*)^d\} \setminus (\cup_{j \in \Lambda_s} \tilde{\Lambda}_j)} \right] \int_{B_k} \left| f(x) - p_{u,\xi_{k_x},f}(x) \right|^p dx \right].$$

再一次运用 (4.39) 可知, 对任意 $k \in \{1, \cdots, (N^*)^d\} \backslash (\cup_{j \in \Lambda_s} \tilde{\Lambda}_j)$, 均有 $B_k \cap S = \varnothing$. 结合 (4.16) 及 $f \in \mathrm{Lip}^{(r,c_0)}(\mathbb{I}^d) \cap SS^{(N^d,s)}$, 可知对任意 $x \in B_k$ 均成立 $f(x) = p_{u,\xi_{k_x},f}(x) = 0$, 因此

$$\sum_{k \in \{1, \cdots, (N^*)^d\} \backslash (\cup_{j \in \Lambda_s} \tilde{\Lambda}_j)} \int_{B_k} \left| f(x) - p_{u,\xi_{k_x},f}(x) \right|^p dx = 0. \tag{4.43}$$

由 $f \in \mathrm{Lip}^{(r,c_0)}(\mathbb{I}^d) \cap SS^{(N^d,s)}$、引理 4.1 及 (4.40) 可导出

$$\sum_{j \in \Lambda_s} \sum_{k \in \tilde{\Lambda}_j} \int_{B_k} \left| f(x) - p_{u,\xi_{k_x},f}(x) \right|^p dx$$

$$\leqslant c_1^p \sum_{j \in \Lambda_s} \sum_{k \in \tilde{\Lambda}_j} \int_{B_k} \| x - \xi_{k_x} \|_{C(B_k)}^{pr} dx \leqslant c_1^p 2^d d^{pr/2} (N^*)^{-pr} \frac{s}{N^d}. \tag{4.44}$$

将 (4.44) 及 (4.43) 代入 (4.42), 可得

$$\left\| f - p_{u,\xi_{k_x},f} \right\|_{L_p(\mathbb{I}^d)} \leqslant c_1 2^{d/p} d^{r/2} (N^*)^{-r} \left(\frac{s}{N^d} \right)^{1/p}. \tag{4.45}$$

现来估计 (4.38) 的第二项. 对任意的 $k' \in \{1, \cdots, (N^*)^d\}$, 定义

$$\Xi_{k'} := \{ k \in \{1, \cdots, (N^*)^d\} : \tilde{B}_{k,\tau} \cap B_{k'} \neq \varnothing, k \neq k' \}. \tag{4.46}$$

由于 $0 < \tau \leqslant \dfrac{1}{2N^*}$, 易证

$$|\Xi_{k'}| \leqslant 3^d - 1, \qquad \forall\, k' \in \{1, \cdots, (N^*)^d\}. \tag{4.47}$$

注意到

$$\left\| \sum_{k \neq k_x} p_{u,\xi_k,f}(x) \mathcal{N}_{1,N^*,\xi_k,\tau}(x) \right\|_{L_p(\mathbb{I}^d)}^p$$

$$\leqslant \sum_{k'=1}^{(N^*)^d} \int_{B_{k'}} \left| \sum_{k \neq k_x} p_{u,\xi_k,f}(x) \mathcal{N}_{1,N^*,\xi_k,\tau}(x) \right|^p dx, \tag{4.48}$$

由 (4.46), (4.47), (4.31) 及 $|\mathcal{N}_{1,N^*,\xi_k,\tau}(x)| \leqslant 1$ 可得

$$\int_{B_{k'}} \left| \sum_{k \neq k_x} p_{u,\xi_k,f}(x) \mathcal{N}_{1,N^*,\xi_k,\tau}(x) \right|^p dx = \int_{B_{k'}} \left| \sum_{k \in \Xi_{k'}} p_{u,\xi_k,f}(x) \mathcal{N}_{1,N^*,\xi_k,\tau}(x) \right|^p dx$$

$$\leqslant \max_{1\leqslant k\leqslant (N^*)^d} \|p_{u,\xi_k,f}\|_{C(\mathbb{I}^d)}^p \sum_{\ell\in\Xi_{k'}} \int_{\tilde{B}_{\ell,\tau}\cap B_{k'}} \left|\sum_{k\in\Xi_{k'}} \mathcal{N}_{1,N^*,\xi_k,\tau}(x)\right|^p dx$$

$$\leqslant 3^{dp} \max_{1\leqslant k\leqslant (N^*)^d} \|p_{u,\xi_k,f}\|_{C(\mathbb{I}^d)}^p \sum_{\ell\in\Xi_{k'}} \int_{\tilde{B}_{\ell,\tau}\cap B_{k'}} dx.$$

然而 $k'\notin\Xi_{k'}$ 意味着对任意的 $\ell\in\Xi_{k'}$, 均有

$$\int_{\tilde{B}_{\ell,\tau}\cap B_{k'}} dx \leqslant (1/N^* + 2\tau)^d - (1/N^*)^d \leqslant 2d\tau(N^*)^{1-d}. \tag{4.49}$$

因此

$$\int_{B_{k'}} \left|\sum_{k\neq k_x} p_{u,\xi_k,f}(x)\mathcal{N}_{1,N^*,\xi_k,\tau}(x)\right|^p dx$$

$$\leqslant 2d3^{d(p+1)} \max_{1\leqslant k\leqslant (N^*)^d} \|p_{u,\xi_k,f}\|_{C(\mathbb{I}^d)}^p \tau(N^*)^{1-d}.$$

将上式代入 (4.48), 由 $0 < \tau \leqslant (N^*)^{-1-pr}\left(\dfrac{s}{2N^d}\right)$ 可得

$$\left\|\sum_{k\neq k_x} p_{u,\xi_k,f}(x)\mathcal{N}_{1,N^*,\xi_k,\tau}(x)\right\|_{L_p(\mathbb{I}^d)}$$

$$\leqslant d^{1/p}3^{2d} \max_{1\leqslant k\leqslant (N^*)^d} \|p_{u,\xi_k,f}\|_{C(\mathbb{I}^d)}(N^*)^{-r}\left(\frac{s}{N^d}\right)^{\frac{1}{p}}. \tag{4.50}$$

再将 (4.45) 及 (4.50) 代入 (4.38), 并注意到 (4.17) 及

$$\max_{1\leqslant k\leqslant (N^*)^d} \|p_{u,\xi_k,f}\|_{C(\mathbb{I}^d)} \leqslant \|f\|_{C(\mathbb{I}^d)} + c_1 d^{r/2},$$

我们有

$$\|f - \mathcal{N}_{2,N^*,\tau}\|_{L_p(\mathbb{I}^d)} \leqslant c_2 (N^*)^{-r}\left(\frac{s}{N^d}\right)^{1/p},$$

其中 $c_3 := c_1 2^{d/p} d^{r/2} + d^{1/p}3^{2d}(\|f\|_{C(\mathbb{I}^d)} + c_1 d^{r/2})$. 由此 (4.36) 证毕. 我们现在来证 (4.37). 首先, (4.35) 及 (4.31) 表明对任意的 $x\in\mathbb{I}^d$ 均有

$$\mathcal{N}_{2,N^*,\tau}(x) = \sum_{k=1}^{(N^*)^d} p_{u,\xi_k,f}(x)\mathcal{N}_{1,N^*,\xi_k,\tau}(x) = \sum_{k:\tilde{B}_{k,\tau}\cap B_{k_x}\neq\varnothing} p_{u,\xi_k,f}(x)\mathcal{N}_{1,N^*,\xi_k,\tau}(x).$$

因为 $0 < \tau \leqslant 1/(2N^*)$, 由 (4.47) 及 $0 \leqslant \mathcal{N}_{1,N^*,\xi_k,\tau}(x) \leqslant 1$ 可知

$$|\mathcal{N}_{2,N^*,\tau}(x)| \leqslant 3^d(\|f\|_{L^\infty(\mathbb{I}^d)} + c_1 d^{r/2}) =: c_4, \qquad \forall x \in \mathbb{I}^d.$$

引理 4.4 证毕. □

上述引理结合推论 4.1, 我们可导出如下引理.

引理 4.5 深度全连接神经网络对空间稀疏函数的逼近

令 $N, s \in \mathbb{N}$, $r > 0, c_0 > 0$, $1 \leqslant p < \infty$ 及 $N^* \geqslant 4N$. 若 $f \in \mathrm{Lip}^{(r,c_0)}(\mathbb{I}^d) \cap SS^{(N^d,s)}$, 则存在 $\mathcal{O}(\log N^*)$ 层、N^* 个神经元的深度全连接神经网络 $\mathcal{N}_3$ 使得

$$\|f - \mathcal{N}_3\|_{L_p(\mathbb{I}^d)} \preceq (N^*)^{-r}\left(\frac{s}{N^d}\right)^{1/p} \tag{4.51}$$

$$\|\mathcal{N}_3\|_{C(\mathbb{I}^d)} \preceq 1. \tag{4.52}$$

证明　该引理的证明与定理 4.1 的证明相仿. 可将式 (4.35) 中的 $\mathcal{N}_{2,N^*,\tau}$ 改写为

$$\mathcal{N}_{2,N^*,\tau}(x) = \sum_{k=1}^{(N^*)^d} \sum_{\alpha:|\alpha|\leqslant u} a_{k,\alpha}\mathcal{N}_{1,N^*,\xi_k,\tau}(x)x^\alpha, \tag{4.53}$$

其中 $|a_{k,\alpha}| \leqslant \tilde{B}$. 则对任意固定的满足 $|\alpha| \leqslant u$ 的 α 及 $k \in \{1, \cdots, (N^*)^d\}$, 可得

$$\mathcal{N}_{1,N^*,\xi_k,\tau}(x)x^\alpha = \overbrace{x^{(1)}\cdots x^{(1)}}^{\alpha_1}\cdots\overbrace{x^{(d)}\cdots x^{(d)}}^{\alpha_d}\overbrace{1\cdots 1}^{u-|\alpha|}\mathcal{N}_{1,N^*,\xi_k,\tau}(x).$$

推论 4.1 表明对足够大的 m 及 $v_1, \cdots, v_{u+1} \in [0,1]$, 存在 m 层, $\mathcal{O}(um^2)$ 个自由参数的全连接神经网络 $\tilde{\times}_{u+1,m}$ 使得

$$|v_1 v_2 \cdots v_{u+1} - \tilde{\times}_{u+1,m}(v_1, \cdots, v_{u+1})| \leqslant 3u2^{-m}. \tag{4.54}$$

定义

$$\mathcal{N}_3(x) := \sum_{k=1}^{(N^*)^d} \sum_{\alpha:|\alpha|\leqslant s} a_{k,\alpha}\tilde{\times}_{s+1,m}\big(\mathcal{N}_{1,N^*,\xi_k,\tau}(x), \tag{4.55}$$

$$\overbrace{x^{(1)}, \cdots, x^{(1)}}^{\alpha_1}, \cdots, \overbrace{x^{(d)}, \cdots, x^{(d)}}^{\alpha_d}, \overbrace{1, \cdots, 1}^{s-|\alpha|}\big). \tag{4.56}$$

易知 $\mathcal{N}_3$ 是一个 $\mathcal{O}(m)$ 层、$\mathcal{O}(m^2 N^*)$ 个自由参数的全连接神经网络, 且 (4.52) 成立. 由 (4.55), (4.54) 及 (4.53) 可知, 对任意的 $x \in \mathbb{I}^d$ 均成立

$$
\begin{aligned}
|\mathcal{N}_{2,N^*,\tau}(x) - N_3(x)| &\leqslant \sum_{k=1}^{(N^*)^d} \sum_{\boldsymbol{\alpha}:|\boldsymbol{\alpha}|\leqslant u} |a_{k,\boldsymbol{\alpha}}| 3u2^{-m} \\
&\leqslant (N^*)^d \begin{pmatrix} u+d \\ d \end{pmatrix} \tilde{B} 3u2^{-m}.
\end{aligned}
$$

注意到 $N^* \geqslant 4N$, 并令

$$
2^{-m} = (N^*)^{-r-d} \left(\frac{s}{N^d} \right)^{1/p},
$$

易得 $m = \mathcal{O}(\log(N^*))$, 从而上式结合引理 4.4 可证 (4.51). 由此引理 4.5 得证. □

定理 4.5 的证明　　基于引理 4.5、定理 3.6 及定理 3.2, 用定理 3.5 的证明方法即可证明定理 4.5 的上界, 而定理 4.5 的下界的证明较为烦琐, 有兴趣的读者可参阅文献 [23]. 定理 4.5 证毕. □

4.6　文 献 导 读

深度全连接神经网络的逼近和学习性质是神经网络研究的重要课题, 有众多的文献聚焦深度全连接神经网络的稠密性、复杂性及泛化性问题. 特别地, 当激活函数为 k 阶 Sigmoid 函数 ($k \geqslant 2$) 时, 文献 [100] 表明加深网络可以解决神经网络逼近的饱和性问题; 文献 [59] 证明了该类网络在特定的学习任务中 (回归函数由分层叠加模型生成) 能达到最优泛化阶. 当激活函数为 Sigmoid 函数时, 文献 [77] 证明了深度全连接神经网络能同时提取数据的光滑性及空间稀疏性特征, 进而在逼近光滑且空间稀疏的函数时能达到近似最优逼近阶和最优泛化性等.

随着深度学习的兴起, 更多的理论聚焦于深度 ReLU 网络的逼近与学习性能. 由于 ReLU 函数是不光滑的, 光滑性无法通过对 ReLU 函数的简单复合得到增强, 即若 σ 为 ReLU 函数, $\sigma \circ \sigma$ 的光滑性是与 σ 的光滑性一致的, 这完全不同于其他的激活函数. 以 $\sigma_2(t) = t_+^2$ 为例, 我们知道 σ_2 为一阶可导函数, 但是 $\sigma_2 \circ \sigma_2$ 为三阶可导函数. 所以通过加深网络, 以 σ_2 为激活函数的神经网络自然能克服饱和问题. 文献 [124, 130] 通过精巧的构造, 证明了虽然 ReLU 函数的简单复合不能增加其光滑性, 但是只要深度达到特定的要求, 通过全连接的方式可使相应的神经网络较好地逼近平方函数, 进而逼近乘积函数, 乃至很好地克服神经网络逼近的饱和性问题. 命题 4.1、命题 4.2 与定理 4.2 均摘自文献 [124, 130]. 同时, 以 ReLU 函数为激活函数,

文献 [119] 证明了深度全连接神经网络可以实现局部流形学习; 文献 [60] 证明了深度全连接神经网络可以逼近分层叠加模型; 文献 [99] 证明了深度全连接神经网络可以逼近组合函数; 文献 [118] 证明了深度全连接神经网络在提取局部化频率信息时具有较好的性能; 文献 [23] 表明两层全连接神经网络可以实现空间场的局部逼近, 特别地, 命题 4.3 便是摘自文献 [23]. 上述文献不仅从多个角度证明了深度全连接神经网络的优越性, 更重要的是, 为进一步分析深度神经网络的优点提供了理论分析工具. 特别地, 定理 4.2 与定理 4.3 就是采用了上述文献所建立的 "平方门"、"乘积门" 及局部逼近性质并通过简单推导得到的. 从函数逼近的角度, 文献 [46] 证明了使深度全连接神经网络具有万有逼近性质的充要条件是其宽度至少为 $d+1$. 关于这方面, 有兴趣的读者可参见 Boris Hanin 教授及其合作者的论文.

如果仅从逼近的角度, 加深全连接神经网络并不会带来额外的劣势, 然而从学习的角度来看, 注意到定理 3.2, 纵使总参数个数不变, 加深神经网络会带来容量的本质变化. 因此, 从逼近到学习, 我们不仅需要深度全连接神经网络具有较好的逼近性能, 还需要阐明这种较好的性能不是建立在极大的深度代价下取得的. 文献 [60] 表明, 若回归函数具有多层结构 (层数为常数), 那么取同样深的深度全连接神经网络可以达到最优泛化阶; 文献 [117] 证明了若回归函数是某些函数的复合, 那么通过较浅的深度全连接神经网络也可以达到最优泛化阶. 关于这方面的成果很多, 我们就不一一赘述了. 有兴趣的读者可参见文献 [23,62,63]. 总体而言, 应用本书的定理 3.2、定理 3.6 及相应的逼近结果, 我们较为容易推导出其泛化误差.

最后我们对本章的论述作一个简单的总结.

本章总结

- 方法论层面: 本章聚焦深度神经网络的适用性问题与数据规模问题. 关于适用性问题, 我们证明在统一的网络结构下, 深度全连接神经网络可适用于多种不同的特征提取及逼近问题, 这是浅层神经网络及其他神经网络结构较难做到的. 关于数据规模问题, 本章表明数据包含隐式特征 (比如空间稀疏性) 和显式特征 (比如光滑性), 其中隐式特征需要通过大规模数据去抓取, 而显式特征与数据规模无关. 当样本规模较小时, 深度神经网络和浅层神经网络一样无法抓取隐式特征. 然而随着样本量的增加, 数据的隐式特征逐渐呈现, 此时, 深度神经网络对隐式特征的抓取能力使其本质上优于经典的浅层神经网络.

- 分析技术层面: 本章提供了如何利用深度神经网络的简单性质证明其可以逼近复杂目标函数的统一方法. 为此, 读者需要熟练掌握深度神经网络的 "平方门"、"卷积门" 及定位性质.

第 5 章　深度稀疏连接神经网络的学习理论

本章导读

方法论: 深度的选择问题.

分析技术: 稀疏连接神经网络的深度-参数平衡及稀疏连接神经网络的构造.

在第 4 章, 我们以深度全连接神经网络为例讲述了深度的适用性问题与数据规模问题. 本章, 我们以深度稀疏连接神经网络为媒介, 介绍深度的选择问题. 本章的主要内容包括三个方面: 其一, 我们讨论使用稀疏连接神经网络研究深度选择问题的必要性并介绍稀疏连接神经网络的重要性质; 其二, 我们从逼近和学习两个角度探究深度稀疏连接神经网络中深度的选择问题; 其三, 由于稀疏连接神经网络的结构未定, 如何构造特定的网络结构实现其理论功能是重中之重, 为此, 我们构造了一类能达到某种最优泛化性的稀疏连接神经网络. 本章的主要分析技术是基于覆盖数的深度-参数平衡原理以及用局部化方法证明本质泛化阶.

5.1　稀疏连接神经网络

在讲述深度选择问题之前, 我们先从函数逼近、优化与学习理论三个角度阐述全连接神经网络的局限性.

(1) 函数逼近的角度: 虽然第 4 章的理论结果表明在逼近径向光滑函数或者空间稀疏函数等较为复杂的函数时, 深度全连接神经网络相较浅层神经网络具有更好的逼近性能, 但是在逼近较为简单的函数时全连接神经网络往往无法达到最优的逼近性能. 以定理 4.1 为例, 在逼近光滑函数时, 全连接神经网络的逼近性能略弱于多项式的逼近性能, 因为式 (4.29) 需要 $\mathcal{O}(n\log n)$ 个参数才能达到 $\mathcal{O}(n^{-r/d})$ 的逼近阶, 而多项式只需要 n 个参数即可. 造成深度全连接神经网络这一缺点的主要原因在于全连接的方式使得很多本该无关的神经元被强制连接, 从而导致全连接神经网络的参数过多, 在一定程度上造成了资源浪费.

(2) 优化的角度: 本书所构建的全连接神经网络的深度与逼近或者学习的精度相关, 当精度极小时, 我们往往需要较深的全连接神经网络. 然而当网络加深时, 由于 ReLU 函数耦合了非线性运算, 分析求解 (4.6) 的优化算法 (比如 SGD) 的收敛性通常会变得比较困难. 这里的收敛性是指: ① 算法在什么时候 (在什么条件下) 收敛? ② 算法最终收敛到什么地方? 该优化问题的全局极小值 点, 还是局部极小值点, 抑或某个鞍点? ③ 算法的收敛速度有多快? ④ 算法收 敛点的泛化误差如何? 现有的基于优化的理论结果表明, 算法的收敛条件强烈 依赖于全连接神经网络的深度且随着深度的增加呈现出越来越难收敛的现象. 这导致人们很难通过常用的 SGD、Adam 等优化算法去实现深度全连接神经网 络的理论优势.

(3) 学习理论的角度: 注意到定理 3.2, 网络的深度和参数个数在控制假设空 间的容量方面起着类似的作用. 也就是说, 对参数个数相同的两个神经网络, 越深 的网络所对应的假设空间的容量 (覆盖数) 往往越大, 从而导致经验风险极小化算 法 (4.6) 对应的样本误差越大, 这往往影响其泛化性.

基于上述原因, 本节考虑深度稀疏连接神经网络. 由于深度神经网络的学习 性能依赖于深度、宽度、连接方式、权共享机制等不同的网络结构因素, 而稀疏连 接神经网络能在理论上最大限度地嵌入先验信息, 进而增强深度神经网络的可解 释性及泛化性能, 因此对于某些特定的学习问题, 深度稀疏连接神经网络要远好 于深度全连接神经网络. 为此, 我们先介绍稀疏连接神经网络的四个要素: 权共享 机制、稀疏连接、宽度及深度.

◇ 权共享机制: 如图 5.1(a) 所示, 权共享机制是指神经网络某些结点间拥有 相同的权, 这是稀疏连接神经网络区别于全连接神经网络的一个重要特征. 在全 连接神经网络中, 所有的连接权均为可训练的, 且权与权之间是独立的, 这样的设 置能在一定程度上确保网络的逼近能力, 然而却无法利用先验信息来调整网络结 构. 权共享机制通过设置合适的权共享结点, 有效地减少了参数个数, 并促使深度 神经网络具备了嵌入先验信息的能力.

◇ 稀疏连接: 如图 5.1(b) 所示, 稀疏连接是指在神经网络中, 并非所有 (相邻 层) 的神经元都会进行连接, 这是稀疏连接神经网络的另一重要特征. 与权共享机 制相仿, 稀疏连接也可以嵌入先验信息. 比如用神经网络模拟电商平台中的着装 搭配时 (如图 5.2 所示), 在第二层的男性上衣与第三层的裙子间不会有任何连接, 通过设置稀疏连接可轻松建模此类关系, 这是全连接神经网络做不到的.

◇ 宽度: 在全连接神经网络中, 网络宽度决定了每层可调参数的个数, 从而能 较大程度地反映神经网络所张成的假设空间的容量. 然而在稀疏连接神经网络中, 由于权共享机制及稀疏连接的存在 (如图 5.1(c) 所示), 宽度并不能确定网络中可 调参数的个数, 导致其在学习过程中的重要性大大降低了.

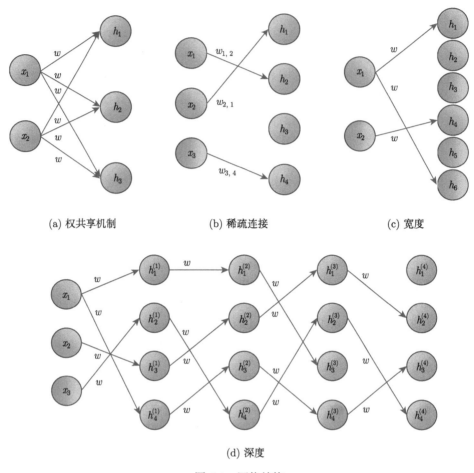

(a) 权共享机制　　　　　　　(b) 稀疏连接　　　　　　　(c) 宽度

(d) 深度

图 5.1　网络结构

◇ 深度: 前面关于深度的必要性研究表明深度不管在全连接神经网络还是稀疏连接神经网络中都起着至关重要的作用. 需要强调的是, 由于权共享机制的存在, 在稀疏连接神经网络中, 具有同样神经元个数的深度神经网络所张成的假设空间的容量未必大于浅层神经网络所张成的假设空间的容量. 比如图 5.1(d) 所示的深度稀疏连接神经网络只有一个参数, 其空间容量未必严格大于具有相同神经元个数的浅层网络.

由上可知, 虽然同为深度神经网络, 稀疏连接神经网络不管是设计理念还是空间大小的影响因素均与全连接神经网络有着较大的区别. 比较细节如表 5.1 所示, 除了同样采用了深度结构外, 深度稀疏连接神经网络与深度全连接神经网络是两种完全不同的逼近工具. 这是因为稀疏连接神经网络可以通过权共享和稀疏连接嵌入数据与任务的先验信息, 其实际的应用范围往往更广. 然而前面章节所建立

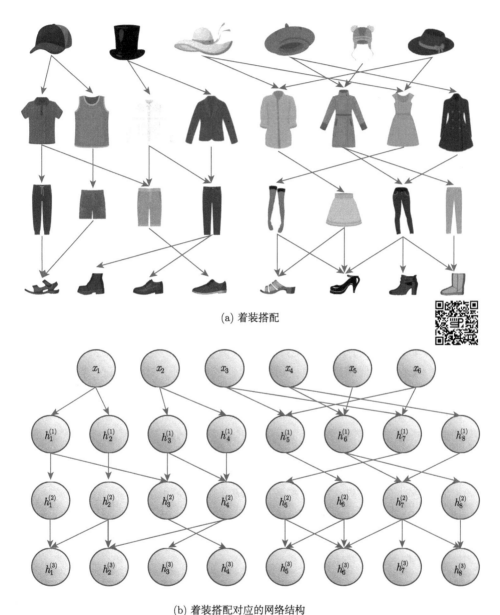

(a) 着装搭配

(b) 着装搭配对应的网络结构

图 5.2 着装搭配以及其对应的网络结构

的关于深度全连接网络优越性的一系列理论无法被直接应用到稀疏连接神经网络中，从而我们需要重塑上述的理论结果，尽管其核心证明有一定的相似性. 需要指出的是, 目前比较常用的稀疏连接神经网络包括卷积神经网络 (我们将在第 6 章仔细讨论此类网络的理论性态)、树状连接神经网络、权共享模块式神经网络等. 在本章, 我们并不关注某类特定结构的稀疏连接神经网络, 更多地, 我们关注通过稀疏连接能否改进全连接神经网络的理论缺点.

表 5.1　稀疏连接神经网络与全连接神经网络的异同

	网络结构	
	全连接神经网络	稀疏连接神经网络
连接方式	全连接	稀疏连接
权共享机制	无	有
参数个数	由深度与宽度决定	由深度、宽度、权共享机制以及稀疏连接决定
空间容量	仅依赖于深度与宽度	依赖于深度、共享机制以及参数个数
相同之处	深度	深度

5.2　深度稀疏连接神经网络的性质

由第 4 章的论述我们知道, 对乘积函数及指示函数的逼近在深度神经网络的逼近中起着非常重要的作用. 虽然我们已经证明了深度全连接神经网络可以逼近这类函数, 但是针对稀疏连接神经网络, 类似的结论还未得到论证. 特别地, 我们更希望理清稀疏连接及权共享机制能对这种逼近带来什么样的变化. 下述命题阐明了深度稀疏连接神经网络对乘积函数的逼近.

> **命题 5.1　稀疏连接神经网络的 "乘积门" 性质**
>
> 令 $\theta > 0$ 及 $\tilde{L} \in \mathbb{N}$ 满足 $\tilde{L} > (2\theta)^{-1}$. 对任意的 $\varepsilon \in (0,1)$, 存在 $2\tilde{L}+8$ 层, $c\varepsilon^{-\theta}$ 个绝对值不超过 $\varepsilon^{-\gamma}$ 的参数的稀疏连接神经网络 $\tilde{\times}_{2,\tilde{L},\varepsilon}$, 使得
>
> $$|uu' - \tilde{\times}_{2,\tilde{L},\varepsilon}(u,u')| \leqslant \varepsilon, \qquad \forall\, u, u' \in [-2, 2],$$
>
> 其中 c, γ 仅与 $\tilde{L}, \theta$ 有关.

上述命题的证明与命题 4.2 的证明相似, 有兴趣的读者可参阅文献 [109], 本书就不再赘述了. 注意到在命题 4.2 中, 若要达到同样的逼近精度 ε, 全连接神经网络需要 $\mathcal{O}(\log 1/\varepsilon)$ 层, 而命题 5.1 指出, 稀疏连接神经网络深度的选择可以完全独立于精度 ε. 这表明通过权共享和稀疏连接我们完全可以放宽全连接神经网络对于深度的要求. 在上述命题中, 我们还需要注意两点: 其一, 该命题同样阐述了深度的必要性, 即网络深度必须大于 $2\tilde{L}+8$, 其中 $\tilde{L} > (2\theta)^{-1}$; 其二, 该命题通

过 θ 的选取, 反映了深度与参数的平衡关系, 即 θ 越小, 需要的参数量越少, 而深度越深; 反之, θ 越大, 需要的参数量越大, 而深度越浅. 通过上述命题, 我们同样可以得到下述关于稀疏连接的多重 "乘积门" 的结果.

命题 5.2   多重 "乘积门": 稀疏连接神经网络

令 $\theta > 0$ 及 $\tilde{L} \in \mathbb{N}$ 满足 $\tilde{L} > (2\theta)^{-1}$. 对任意的 $\ell \in \{2, 3, \cdots\}$ 及 $\varepsilon \in (0, 1)$, 存在 $2\ell\tilde{L} + 8\ell$ 层, $c\ell^\theta \varepsilon^{-\theta}$ 个绝对值不超过 $\ell^\gamma \varepsilon^{-\gamma}$ 的参数的稀疏连接神经网络 $\tilde{\times}_{\ell,\theta,\varepsilon}$, 使得

$$|u_1 u_2 \cdots u_\ell - \tilde{\times}_{\ell,\theta,\varepsilon}(u_1, \cdots, u_\ell)| \leqslant \varepsilon, \quad \forall u_1, \cdots, u_\ell \in [-1, 1],$$

其中 c 与 γ 只与 $\theta, \tilde{L}$ 有关.

由于命题 5.2 的证明依赖于特定的权共享机制, 我们将在后续章节给出证明. 相较于推论 4.1, 命题 5.2 中的结果通过引入 θ 来平衡宽度与深度. 虽然在命题的论述中, 我们仅表明存在性, 但是实际上我们可以构造多种稀疏连接的网络使其满足上述命题, 由于本书更多地关注理论性态, 不得不删去具体的构造. 有兴趣的读者可参考文献 [109] 中的证明.

由命题 4.3 可知, 我们可以构造一个具有两隐藏层、有限个神经元的全连接神经网络很好地逼近指示函数, 从而使得全连接神经网络具备位置抓取功能. 然而命题 4.3 所展示的只是神经网络对某一特定位置的定位能力. 当我们要同时抓取多个位置信息, 或者在一个较大的空间内定位输入的位置时, 所需要的参数量往往是巨大的. 比如我们用全连接神经网络抓取图 4.2 中军舰的位置信息时, 我们至少需要调节 $1600d \times 400 = 640000d$ 个参数 (第一个隐藏层有 $1600d$ 个神经元, 第二个隐藏层有 400 个神经元). 然而如果我们考虑稀疏连接, 如图 5.3(b) 所示, 则可调参数将大大减少.

令 $\{A_j\}_{j=1}^{N^d}$ 为 $\mathbb{I}^d$ 的立方体分割, 其中 ζ_j 为其中心. 对任意的 $\tau > 0$, 定义

$$\mathcal{N}_\tau^*(x) := \sum_{j=1}^{N^d} w_j \mathcal{N}_{1, N, \zeta_j, \tau}(x)$$

$$= \sum_{j=1}^{N^d} w_j \sigma \left(\sum_{\ell=1}^d T_{\tau, \zeta_j^{(\ell)} - \frac{1}{2N}, \zeta_j^{(\ell)} + \frac{1}{2N}} (x^{(\ell)}) - (d-1) \right), \quad (5.1)$$

其中 $T_{\tau, \zeta_j^{(\ell)} - \frac{1}{2N}, \zeta_j^{(\ell)} + \frac{1}{2N}}$ 是由 (4.13) 定义的神经网络, 则 $\mathcal{N}_\tau^*$ 可视为具有图 5.3 (b) 所示的树状结构的神经网络. 注意到在该网络中, 由于其连接结构是稀疏的, 我们

只需调整 $\mathcal{O}(N^d)$ 个参数, 而非全连接神经网络的 $\mathcal{O}(N^{2d})$ 个参数. 由引理 4.5 可直接获得如下命题.

命题 5.3　稀疏连接神经网络的定位性质

令 $0 < \tau \leqslant 1$ 以及 $1 \leqslant p < \infty$. 若 $f = \sum\limits_{j=1}^{N^d} c_j \mathcal{I}_{A_j}$ 满足 $|\{c_j : c_j \neq 0\}| \leqslant s$, $|c_j| \leqslant C$ 及 $s \ll N^d$, 则有

$$\|\mathcal{N}_\tau^* - f\|_p \leqslant Cs\tau^d. \tag{5.2}$$

命题 5.3 表明, 稀疏连接神经网络在减少参数个数的情况下, 可以达到和全连接神经网络同样的定位效果, 说明了稀疏连接神经网络的优越性. 本节的最后一个命题讲述了稀疏连接神经网络对频率稀疏性的识别能力. 记 $\mathcal{P}_{\beta,B,\mu}^d$ 为所有一致范数不超过 B, 阶数不超过 β 且 μ-稀疏的多项式的集合. 由文献 [75] 可知, 针对此类稀疏多项式, 浅层神经网络无法抓取其稀疏性. 事实上, 文献 [75] 证明了用浅层神经网络逼近稀疏和非稀疏多项式至同一精度所需要的参数数量是类似的. 在下述命题中, 我们表明用稀疏连接神经网络可以轻松识别频率稀疏性.

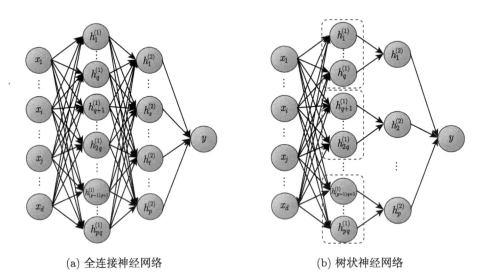

(a) 全连接神经网络　　　　　　　　　　　　(b) 树状神经网络

图 5.3　应用于军舰数据的具有相同神经元个数的全连接神经网络和树状神经网络, 其中 $p = 400$, $q = 4d$

命题 5.4　稀疏连接神经网络的频率稀疏性识别能力

令 $\beta, \mu \in \mathbb{N}, B, \theta > 0$ 及 $\tilde{L} \in \mathbb{N}$ 满足 $\tilde{L} > (2\theta)^{-1}$. 对任意的 $0 < \varepsilon < 1$, 存在一个 $2\beta\tilde{L}+8\beta+1$ 层, $\mu + c(\mu\beta B)^{\theta}\varepsilon^{-\theta}$ 个绝对值不超过 $\max\{B, (\mu\beta B)^{\gamma}\varepsilon^{-\gamma}\}$ 的非零参数的稀疏连接神经网络结构, 使得对任意的 $P \in \mathcal{P}^d_{\beta, B, \mu}$ 均存在一个具有上述网络结构的神经网络 h_P 满足

$$|P(x) - h_P(x)| \leqslant \varepsilon, \qquad \forall x \in \mathbb{I}^d.$$

由于上述命题的证明依赖于命题 5.2, 从而同样呈现出类似的深度-参数平衡现象. 注意到当 θ 较小时, 识别 μ 个单项式 (频率) 所需的参数个数 $\mu + c(\mu\beta B)^{\theta}\varepsilon^{-\theta}$ 与 μ 差距不大, 且与总体阶数关系很小, 这说明稀疏连接神经网络具备识别稀疏性的能力. 需要注意的是, 如果我们不考虑权共享和稀疏连接, 虽然全连接神经网络也有一定的识别频率稀疏性的能力[118], 但是达到相同精度所需的层数必须与 ε 有关. 权共享和稀疏连接能够在不影响逼近效果的前提下减少参数数量, 因此体现了稀疏连接神经网络的优势.

5.3　深度选择与深度-参数平衡现象

在介绍了深度稀疏连接神经网络的相关定义和性质后, 本节重点讨论稀疏连接神经网络的深度选择问题. 不同于全连接神经网络, 稀疏连接神经网络存在深度-参数平衡现象, 即较深的网络需要较少的参数而较浅的网络需要较多的参数. 也就是说, 如定理 4.1 所示的与精度相关的深度要求是全连接神经网络所特有的, 我们可以通过选择合适的网络结构来规避这种相关性, 从而使得深度的选择与精度无关. 在讲述本节的主要结果之前, 我们先介绍组群结构的定义.

定义 5.1　组群结构

令 $\jmath, d^* \in \mathbb{N}$ 及 $D_1, \cdots, D_{d^*} \in \mathbb{N}$ 满足 $d = D_1 + \cdots + D_{d^*}$. 若存在某些定义在 $\mathbb{I}^{D_k}$ 上的 $\jmath$ 阶多项式 $P_{k,\jmath}, k = 1, \cdots, d^*$, 以及 $g : \mathbb{R}^{d^*} \to \mathbb{R}$, 使得

$$f^*(x) = g\big[P_{1,\jmath}(x^{(1)}, \cdots, x^{(D_1)}), \cdots, P_{d^*,\jmath}(x^{(d-D_{d^*}+1)}, \cdots, x^{(d)})\big], \quad (5.3)$$

则称 x 关于 f^* 具有 $\jmath$ 阶 $(D_1, \cdots, D_{d^*})$-组群结构.

上述定义中的组群结构描述了输入变量之间的相关性. 若 $d^* = d$ 且 $P_{k,\jmath}(t) = t$, 定义 5.1 表明所有的输入间没有相关性. 若 $d^* = 1$, 该定义表明所有的输入变量具有非常强的相关性. 特别地, 定义 5.1 包括了前面的径向性质 ($d^* = 1, \jmath = $

$2, P_{k,ȷ}(x) = \|x\|_2^2$)、部分径向性质、可加性质以及频率稀疏性等. 基于上述定义,
我们给出下述假设.

假设 5.1　光滑-稀疏-组群假设

令 $r, c_0 > 0, D_1, \cdots, D_{d^*}, d^* \in \mathbb{N}$ 满足 $d = D_1 + \cdots + D_{d^*}$ 及 $ȷ, \mu \in \mathbb{N}$. 假
设 f^* 满足 (5.3),其中 $g \in \mathrm{Lip}^{(r,c_0)}(\mathbb{I}^{d^*})$, $P_{k,ȷ} \in \mathcal{P}_{ȷ,\mu}^{D_k}$, $k = 1, \cdots, d^*$, $\mathcal{P}_{ȷ,\mu}^{D_k}$
为定义在 $\mathbb{I}^{D_k}$ 上的 $ȷ$ 阶 μ-稀疏多项式的集合.

基于定义 5.1,上述假设实际上囊括了前面大部分先验假设,包括光滑性、径
向性、频率稀疏性等假设. 它是一个很广的假设,我们可以通过设置不同的 d^*, $ȷ$,
μ 及 $P_{k,ȷ}$ 对应不同的实际需求. 本节的核心内容就是基于该假设,探讨深度的选
择问题,以期得到的结论更具普适性. 下述定理讲述了深度稀疏连接神经网络的
逼近能力.

定理 5.1　深度选择与深度-参数平衡: 函数逼近的观点

令 $r = s + v$ 满足 $s \in \mathbb{N}_0$ 及 $v \in (0, 1]$, $d^*, ȷ, \mu \in \mathbb{N}$, $c_0, \theta > 0$, $\tilde{L} \in \mathbb{N}$ 及
$\tilde{L} > (2\theta)^{-1}$. 对任意的 $0 < \varepsilon < 1/2$,存在

$$\mathcal{L}(d^*, \tilde{L}, ȷ, r) := \mathcal{L}(d^*, r, \tilde{L}) + 2ȷ\tilde{L} + 8ȷ + 1$$

层 (其中 $\mathcal{L}(d, r, \tilde{L}) := 2(d + s)\tilde{L} + 8(d + s) + 3$),

$$\mathcal{W}(\varepsilon, \theta, d^*, \mu, r) \sim \varepsilon^{-d^*/r} + \mu + \varepsilon^{-(r+d^*)\theta/r} + \varepsilon^{-\theta/\tau_r}$$

个绝对值不超过 $\mathcal{O}(\varepsilon^{-a})$ 的参数的稀疏连接神经网络结构,使得对任意满
足假设 5.1 的函数 f^*,均存在一个具有上述结构的稀疏连接神经网络 h_{f^*}
满足

$$\|f^* - h_{f^*}\|_{C(\mathbb{I}^d)} \leqslant \varepsilon,$$

其中 a 为与 ε 无关的常数,且 $\tau_r \geqslant v$ 仅与 r 有关.

在定理 5.1 中,令 $d^* = d$ 且 $P_{k,ȷ}(t) = t$,则假设 5.1 即为标准的光滑性假
设. 此时,定理 5.1 描述了稀疏连接神经网络对光滑函数的逼近性能,其表明在逼
近光滑函数时,我们只需要有限层 (与逼近精度无关)、$\mathcal{O}(\varepsilon^{-d/r} + \varepsilon^{-(r+d)\theta/d})$ 个
参数的稀疏连接神经网络 (具体数值可见引理 5.1) 即可逼近至任意精度 ε. 换言
之,给定 n 个参数,稀疏连接神经网络可以通过权共享和稀疏连接达到 $n^{-r/d}$ 的
本质逼近阶 (通过选择合适的 θ 即可),而定理 4.2 中的全连接神经网络只能达到

$n^{-r/d} \log n$, 且其对深度的要求要远高于稀疏连接神经网络. 同样的现象也适用于逼近光滑径向函数, 有兴趣的读者可自行推导或者参阅文献 [45].

定理 5.1 揭示了稀疏连接神经网络的五个现象: ① 深度是必要的. 针对非常多的学习任务 (假设 5.1), 神经网络所需要的深度必须大于 $\mathcal{L}(d, \tilde{L}, \jmath, r) > 1$, 从而说明了深度的必要性. ② 神经网络并不是越深越好. 在深度达到上述要求后, 再增加深度不会带来额外的优势. ③ 存在深度-宽度平衡现象, 这种平衡现象是通过 θ 的选择来实现的. 当 θ 较小时, 所需要的深度较大, 而参数较少; 反之若 θ 较大, 则所需要的深度较小, 而参数较多. ④ 提取多个特征所需要的深度未必大于提取单个特征所需要的深度. 满足定理 5.1 的稀疏连接神经网络的层数从理论上来看可分解为如下两个作用:

$$\mathcal{L}^*(d^*, r, \tilde{L}, \jmath) := \overbrace{\mathcal{L}(d^*, r, \tilde{L})}^{\text{光滑 + 组群}} + \overbrace{2\jmath\tilde{L} + 8\jmath + 1}^{\text{组群}}.$$

引入了组群结构, 使得神经网络提取光滑性的深度从 $\mathcal{L}(d, r, \tilde{L})$ 降至了 $\mathcal{L}(d^*, r, \tilde{L})$, 但是其代价是额外的 $2\jmath\tilde{L} + 8\jmath + 1$ 层用于提取组群特性. 因此, 提取单个光滑性所需的层数 $\mathcal{L}(d, r, \tilde{L})$ 未必小于提取光滑性和组群结构两个特征所需要的层数 $\mathcal{L}(d^*, r, \tilde{L}) + 2\jmath\tilde{L} + 8\jmath + 1$. ⑤ 通过稀疏连接和权共享, 提取多个特征的参数代价未必大于提取单个特征. 注意到

$$\mathcal{W}(\varepsilon, \theta, d^*, \mu, r) \sim \overbrace{\varepsilon^{-d^*/r}}^{\text{光滑 + 组群}} + \overbrace{\mu}^{\text{稀疏 + 组群}} + \overbrace{\varepsilon^{-(r+d^*)\theta/r} + \varepsilon^{-\theta/\tau_r}}^{\text{深度-参数平衡}}, \tag{5.4}$$

稀疏连接神经网络中的参数大致可以分为如 (5.4) 所示的三个作用, 组群结构有助于网络减少提取光滑性所需的参数个数, 即由 $\mathcal{O}(\varepsilon^{-d/r})$ 降低至 $\mathcal{O}(\varepsilon^{-d^*/r})$, 同时也需要额外的参数来抓取稀疏性与组群结构. 特别地, 很容易找到 d^* 与 θ, 使得 $\mathcal{W}(d^*, \varepsilon, \mu, \jmath, \theta) \leqslant c\varepsilon^{-d/r}$. 也就是说, 利用稀疏连接神经网络提取多个特征时, 其参数个数代价未必总高于提取单个特征.

定理 5.1 从函数逼近的角度揭示了稀疏连接神经网络中深度的作用及深度的选择问题. 简单的结论是: 深度是必要的, 但并非越深越好. 当深度达到某一特定值后, 增加深度带来的优势是参数个数减少, 但其劣势是训练难度增加. 由定理 3.2 可知, 参数个数的减少并不能带来容量上的减少, 因为深度在估计容量时同样起着至关重要的作用. 在下述定理中, 我们从学习理论的角度揭示深度的选择问题. 令 $\mathcal{H}_{n,L}^{\text{DSCN}}$ 为定理 5.1 所给的深度稀疏连接神经网络的集合, 定义

$$\mathcal{H}_{n,L,\mathcal{R}}^{\text{DSCN}} := \left\{ f \in \mathcal{H}_{n,L}^{\text{DSCN}} : f \text{ 的所有参数的绝对值均不超过 } \mathcal{R} \right\},$$

其中

$$\mathcal{R} \geqslant \max\{3\varepsilon^{-1/r}, (d^* + s)^\gamma \varepsilon^{-(r+d^*)\gamma/r}, (\mu j)^\gamma \varepsilon^{-\gamma/\tau_r}\}. \tag{5.5}$$

记

$$f_{D,n,L,\mathcal{R}}^{\text{DSCN}} \in \underset{f \in \mathcal{H}_{n,L,\mathcal{R}}^{\text{DSCN}}}{\arg\min} \frac{1}{|D|} \sum_{(x_i, y_i) \in D} (y_i - f(x_i))^2. \tag{5.6}$$

基于定理 3.6、定理 3.2 及定理 5.1, 我们可推导出如下泛化误差估计.

定理 5.2   泛化误差估计: 稀疏连接神经网络

令 $0 < \delta < 1$, $r = s + v$ 满足 $s \in \mathbb{N}_0$ 及 $0 < v \leqslant 1$, $\mu, j, d, d^* \in \mathbb{N}$, $f_{D,n,L,\mathcal{R}}^{\text{DSCN}}$ 是优化问题 (5.6) 的解, 其中 $L = \mathcal{L}(d^*, \tilde{L}, j, r)$, $n \sim m^{\frac{d^*}{2r+d^*}}$ 且 $\mathcal{R}$ 满足 (5.5). 若 f_ρ 满足假设 5.3, $\tilde{L} > (2\theta)^{-1}$,

$$0 < \theta \leqslant \theta_0 := \min\left\{\frac{d^*}{d^* + r}, \frac{d^* \tau_r}{r}\right\} \tag{5.7}$$

及

$$\mu j \leqslant n^{\frac{\tau_r d^* + \theta}{d^* \tau_r \theta}}, \qquad 且 \quad \mu \leqslant n, \tag{5.8}$$

则依概率 $1 - \delta$ 成立

$$\mathcal{E}(\pi_M f_{D,n,L,\mathcal{R}}^{\text{DSCN}}) - \mathcal{E}(f_\rho) \preceq L^2 m^{-\frac{2r}{2r+d^*}} \log(m+1) \log\frac{3}{\delta}. \tag{5.9}$$

首先, 式 (5.9) 中的界无法被本质改进. 事实上, 若 $d^* = d$, 则由定理 4.5 可知, 逼近光滑函数的最优泛化阶是 $\mathcal{O}\left(m^{-\frac{2r}{2r+d}}\right)$; 若 $d^* = 1$, 则类似于定理 3.5 的证明方法又可证明相应的最优泛化阶是 $\mathcal{O}\left(m^{-\frac{2r}{2r+d^*}}\right)$. 式 (5.9) 中导出的泛化阶仅与最优泛化阶相差一个对数因子, 从而是近似最优的. 也就是说, 从统计学习理论的角度来看, 稀疏连接神经网络确实能够同时抓取组群结构信息及目标函数的光滑性信息. 其次, 式 (5.7) 给出了实现上述近似最优泛化阶的最低层数要求. 由定理 5.1 知, θ 越小, 所需要的深度 L 越大而参数越少. 结合式 (5.9), 我们知道当 L 不是特别大时, 深度-参数平衡现象并不会影响泛化阶. 再次, 定理 5.2 表明通过稀疏连接和权共享机制, 深度稀疏连接网络可以用较少的层数处理任务较多的回归问题. 该定理的结论很容易推广到分类任务上, 由于本书只关注最小二乘回归, 我们将推广工作留给有兴趣的读者. 最后, 需要强调的是, 在执行学习任务时, 深度是必要的, 但并非越深越好. 事实上, 利用权共享机制和稀疏连接, 只要达到特定深度后, 再加深网络并不会带来本质上的优势, 这也为深度神经网络训练

中的深度选择问题提供了一些理论指导. 我们还需要注意的是, 随意加深网络, 不仅会使求解优化问题 (5.6) 的难度增大, 更会降低其泛化性, 因为在式 (5.9) 中除了 $m^{-\frac{2r}{2r+d^*}}\log m$ 这一项, 还有一项 L^2. 这也从理论上揭示了盲目追求深度并不会从本质上提高神经网络的学习性能, 反而会对其造成一定的损害.

我们通过上述的论证阐明了深度稀疏连接神经网络相对于全连接神经网络的优越性: ① 灵活的深度选择; ② 更好的逼近性能; ③ 更广阔的应用场景. 但同时也带来了一些劣势, 最重要的劣势是不同于全连接神经网络只关注深度与宽度, 稀疏连接神经网络需要同时考虑深度、宽度、权共享机制以及连接方式. 特别地, 像定理 5.1 与定理 5.2 所示的体现稀疏连接神经网络优势的理论成果均建立在非常特殊而非普适的网络结构上, 因此仅仅可视为存在性证明. 如何寻找与设计合适的网络结构, 从而体现稀疏连接神经网络的理论优势将是一个长期且艰巨的任务.

5.4 深度稀疏连接神经网络的构造

在定理 5.1 与定理 5.2 中, 稀疏连接神经网络的构造包括深度、宽度、权共享机制以及连接方式均依赖于先验信息. 事实上, 我们无法构造出一个普适的稀疏连接神经网络结构使其适用于多种学习任务. 由此自然产生了下述问题.

> **问题 5.1 稀疏连接神经网络的结构**
>
> 针对特定的学习任务, 该如何选择稀疏连接神经网络的结构?

虽然上面几节的定理验证了具备近似最优泛化性的稀疏连接神经网络的存在性, 但是其结构选择往往非常困难. 问题 5.1 聚焦于特定任务场景的结构选择问题. 很显然, 通过任务确定网络结构是解决稀疏连接神经网络结构选择问题的一个可行方法. 在本节, 我们聚焦如何构造稀疏连接神经网络来学习 4.3 节所定义的空间稀疏且光滑的回归函数, 从而给出问题 5.1 针对该类学习任务的回答.

我们的构造基于命题 5.2 所建立的稀疏连接神经网络的良好定位性质. 对任意的 $0 < \tau < 1$, 令 $T_{\tau,a,b}$ 为 (4.13) 所定义的浅层神经网络, 即

$$T_{\tau,a,b}(t) := \frac{1}{\tau}\left\{\sigma(t-a+\tau) - \sigma(t-a) - \sigma(t-b) + \sigma(t-b-\tau)\right\}.$$

对任意的 $N^* \in \mathbb{N}$, 将 $\mathbb{I}^d$ 分割为 $(N^*)^d$ 个边长为 $1/N^*$, 中心为 $\{\xi_k\}_{k=1}^{(N^*)^d}$ 的立方体 $\{B_k\}_{k=1}^{(N^*)^d}$. 记 $\tilde{B}_{k,\tau} := \left[\xi_k + [-1/(2N^*)-\tau, 1/(2N^*)+\tau]^d\right]\cap\mathbb{I}^d$, 易知 $B_k \subset \tilde{B}_{k,\tau}$. 定义 $N_{1,N^*,\xi_k,\tau} : \mathbb{I}^d \to \mathbb{R}$ 为

$$N_{1,N^*,\xi_k,\tau}(x) = \sigma\left(\sum_{\ell=1}^{d} T_{\tau,\xi_k^{(\ell)}-\frac{1}{2N^*},\xi_k^{(\ell)}+\frac{1}{2N^*}}(x^{(\ell)}) - (d-1)\right). \tag{5.10}$$

类似于引理 4.3, 我们可证明对任意的 $x \in \mathbb{I}^d$ 均成立 $|N_{1,N^*,\xi_k,\tau}(x)| \leqslant 1$, 且对任意的 $k \in \{1,\cdots,(N^*)^d\}$, 均有

$$N_{1,N^*,\xi_k,\tau}(x) = \begin{cases} 0, & x \notin \tilde{B}_{k,\tau}, \\ 1, & x \in B_k. \end{cases} \tag{5.11}$$

对任意一个固定的 k, $N_{1,N^*,\xi_k,\tau}$ 可视为一个具有两隐藏层、宽度向量为 $(4d,1)^{\mathrm{T}}$ 的全连接神经网络. 由 (4.13), (5.10) 及 (5.11) 可知, 参数 τ 决定了该神经网络所能定位的输入所在区域的形状, 参数 N^* 控制着立方体的大小, 从而反映了定位精准度. 显然, 越小的 τ 越能使神经网络的定位区域接近于立方体 (图 5.4), 然而过小的 τ 会导致网络的参数幅值过大, 从而使其无法通过求解经验风险极小化算法 (5.6) 获取. 但是, 采用构造的方法是可以突破这一瓶颈的, 我们可以选取足够小的 τ, 使得神经网络具有完美的定位输入的能力.

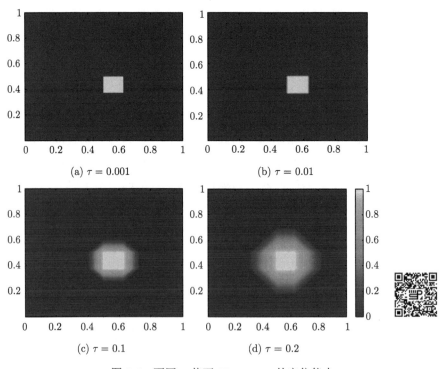

图 5.4　不同 τ 值下 $N_{1,N^*,\xi_k,\tau}$ 的定位能力

基于上述定位输入的能力, 给定数据 $D = \{(x_i, y_i)\}_{i=1}^{|D|}$, 定义

$$N_{D,N^*,\tau}(x) := \sum_{k=1}^{(N^*)^d} \frac{\sum_{x_i \in B_k} y_i N_{1,N^*,\xi_k,\tau}(x)}{|\tilde{B}_{k,\tau,D}|}, \tag{5.12}$$

其中 $\tilde{B}_{k,\tau,D} = D_{\text{in}} \cap \tilde{B}_{k,\tau}$, D_{in} 为 D 的输入集, 且我们记 $\frac{0}{0} := 0$. $N_{D,N^*,\tau}$ 可视为具有两隐藏层、宽度向量为 $(4d(N^*)^d, (N^*)^d)^{\mathrm{T}}$ 的神经网络. 需要强调的是, 我们所构造的 $N_{D,N^*,\tau}$ 是一个如图 5.3 (b) 所示的具有树状结构的稀疏连接神经网络. 注意到一旦分割了 $\{B_k\}_{k=1}^{(N^*)^d}$, 以及给定了数据 D 和参数 τ, 那么 $N_{D,N^*,\tau}$ 的所有系数均是显式给定的, 我们无需设计算法去求解它们. 因此, 我们可以将 $N_{D,N^*,\tau}$ 直接用于数据集 D 进行学习. 需要注意的是, $N_{D,N^*,\tau}$ 中有两个参数 τ 与 N^*, 我们将在下述定理中证明: 当 τ 小于一个给定的阈值时, 其选择不会影响 $N_{D,N^*,\tau}$ 的学习性能, 因此可以将其设定为一个极小的实数; N^* 可视为 $N_{D,N^*,\tau}$ 的主要参数, 需要利用诸如交叉验证 [42] 等参数选择方法去确定. 由于我们要用 $N_{D,N^*,\tau}$ 去同时学习光滑性和空间稀疏性, 所以 $N_{1,N^*,\xi_k,\tau}(x)$ 需要完成两项任务, 其一是通过所给数据去寻找 f_ρ 的支撑; 其二是通过细分的方法去提取光滑性. 这导致 N^* 通常要选得比 N 大. 在如下定理中, 我们证明上述方法所构造的稀疏连接神经网络在学习空间稀疏且光滑的函数时具有极其出色的学习性能.

定理 5.3　稀疏连接神经网络的构造

令 $p \geqslant 2, 0 < r \leqslant 1, c_0 > 0$ 及 $N, s \in \mathbb{N}$ 满足 $s \leqslant N^d$. 若 $m \geqslant \dfrac{4^{2r+d} N^{2r+2d}}{s}$ 及

$$0 < \tau \leqslant \min\left\{ D_{\rho_X,p}^{-p}\left[m^{-\frac{2r}{2r+d}-1} \frac{s}{N^d} \right]^{\frac{p}{2d}}, (N^*)^{-1-pr}\left(\frac{s}{N^d} \right) \right\}, \tag{5.13}$$

则成立

$$m^{-\frac{2r}{2r+d}}\left(\frac{s}{N^d} \right)^{\frac{d}{2r+d}} \preceq \sup_{f_\rho \in \mathrm{Lip}^{(r,c_0)}(\mathbb{I}^d) \cap SS^{(N^d,s)}, \rho_X \in \Xi_p} \mathbb{E}\left[\|N_{D,N^*,\tau} - f_\rho\|_\rho^2 \right]$$

$$\preceq m^{-\frac{2r}{2r+d}}\left(\frac{s}{N^d} \right)^{\frac{2}{p}-\frac{2r}{2r+d}}. \tag{5.14}$$

在定理 5.3 中令 $p = 2$, 我们可得

$$\sup_{f_\rho \in \mathrm{Lip}^{(r,c_0)}(\mathbb{I}^d) \cap SS^{(N^d,s)}, \rho_X \in \Xi_2} \mathbb{E}\left[\|N_{D,N^*,\tau} - f_\rho\|_\rho^2 \right] \sim m^{-\frac{2r}{2r+d}}\left(\frac{s}{N^d} \right)^{\frac{d}{2r+d}}, \tag{5.15}$$

结合定理 4.5 可知所构造的稀疏连接神经网络具备最优泛化性. 将定理 5.3 与定理 4.5 及定理 5.2 进行对比, 可得到如下四个结论: ① 针对特定的学习任务, 可以通过稀疏连接和权共享机制有效地减少全连接神经网络的深度和参数个数, 并保持其良好的逼近与学习性能. 特别地, 对比式 (4.11) 与式 (5.15) 我们可以发现, 引用稀疏连接与权共享机制后, 只需要两层隐藏层即可使神经网络具有非常良好的学习性能并消除了全连接神经网络中的对数项, 使得泛化误差阶由近似最优提高到了最优; ② 虽然定理 5.2 表明针对一般的学习任务, 稀疏连接神经网络的结构会非常复杂, 然而当我们知道该任务的某些先验信息时, 就可以确定出稀疏连接神经网络的结构并进一步提高深度神经网络的学习性能, 这给出了问题 5.1 的答案; ③ 定理 5.3 表明, 所有满足 (5.13) 的 τ 均可使网络具有非常好的学习性能, 因此在实际应用中, 我们通常取极小的 τ 即可; ④ 定理 5.3 只考虑了 $0 < r \leqslant 1$ 的情况, 这与定理 4.5 及定理 5.2 的设定有所不同, 这也是定理中只需两层隐藏层就能很好地进行学习的原因. 如果要考虑更大的 r, 我们也可以用类似的构造利用稀疏连接和权共享机制来选定网络结构. 由于本节的主要目的是阐明针对特定的学习任务, 稀疏连接神经网络的结构是可以确定的, 定理 5.3 已经可以证明该结论, 我们将更为复杂的构造 $(r > 1)$ 留给读者.

5.5　数值实验

本节将在军舰卫星图像数据①上验证所构造的深度稀疏连接神经网络的有效性. 选择的比较方法包括集成方法 Adaboost [113]、基于径向基核函数 $k(u, v) = e^{-\gamma\|u-v\|^2}$ 的 ε-SVM 回归 (SVR)[20] 以及具有动量和自适应学习率的梯度下降 (GDX)、弹性反向传播 (RP)、Fletcher-Reeves 更新的共轭梯度 (CGF)、Powell-Beale 重启的共轭梯度 (CGB)、缩放共轭梯度 (SCG)、BFGS 拟牛顿 (BFG)、一步割线 (OSS) 和 Levenberg-Marquardt (LM) 八种基于反向传播的浅层神经网络算法[27]. 在这八种反向传播算法中, GDX 和 RP 算法基于梯度下降, 其余算法基于共轭梯度下降. 我们的实验从两个方面进行: ① 对下采样图像的恢复; ② 对具有缺失值图像的恢复. 一些实验细节和算法参数选择范围描述如下:

- 图像的像素值除以 255 使得其值分布在区间 $[0,1]$ 上;
- 对于构造的深度稀疏连接神经网络, τ 固定为 0.0001, N^* 在下采样图像恢复和缺失值图像恢复实验中分别从集合 $\{5, 10, 15, \cdots, 200\}$ 和 $\{2, 4, 6, \cdots, 100\}$ 中选取;
- 对于 Adaboost, 迭代步骤在集合 $\{10, 20, 30, \cdots, 10000\}$ 中选取;
- 对于 SVR, ε 在集合 $\{0.001, 0.01, 0.1\}$ 中选取, γ 和 C 均在集合 $\{0.001,$

---

① https://www.asc-csa.gc.ca/eng/satellites/radarsat1/.

$0.01, 0.1, \cdots, 1000\}$ 中选取;

• 对于基于梯度下降的反向传播算法 (如 GDX 和 RP), 隐藏层的神经元个数在集合 $\{10, 20, 30, \cdots, 200\}$ 中选取, 迭代轮次在集合 $\{2000, 4000, \cdots, 10000\}$ 中选取;

• 对于基于共轭梯度下降的反向传播算法 (如 CGF, CGB, SCG, BFG, OSS 和 LM), 隐藏层神经元个数在集合 $\{10, 20, 30, \cdots, 200\}$ 中选取, 迭代轮次在集合 $\{1000, 2000, \cdots, 5000\}$ 中选取;

• 在对所恢复图像进行展示前, 需要进行 min-max 标准化处理, 即 $\hat{I} = \dfrac{I - \min(I)}{\max(I) - \min(I)}$, 其中 I 是处理前的图像, $\hat{I}$ 是处理后的图像, $\min(I)$ 和 $\max(I)$ 分别表示图像 I 所有像素的最小值与最大值.

实验结果在配置为 Intel(R)Core(TM)i9-10980XE 3.00 GHz CPU, 128G RAM 和 Windows 10 操作系统的工作站上获得①.

我们先考虑所构造的稀疏连接神经网络对下采样图像的恢复性能. 在该实验中, 尺寸为 $h \times w$ 的原始图像被缩放为 $\left\lfloor \dfrac{h}{2} \right\rfloor \times \left\lfloor \dfrac{w}{2} \right\rfloor$ 的图像. 原始图像作为真值 (ground truth) 用来量化各种方法的 MSE, 缩放后的尺寸为 $\left\lfloor \dfrac{h}{2} \right\rfloor \times \left\lfloor \dfrac{w}{2} \right\rfloor$ 的图像用于训练. 具体来讲, 训练样本的输入是横轴坐标为 $\dfrac{1}{w} : \dfrac{2}{w} : 1$、纵轴坐标为 $\dfrac{1}{h} : \dfrac{2}{h} : 1$ 的网格数据, 测试样本的输入为横轴坐标为 $\dfrac{1}{2w} : \dfrac{1}{w} : 1$、纵轴坐标为 $\dfrac{1}{2h} : \dfrac{1}{h} : 1$ 的网格数据; 输入为 $\left(\dfrac{1}{w} + \dfrac{2 \times (i-1)}{w}, \dfrac{1}{h} + \dfrac{2 \times (j-1)}{h} \right)$ 的训练样本的输出是训练图像在位置 (i, j) 处的像素值; 对于测试数据, 输入为 $\left(\dfrac{1}{2 \times w} + \dfrac{s-1}{w}, \dfrac{1}{2 \times h} + \dfrac{t-1}{h} \right)$ 的输出是原始图像在位置 (s, t) 处的像素值.

表 5.2 记录了这 11 种方法在各自最优参数下的测试 MSE 和训练时间, 图 5.5 进一步可视化了它们在测试样本上的预测值. 从结果中可以看到: Adaboost 的性能最差, 其甚至无法恢复图像中目标的大概形状. GDX, RP, CGF, CGB, SCG 和 OSS 可以恢复出粗糙的目标边缘特征, 但恢复的结果伴随着严重的带状噪声. 尽管 BFG 和 LM 的性能优于其他反向传播方法, 但它们仍然无法清晰地恢复出图像细节. SVR 相较于反向传播方法取得了显著的改善, 但所恢复图像的目标有一些模糊, 并且目标周围存在非常小的波纹形状噪声; 更重要的是, SVR 的训练非常耗时, 其时间成本是其他方法的几十倍甚至数百倍. 构造的深度神经网络所恢复

---

① 该部分实验结果均摘自文献 [84].

的结果最接近真值, 并且它是除了 Adaboost 外的所有方法中最省时的方法, 这表明了其在下采样图像恢复方面的巨大优势.

表 5.2　各种方法在军舰数据上的 MSE 和训练时间比较

方法	MSE $(\times 10^{-3})$	训练时间/秒	方法	MSE $(\times 10^{-3})$	训练时间/秒
GDX	3.747	217.3	OSS	3.254	598.3
RP	2.947	323.4	LM	1.876	1365
CGF	3.067	362.5	Adaboost	4.305	**10.32**
CGB	2.743	567.8	SVR	1.392	7556
SCG	2.755	278.7	构造的网络	**1.155**	15.94
BFG	2.216	998.7			

注: 加粗的数据表示精度最好的.

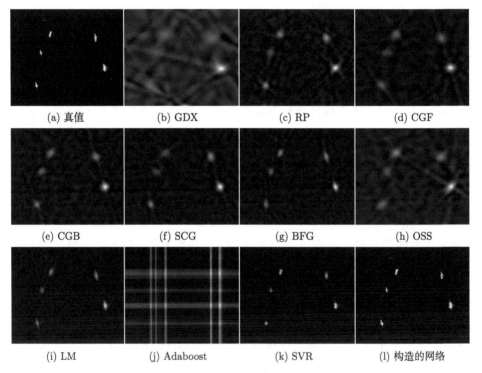

(a) 真值	(b) GDX	(c) RP	(d) CGF
(e) CGB	(f) SCG	(g) BFG	(h) OSS
(i) LM	(j) Adaboost	(k) SVR	(l) 构造的网络

图 5.5　各种方法在下采样图像数据上的恢复结果

我们接着讨论各个方法对具有缺失值图像的恢复性能. 我们随机选择 80% 的像素进行训练, 其余像素用于测试, 表 5.3 记录了这 11 种方法在各自最优参数下进行 20 次实验的测试 MSE 和训练时间的均值[①]. 从结果可以看出, 基于共轭梯

① 由于图像中目标的比例太小, 各种方法所恢复的图像没有直观的差异, 因此我们没有将恢复的图像进行可视化.

度的反向传播方法通常比基于梯度的反向传播方法性能更好. LM 和 SVR 具有最好的泛化性能, 但它们在模型训练上花费了大量时间. Adaboost 具有最快的训练速度, 但其恢复精度是最差的. 构造的深度稀疏连接神经网络在模型训练上具有与 Adaboost 相当的效率, 同时也保持了几乎接近于 LM 和 SVR 的泛化性能. 这验证了构造的深度稀疏连接神经网络在图像缺失值恢复任务上的有效性.

表 5.3 各种方法在具有缺失值图像数据上的 MSE 和训练时间比较

方法	MSE $(\times 10^{-3})$	训练时间/s	方法	MSE $(\times 10^{-3})$	训练时间/s
GDX	3.656	162.9	OSS	3.042	534.6
RP	2.860	255.6	LM	1.780	859.0
CGF	2.921	344.9	Adaboost	3.952	2.364
CGB	2.786	398.7	SVR	1.505	5666
SCG	2.597	251.8	构造的网络	1.959	0.896
BFG	2.151	964.5			

5.6 相 关 证 明

本节的证明框架聚焦如何通过构造稀疏连接神经网络来去除全连接神经网络相应估计中的对数项. 证明的核心在于如何构造, 定理 5.1 与定理 5.3 分别从逼近和学习的角度展示了网络的构造. 需要强调的是, 从应用角度来看, 对数项的消除似乎对泛化性能的影响并不大, 然而从理论角度来看, 去除对数项往往需要非常精妙的构造和证明. 本节只是给出了去除对数项证明的两个特例. 为此, 我们先证明命题 5.2.

命题 5.2 的证明 若 $j = 2, \cdots, \ell$ 及 $\varepsilon \in (0, 1)$, 定义

$$\tilde{\times}_{j,\tilde{L},\varepsilon/\ell}(u_1, \cdots, u_j) := \overbrace{\tilde{\times}_{2,\tilde{L},\varepsilon/\ell}(\tilde{\times}_{2,\tilde{L},\varepsilon/\ell}(\cdots \tilde{\times}_{2,\tilde{L},\varepsilon/\ell}(u_1, u_2), \cdots, u_{u_{j-1}}), u_j)}^{j-1},$$

则

$$u_1 u_2 \cdots u_\ell - \tilde{\times}_{\ell,\tilde{L},\varepsilon/\ell}(u_1, \cdots, u_\ell)$$

$$= u_1 u_2 \cdots u_\ell - \tilde{\times}_{2,\tilde{L},\varepsilon/\ell}(u_1, u_2) u_3 \cdots u_\ell$$

$$+ \tilde{\times}_{2,\tilde{L},\varepsilon/\ell}(u_1, u_2) u_3 \cdots u_\ell - \tilde{\times}_{3,\tilde{L},\varepsilon/\ell}(u_1, u_2, u_3) u_4 \cdots u_\ell$$

$$+ \cdots + \tilde{\times}_{\ell-1,\tilde{L},\varepsilon/\ell}(u_1, \cdots, u_{\ell-1}) u_\ell - \tilde{\times}_{\ell,\tilde{L},\varepsilon/\ell}(u_1, \cdots, u_\ell).$$

然而命题 5.1 表明

$$|\tilde{\times}_{2,\tilde{L},\varepsilon/\ell}(u, u')| \leqslant |u||u'| + \varepsilon/\ell \leqslant |u| + \varepsilon/\ell, \quad \forall\, u, u' \in [-1, 1].$$

结合 $0 < \varepsilon < 1$ 及 $u_i \in [-1, 1]$, 我们有

$$|\tilde{\times}_{j,\tilde{L},\varepsilon/\ell}(u_1, \cdots, u_j)| \leqslant |\tilde{\times}_{j-1,\tilde{L},\varepsilon/\ell}(u_1, \cdots, u_{j-1})| + \varepsilon/\ell \leqslant \cdots$$
$$\leqslant |\tilde{\times}_{2,\tilde{L},\varepsilon/\ell}(u_1, u_2)| + (j-2)\varepsilon/\ell \leqslant 1 + (j-1)\varepsilon/\ell \leqslant 2,$$
$$\forall\, j = 2, \cdots, \ell.$$

因此, 由命题 5.1 可知

$$|u_1 u_2 \cdots u_\ell - \tilde{\times}_{\ell,\tilde{L},\varepsilon/\ell}(u_1, \cdots, u_\ell)|$$
$$\leqslant |u_1 u_2 - \tilde{\times}_{2,\tilde{L},\varepsilon/\ell}(u_1, u_2)|$$
$$\quad + |\tilde{\times}_{2,\tilde{L},\varepsilon/\ell}(u_1, u_2)u_3 - \tilde{\times}_{3,\tilde{L},\varepsilon/\ell}(u_1, u_2, u_3)| + \cdots$$
$$\quad + |\tilde{\times}_{\ell-1,\tilde{L},\varepsilon/\ell}(u_1, \cdots, u_{\ell-1})u_\ell - \tilde{\times}_{\ell,\tilde{L},\varepsilon/\ell}(u_1, \cdots, u_\ell)|$$
$$\leqslant (\ell-1)\varepsilon/\ell < \varepsilon.$$

由于 $\tilde{\times}_{2,\tilde{L},\varepsilon/\ell}$ 为 $2\tilde{L}+8$ 层、$c\ell^\theta \varepsilon^{-\theta}$ 个绝对值不超过 $\ell^\gamma \varepsilon^{-\gamma}$ 的参数的神经网络, 且 ℓ 个 $\tilde{\times}_{2,\tilde{L},\varepsilon/\ell}$ 中的参数均相同, 所以 $\tilde{\times}_{\ell,\tilde{L},\varepsilon/\ell}$ 是一个至多 $(2\tilde{L}+8)\ell$ 层、$c\ell^\theta \varepsilon^{-\theta}$ 个绝对值不超过 $\ell^\gamma \varepsilon^{-\gamma}$ 的参数的稀疏连接神经网络. 由于 L 依赖于 θ, 我们可将 $\tilde{\times}_{\ell,\tilde{L},\varepsilon/\ell}$ 记为 $\tilde{\times}_{\ell,\theta,\varepsilon}$, 命题得证. $\qquad\square$

在后续的证明中, 若无特别指出, 我们记 $\tilde{\times}_\ell := \tilde{\times}_{\ell,\theta,\varepsilon}$. 接下来, 利用权共享机制以及命题 5.2, 可证明命题 5.4 如下.

命题 5.4 的证明 由命题 5.2 可知, 对任意的 $\varepsilon \in (0,1)$, $\theta > 0$ 及 $\tilde{L}$ 满足 $\tilde{L} > (2\theta)^{-1}$, 存在 $(2\tilde{L}+8)\beta$ 层、$c(\mu B\beta)^\theta \varepsilon^{-\theta}$ 个绝对值不超过 $(\mu B\beta)^\gamma \varepsilon^{-\gamma}$ 的参数的稀疏连接神经网络使得

$$|u_1 u_2 \cdots u_\beta - \tilde{\times}_\beta(u_1, u_2, \cdots, u_\beta)| \leqslant \frac{\varepsilon}{\mu B}, \quad \forall u_1, u_2, \cdots, u_\beta \in [-1, 1]. \tag{5.16}$$

故对任意满足 $|\boldsymbol{\alpha}| \leqslant \beta$ 的单项式

$$x^{\boldsymbol{\alpha}} = \overbrace{x^{(1)} \cdots x^{(1)}}^{\alpha_1} \cdots \overbrace{x^{(d)} \cdots x^{(d)}}^{\alpha_d} \overbrace{1 \cdots 1}^{\beta - |\boldsymbol{\alpha}|},$$

由 (5.16) 可得

$$|x^{\boldsymbol{\alpha}} - \tilde{\times}_\beta(\overbrace{x^{(1)}, \cdots, x^{(1)}}^{\alpha_1}, \cdots, \overbrace{x^{(d)}, \cdots, x^{(d)}}^{\alpha_d}, \overbrace{1, \cdots, 1}^{\beta - |\boldsymbol{\alpha}|})| \leqslant \frac{\varepsilon}{\mu B}.$$

对于任意的 $P \in \mathcal{P}_{\beta,B,\mu}^d$, 有 $P = \sum_{\boldsymbol{\alpha} \in \Lambda_\mu} c_{\boldsymbol{\alpha}} x^{\boldsymbol{\alpha}}$, 其中 $|c_{\boldsymbol{\alpha}}| \leqslant B$, 且集合 $\Lambda_\mu \subseteq \{\boldsymbol{\alpha} : |\boldsymbol{\alpha}| \leqslant \beta\}$ 至多含有 μ 个元素. 定义

$$h_P(x) = \sum_{\boldsymbol{\alpha} \in \Lambda_\mu} c_{\boldsymbol{\alpha}} \tilde{\times}_\beta(\overbrace{x^{(1)}, \cdots, x^{(1)}}^{\alpha_1}, \cdots, \overbrace{x^{(d)}, \cdots, x^{(d)}}^{\alpha_d}, \overbrace{1, \cdots, 1}^{\beta - |\boldsymbol{\alpha}|}), \tag{5.17}$$

则

$$|h_P(x) - P(x)| \leqslant \sum_{\boldsymbol{\alpha} \in \Lambda_\mu} |c_{\boldsymbol{\alpha}}| \frac{\varepsilon}{\mu B} \leqslant \varepsilon.$$

由于每个乘积中的参数均可共享, 可知 h_P 中共有 $\mu + c(\mu B\beta)^\theta \varepsilon^{-\theta}$ 个绝对值不超过 $(\mu B\beta)^\gamma \varepsilon^{-\gamma}$ 且分布在 $(2\tilde{L} + 8)\beta + 1$ 层的自由参数. 命题 5.4 得证. $\square$

欲证定理 5.1, 我们需要以下关于稀疏连接神经网络对光滑函数的逼近结果. 由于其证明完全类似于定理 4.2, 我们将其跳过, 有兴趣的读者可参阅文献 [45].

引理 5.1　光滑函数的逼近: 稀疏连接神经网络

令 $r = s + v$ 满足 $s \in \mathbb{N}_0$ 与 $0 < v \leqslant 1$, $c_0, \theta > 0$ 及 $\tilde{L} \in \mathbb{N}$ 满足 $\tilde{L} > (2\theta)^{-1}$. 对任意的 $\varepsilon \in (0,1)$, 存在一个

$$\mathcal{L}(d, r, \tilde{L}) := 2(d+s)\tilde{L} + 8(d+s) + 3 \tag{5.18}$$

层, $c(d+s)^\theta \varepsilon^{-(r+d)\theta/r} + (8d+5)\binom{s+d}{s}\varepsilon^{-d/r}$ 个绝对值不超过 $\max\{\tilde{B}, 3\varepsilon^{-1/r}, (d+s)^\gamma \varepsilon^{-(r+d)\gamma/r}\}$ 的参数的稀疏连接神经网络结构, 使得对任意的 $f \in \mathrm{Lip}^{(r,c_0)}(\mathbb{I}^d)$, 均存在一个具有上述结构的稀疏连接神经网络 h_f 满足

$$\|f - h_f\|_{C(\mathbb{I}^d)} \leqslant c_1 \varepsilon, \tag{5.19}$$

其中 $c_1, \tilde{B}$ 仅与 c_0, d, r 及 f 有关.

基于上述引理, 我们可证明定理 5.1 如下:

定理 5.1 的证明　对任意的 $0 < \nu_1 < 1/2$, $\theta > 0$, $\tilde{L} \in \mathbb{N}$ 满足 $\tilde{L} > (2\theta)^{-1}$ 及 $k = 1, \cdots, d^*$, 由命题 5.4 可知, 存在一个 $2\jmath\tilde{L} + 8\jmath + 1$ 层、$\mu + c(\mu\jmath)^\theta \nu_1^{-\theta}$ 个绝对值不超过 $(\mu\jmath)^\gamma \nu_1^{-\gamma}$ 的参数的稀疏连接神经网络 $h_{P_{k,\jmath}}$, 使得 (可通过简单的放缩使得 $B \leqslant 1/2$)

$$|P_{k,\jmath}(x) - h_{P_{k,\jmath}}(x)| \leqslant \nu_1, \qquad \forall x \in \mathbb{I}^{D_k}, \ k = 1, \cdots, d^*. \tag{5.20}$$

对任意的 $x \in \mathbb{I}^d$, 不妨假设 $|P_{k,J}(x)| \leqslant 1/2$, 则由 (5.20) 及 $0 < \nu_1 \leqslant 1/2$ 可知 $|h_{P_{k,J}}(x)| \leqslant 1$. 定义

$$h_{d^*}(x) = \left(h_{P_{1,J}}(x), h_{P_{2,J}}(x), \cdots, h_{P_{d^*,J}}(x) \right).$$

令 g 满足

$$f^*(x) = g(P_{1,J}(x), \cdots, P_{d^*,J}(x)).$$

对任意的 $0 < \nu_2 < 1$, 引理 5.1 表明存在一个 $\mathcal{L}(d^*, r, \tilde{L})$ 层、$c(d^*+s)^\theta \nu_2^{-(r+d^*)\theta/r} + (8d^*+5)\binom{s+d^*}{s}\nu_2^{-d^*/r}$ 个绝对值不超过 $\max\{\tilde{B}_g, 3\nu_2^{-1/r}, (d^*+s)^\gamma \nu_2^{-(r+d^*)\gamma/r}\}$ 的参数的稀疏连接神经网络 h_g, 使得

$$\|g - h_g\|_{C(\mathbb{I}^{d^*})} \leqslant c_1 \nu_2, \tag{5.21}$$

其中

$$\tilde{B}_g := \max_{k_1+\cdots+k_{d^*} \leqslant J} \max_{x \in \mathbb{I}^d} \left| \frac{1}{k_1! \cdots k_{d^*}!} \frac{\partial^{k_1+\cdots+k_{d^*}} f(x)}{\partial^{k_1} x^{(1)} \cdots \partial^{k_d} x^{(d^*)}} \right|.$$

定义

$$h_{f^*}(x) = h_g(h_{d^*}(x)). \tag{5.22}$$

对任意的 $x \in \mathbb{I}^d$, 成立

$$|f^*(x) - h_{f^*}(x)| = |g(P_{1,J}(x), \cdots, P_{d^*,J}(x)) - h_g(h_{d^*}(x))|$$

$$\leqslant |g(P_{1,J}(x), \cdots, P_{d^*,J}(x)) - g(h_{d^*}(x))| + |g(h_{d^*}(x)) - h_g(h_{d^*}(x))|.$$

基于 g 的光滑性, 由 (5.20) 可知

$$|g(P_{1,J}(x), \cdots, P_{d^*,J}(x)) - g(h_{d^*}(x))| \leqslant \tilde{c}_4 \max_{1 \leqslant k \leqslant d^*} |P_{k,J}(x) - h_{P_{k,J}}(x)|^{\tau_r} \leqslant \tilde{c}_4 \nu_1^{\tau_r},$$

其中 $\tilde{c}_4 > 0$ 仅依赖于 c_0, d^* 和 g. 同时, (5.21) 意味着

$$|g(h_{d^*}(x)) - h_g(h_{d^*}(x))| \leqslant c_1 \nu_2, \qquad \forall \, x \in \mathbb{I}^d,$$

从而有

$$|f^*(x) - h_{f^*}(x)| \leqslant c_1 \nu_2 + \tilde{c}_4 \nu_1^{\tau_r}.$$

令 $\nu_2 = \nu_1^{\tau_r} = \varepsilon$, 则对任意的 $0 < \varepsilon \leqslant 1/2$, 有

$$|f^*(x) - h_{f^*}(x)| \leqslant \tilde{c}_5 \varepsilon,$$

其中 $\tilde{c}_5$ 仅依赖于 c_0, d, d^*, r, s 和 g. 因此 h_{f^*} 是一个具有

$$\mathcal{L}^*(d^*, r, \tilde{L}, \jmath) = \mathcal{L}(d^*, r, \tilde{L}) + 2\jmath\tilde{L} + 8\jmath + 1$$

层、

$$c(d^* + s)^\theta \varepsilon^{-\frac{(r+d^*)\theta}{r}} + (8d^* + 5)\binom{s + d^*}{s}\varepsilon^{-\frac{d^*}{r}} + d^*\mu + c(\mu\jmath)^\theta \varepsilon^{-\frac{\theta}{\tau_r}}$$

个绝对值不超过

$$\max\{\tilde{B}_g, 3\varepsilon^{-1/r}, (d^* + s)^\gamma \varepsilon^{-(r+d^*)\gamma/r}, (\mu\jmath)^\gamma \varepsilon^{-\gamma/\tau_r}\}$$

的参数的稀疏连接神经网络. 定理 5.1 得证. □

欲证定理 5.3, 我们需要若干引理. 引理 5.2 关注对特定区域上的指示函数的期望估计.

引理 5.2　指示函数的期望估计

令 $D_{\text{in}} = \{x_i\}_{i=1}^m$ 为按照 ρ_X 独立同分布选取的点集, 则

$$\mathbb{E}\left[\frac{\mathcal{I}_{|\tilde{B}_{k,\tau,D}|\neq 0}}{|\tilde{B}_{k,\tau,D}|}\right] \leqslant \frac{2}{(m+1)\rho_X(\tilde{B}_{k,\tau})}. \tag{5.23}$$

引理 5.2 的证明比较简单, 我们将其省略, 有兴趣的读者可参阅文献 [42, Chap.4] 或 [23]. 下一引理是标准的误差分解, 可利用无偏性直接获得.

引理 5.3　基于期望的误差分解

令 $D_m = \{(x_i, y_i)\}_{i=1}^m$ 为按照分布 ρ 独立同分布选取的点集. 若 $f_D(x) = \sum_{i=1}^m y_i h_{D_m}(x, x_i)$, 其中可测函数 $h_{D_m} : \mathcal{X} \times \mathcal{X} \to \mathbb{R}$ 依赖于 D_m, 则

$$\mathbb{E}\left[\|f_D - f_\rho\|_\rho^2 | D_m\right] = \mathbb{E}\left[\left\|f_D - \sum_{i=1}^m f_\rho(x_i) h_{D_m}(\cdot, x_i)\right\|_\rho^2 \bigg| D_m\right]$$

$$+ \mathbb{E}\left[\left\|\sum_{i=1}^m f_\rho(x_i) h_{D_m}(\cdot, x_i) - f_\rho\right\|_\rho^2 \bigg| D_m\right]. \tag{5.24}$$

对任意的 $f \in L_1(\mathcal{X})$, $L \in \mathbb{N}$ 及 $\eta_{k,\jmath} \in B_k$, $k \in \{1, \cdots, (N^*)^d\}$, $\jmath \in \{1, \cdots, L\}$,

定义

$$N_{2,N^*,L,\tau}(x) := \sum_{k=1}^{(N^*)^d} \frac{\sum_{j=1}^{L} f(\eta_{k,j})}{L} N_{1,N^*,\xi_k,\tau}(x). \tag{5.25}$$

下述引理给出了 $N_{2,N^*,L,\tau}$ 的逼近误差估计.

> **引理 5.4　逼近误差估计**
>
> 令 $1 \leqslant p < \infty$, $N^* \in \mathbb{N}$ 满足 $N^* \geqslant 4N$, 若 $f \in \mathrm{Lip}^{(r,c_0,N,s)}$, $\{\eta_{k,j}\}_{j=1}^{L} \subset B_k$, $L \in \mathbb{N}$ 且 $0 < \tau \leqslant \dfrac{s}{2N^d(N^*)^{1+pr}}$, 则
>
> $$\|f - N_{2,N^*,L,\tau}\|_{L_p(\mathbb{I}^d)} \preceq (N^*)^{-r} \left(\frac{s}{N^d}\right)^{1/p}. \tag{5.26}$$

证明　令 $k_x := \min\{k | x \in \mathbb{B}_k\}$. 由于 $\mathbb{I}^d = \bigcup\limits_{k=1}^{(N^*)^d} B_k$, 故对任意的 $x \in \mathbb{I}^d$, 存在唯一的 k_x 使得 $x \in B_{k_x}$. 由 (5.25) 知

$$f(x) - N_{2,N^*,L,\tau}(x) = f(x) - \sum_{k=1}^{(N^*)^d} \frac{\sum_{j=1}^{L} f(\eta_{k,j})}{L} N_{1,N^*,\xi_k,\tau}(x)$$

$$= f(x) - \frac{\sum_{j=1}^{L} f(\eta_{k_x,j})}{L} N_{1,N^*,\xi_{k_x},\tau}(x) - \sum_{k \neq k_x} \frac{\sum_{j=1}^{L} f(\eta_{k,j})}{L} N_{1,N^*,\xi_k,\tau}(x)$$

$$= f(x) - \frac{\sum_{j=1}^{L} f(\eta_{k_x,j})}{L} - \sum_{k \neq k_x} \frac{\sum_{j=1}^{L} f(\eta_{k,j})}{L} N_{1,N^*,\xi_k,\tau}(x).$$

故有

$$\|f - N_{2,N^*,L,\tau}\|_{L_p(\mathbb{I}^d)} = \left\|f - \frac{\sum_{j=1}^{L} f(\eta_{k_x,j})}{L}\right\|_{L_p(\mathbb{I}^d)}$$

$$+ \left\|\sum_{k \neq k_x} \frac{\sum_{j=1}^{L} f(\eta_{lk,j})}{L} N_{1,N^*,\xi_k,\tau}\right\|_{L_p(\mathbb{I}^d)}. \tag{5.27}$$

对任意的 $j \in \Lambda_s$, 定义

$$\tilde{\Lambda}_j := \{k : B_k \cap A_j \neq \varnothing, k = 1, \cdots, (N^*)^d\}. \tag{5.28}$$

由于 $\{A_j\}_{j=1}^{N^d}$ 及 $\{B_k\}_{k=1}^{(N^*)^d}$ 为 $\mathbb{I}^d$ 的立方体分割, 且 $N^* \geqslant 4N$, 我们有

$$|\tilde{\Lambda}_j| \leqslant \left(\frac{N^*}{N} + 2\right)^d \leqslant \left(\frac{2N^*}{N}\right)^d, \qquad \forall j \in \Lambda_s. \tag{5.29}$$

根据 (5.28), 易知

$$\mathbb{I}^d \subseteq \left[\bigcup_{j \in \Lambda_s} \left(\bigcup_{k \in \tilde{\Lambda}_j} B_k\right)\right] \bigcup \left[\left(\bigcup_{k \in \{1,\cdots,(N^*)^d\} \backslash (\cup_{j \in \Lambda_s} \tilde{\Lambda}_j)} B_k\right)\right],$$

从而有

$$\left\|f(\cdot) - \frac{\sum_{j=1}^L f(\eta_{k_x,j})}{L}\right\|_{L_p(\mathbb{I}^d)}^p = \int_{\mathbb{I}^d} \left|f(x) - \frac{\sum_{j=1}^L f(\eta_{k_x,j})}{L}\right|^p dx$$

$$\leqslant \left[\sum_{j=1}^s \sum_{k \in \tilde{\Lambda}_j} + \sum_{k \in \{1,\cdots,(N^*)^d\} \backslash (\cup_{j \in \Lambda_s} \tilde{\Lambda}_j)}\right] \int_{B_k} \left|f(x) - \frac{\sum_{j=1}^L f(\eta_{k_x,j})}{L}\right|^p dx. \tag{5.30}$$

由 (5.28) 可知, 对任意的 $k \in \{1,\cdots,(N^*)^d\} \backslash (\cup_{j \in \Lambda_s} \tilde{\Lambda}_j)$, 均有 $B_k \cap S = \varnothing$. 从而由 $f \in \mathrm{Lip}^{(N,s,r,c_0)}$ 可得, 对所有的 $x \in B_k$ 及 $j \in \{1,\cdots,L\}$ 成立 $f(x) = f(\eta_{k_x,j}) = 0$. 因此

$$\sum_{k \in \{1,\cdots,(N^*)^d\} \backslash (\cup_{j \in \Lambda_s} \tilde{\Lambda}_j)} \int_{B_k} \left|f(x) - \frac{\sum_{j=1}^L f(\eta_{k_x,j})}{L}\right|^p dx = 0. \tag{5.31}$$

注意到 $f \in \mathrm{Lip}^{(N,s,r,c_0)}$ 且 $0 < r \leqslant 1$, 则对任意的 $L \in \mathbb{N}$, 有

$$\sum_{j=1}^s \sum_{k \in \tilde{\Lambda}_j} \int_{B_k} \left|f(x) - \frac{\sum_{j=1}^L f(\eta_{k_x,j})}{L}\right|^p dx$$

$$\leqslant c_0 \sum_{j=1}^s \sum_{k \in \tilde{\Lambda}_j} \int_{B_k} \max_{1 \leqslant j \leqslant L} \|x - \eta_{k_x,j}\|^{pr} dx$$

$$\leqslant c_0 \left(\frac{\sqrt{2}}{N^*}\right)^{pr} s \left(\frac{2N^*}{N}\right)^d (N^*)^{-d} = c_0 2^{\frac{2d+pr}{2}} (N^*)^{-pr} \frac{s}{N^d}. \tag{5.32}$$

将 (5.32) 与 (5.31) 代入 (5.30), 则有

$$\left\|f(\cdot) - \frac{\sum_{j=1}^L f(\eta_{k_x,j})}{L}\right\|_{L_p(\mathbb{I}^d)} \leqslant c_0^{1/p} 2^{\frac{2d+pr}{2p}} (N^*)^{-r} \left(\frac{s}{N^d}\right)^{1/p}. \tag{5.33}$$

现在我们来估计 (5.27) 右端的第二项. 由于

$$\left\| \sum_{k \neq k_x} \frac{\sum_{j=1}^{L} f(\eta_{k,j})}{L} N_{1,N^*,\xi_k,\tau} \right\|_{L_p(\mathbb{I}^d)}^p$$

$$\leqslant \sum_{k'=1}^{(N^*)^d} \int_{B_{k'}} \left| \sum_{k \neq k_x} \frac{\sum_{j=1}^{L} f(\eta_{k,j})}{L} N_{1,N^*,\xi_k,\tau}(x) \right|^p dx. \tag{5.34}$$

对任意的 k', 定义

$$\Xi_{k'} := \{k : \tilde{B}_{k,\tau} \cap B_{k'} \neq \varnothing, k \neq k'\}. \tag{5.35}$$

由于 $\tau \leqslant \dfrac{1}{2N^*}$, 易知

$$|\Xi_{k'}| \leqslant 3^d - 1, \qquad \forall\, k' \in \{1, \cdots, (N^*)^d\}. \tag{5.36}$$

根据 (5.11) 及 $|N_{1,N^*,\xi_k,\tau}(x)| \leqslant 1$ 可得: 对任意的 $L \in \mathbb{N}$, 成立

$$\int_{B_{k'}} \left| \sum_{k \neq k_x} \frac{\sum_{j=1}^{L} f(\eta_{k,j})}{L} N_{1,N^*,\xi_k,\tau}(x) \right|^p dx$$

$$= \int_{B_{k'}} \left| \sum_{k \in \Xi_{k'}} \frac{\sum_{j=1}^{L} f(\eta_{k,j})}{L} N_{1,N^*,\xi_k,\tau}(x) \right|^p dx$$

$$\leqslant \|f\|_{C(\mathbb{I}^d)}^p \int_{B_{k'}} \left| \sum_{k \in \Xi_{k'}} N_{1,N^*,\xi_k,\tau}(x) \right|^p dx$$

$$\leqslant 3^{dp} \|f\|_{C(\mathbb{I}^d)}^p \int_{B_{k'}} \sum_{k \in \Xi_{k'}} |N_{1,N^*,\xi_k,\tau}(x)|^p dx$$

$$= 3^{dp} \|f\|_{C(\mathbb{I}^d)}^p \sum_{k \in \Xi_{k'}} \int_{\tilde{B}_{k,\tau} \cap B_{k'}} |N_{1,N^*,\xi_k,\tau}(x)|^p dx$$

$$\leqslant 3^{dp} \|f\|_{C(\mathbb{I}^d)}^p \sum_{k \in \Xi_{k'}} \int_{\tilde{B}_{k,\tau} \cap B_{k'}} dx.$$

注意到 $k' \notin \Xi_{k'}$, 我们有

$$\int_{\tilde{B}_{k,\tau} \cap B_{k'}} dx \leqslant \tau(N^*)^{1-d}, \qquad \forall\, k \in \Xi_{k'}.$$

则由 (5.36) 可导出

$$\int_{B_{k'}} \left| \sum_{k \neq k_x} \frac{\sum_{j=1}^{L} f(\eta_{k,j})}{L} N_{1,N^*,\xi_k,\tau}(x) \right|^p dx \leqslant 3^{2dp} \|f\|_{C(\mathbb{I}^d)}^p \tau (N^*)^{1-d}.$$

将上式代入 (5.34), 由 $\tau \leqslant (N^*)^{-1-pr} \left(\dfrac{s}{2N^d} \right)$ 可得

$$\left\| \sum_{k \neq k_x} \frac{\sum_{j=1}^{L} f(\eta_{k,j})}{L} N_{1,N^*,\xi_k,\tau} \right\|_{L_p(\mathbb{I}^d)} \leqslant (\tau N^*)^{d/p} 3^{2d} \|f\|_{C(\mathbb{I}^d)}$$

$$\leqslant 3^{2d} \|f\|_{C(\mathbb{I}^d)} (N^*)^{-r} \left(\frac{s}{N^d} \right)^{\frac{1}{p}}. \tag{5.37}$$

将 (5.33) 及 (5.37) 代入 (5.27), 则有

$$\|f - N_{2,N^*,L,\tau}\|_{L_p(\mathbb{I}^d)} \leqslant \bar{C}(N^*)^{-r} \left(\frac{s}{N^d} \right)^{1/p},$$

其中 $\bar{C} := c_0^{1/p} 2^{\frac{2d+pr-2}{2p}} + 3^{2d} \|f\|_{C(\mathbb{I}^d)}$. 引理 5.4 得证. □

现在我们来证明定理 5.3.

定理 5.3 的证明　式 (5.14) 的下界可参阅文献 [23]. 我们将上界的证明分为四步.

第 1 步: 误差分解. 定义

$$\widetilde{N_{D,N^*,\tau}}(x) := \sum_{k=1}^{(N^*)^d} \frac{\sum_{x_i \in B_k} f_\rho(x_i) N_{1,N^*,\xi_k,\tau}(x)}{|\tilde{B}_{k,\tau,D}|}. \tag{5.38}$$

由引理 5.3 及 $f_\rho(x) = \mathbb{E}[y|x]$ 可知

$$\mathbb{E}\left[\|N_{D,N^*,\tau} - f_\rho\|_\rho^2\right] = \mathbb{E}\left[\|N_{D,N^*,\tau} - \widetilde{N_{D,N^*,\tau}}\|_\rho^2\right]$$

$$+ \mathbb{E}\left[\|\widetilde{N_{D,N^*,\tau}} - f_\rho\|_\rho^2\right]. \tag{5.39}$$

式 (5.39) 的右端两项分别称为样本误差与逼近误差.

第 2 步: 样本误差估计. 基于 (5.12) 及 (5.38), 我们有

$$N_{D,N^*,\tau}(x) - \widetilde{N_{D,N^*,\tau}}(x) = \sum_{k=1}^{(N^*)^d} \frac{\sum_{x_i \in B_k} (y_i - f_\rho(x_i)) N_{1,N^*,\xi_k,\tau}(x)}{|\tilde{B}_{k,\tau,D}|}.$$

则

$$\mathbb{E}[\|N_{D,N^*,\tau} - \widetilde{N_{D,N^*,\tau}}\|_\rho^2]$$

$$= \int_{\mathbb{I}^d} \mathbb{E}\left[(N_{D,N^*,\tau}(x) - \widetilde{N_{D,N^*,\tau}}(x))^2\right] d\rho_X$$

$$= \int_{\mathbb{I}^d} \mathbb{E}\left[\left(\sum_{k=1}^{(N^*)^d} \frac{\sum_{x_i \in B_k}(f_\rho(x_i) - y_i)N_{1,N^*,\xi_k,\tau}(x)}{|\tilde{B}_{k,\tau,D}|}\right)^2\right] d\rho_X. \tag{5.40}$$

然而 $f_\rho(x) = \mathbb{E}[y|x]$ 及 $|y| \leqslant M$ 意味着

$$\mathbb{E}\left[\left(\sum_{k=1}^{(N^*)^d} \frac{\sum_{x_i \in B_k}(f_\rho(x_i) - y_i)N_{1,N^*,\xi_k,\tau}(x)}{|\tilde{B}_{k,\tau,D}|}\right)^2 \bigg| D_{\text{in}}\right]$$

$$= \sum_{k=1}^{(N^*)^d} \frac{\sum_{x_i \in B_k}(f_\rho(x_i) - y_i)^2(N_{1,N^*,\xi_k,\tau}(x))^2}{|\tilde{B}_{k,\tau,D}|^2}$$

$$\leqslant 4M^2 \sum_{k=1}^{(N^*)^d} \frac{(N_{1,N^*,\xi_k,\tau}(x))^2 \mathcal{I}_{|B_{k,D}| \neq 0}}{|\tilde{B}_{k,\tau,D}|},$$

将上式代入 (5.40), 我们有

$$\mathbb{E}[\|N_{D,N^*,\tau} - \widetilde{N_{D,N^*,\tau}}\|_\rho^2]$$

$$\leqslant 4M^2 \mathbb{E}\left[\sum_{k=1}^{(N^*)^d} \int_{\mathbb{I}^d} \frac{(N_{1,N^*,\xi_k,\tau}(x))^2 \mathcal{I}_{|B_{k,D}| \neq 0}}{|\tilde{B}_{k,\tau,D}|} d\rho_X\right].$$

结合 (5.11) 及 $|N_{1,N^*,\xi_k,\tau}(x)| \leqslant 1$, 可导出

$$\mathbb{E}[\|N_{D,N^*,\tau} - \widetilde{N_{D,N^*,\tau}}\|_\rho^2] \leqslant 4M^2 \sum_{k=1}^{(N^*)^d} \int_{\tilde{B}_{k,\tau}} \mathbb{E}\left[\frac{\mathcal{I}_{|B_{k,D}| \neq 0}}{|\tilde{B}_{k,\tau,D}|}\right] d\rho_X.$$

因为 $B_{k,D} \subseteq \tilde{B}_{k,\tau,D}$, $|B_{k,D}| \neq 0$ 蕴含着 $|\tilde{B}_{k,\tau,D}| \neq 0$, 所以由引理 5.2 可知

$$\mathbb{E}\left[\frac{\mathcal{I}_{|B_{k,D}| \neq 0}}{|\tilde{B}_{k,\tau,D}|}\right] \leqslant \mathbb{E}\left[\frac{\mathcal{I}_{|\tilde{B}_{k,\tau,D}| \neq 0}}{|\tilde{B}_{k,\tau,D}|}\right] \leqslant \frac{2}{(m+1)\rho_X(\tilde{B}_{k,\tau})}.$$

因此

$$\mathbb{E}[\|N_{D,N^*,\tau} - \widetilde{N_{D,N^*,\tau}}\|_\rho^2] \leqslant \frac{8M^2(N^*)^d}{m+1}. \tag{5.41}$$

第 3 步: 逼近误差估计. 对任一 $x \in \mathcal{X}$, 记

$$A_1(x) := \mathbb{E}\left[(\widetilde{N_{D,N^*,\tau}}(x) - f_\rho(x))^2 \big| |\tilde{B}_{k_x,\tau,D}| = 0\right] \mathbb{P}\left[|\tilde{B}_{k_x,\tau,D}| = 0\right],$$

$$A_2(x) := \mathbb{P}\left[|\tilde{B}_{k_x,\tau,D} \backslash B_{k_x,D}| = 0, |B_{k_x,D}| \geqslant 1\right]$$
$$\times \mathbb{E}\left[(\widetilde{N_{D,N^*,\tau}}(x) - f_\rho(x))^2 \big| |\tilde{B}_{k_x,\tau,D} \backslash B_{k_x,D}| = 0, |B_{k_x,D}| \geqslant 1\right]$$

及

$$A_3(x) := \mathbb{E}\left[(\widetilde{N_{D,N^*,\tau}}(x) - f_\rho(x))^2 \big| |\tilde{B}_{k_x,\tau,D} \backslash B_{k_x,D}| \geqslant 1\right]$$
$$\times \mathbb{P}\left[|\tilde{B}_{k_x,\tau,D} \backslash B_{k_x,D}| \geqslant 1\right].$$

则

$$\mathbb{E}\left[\|\widetilde{N_{D,N^*,\tau}} - f_\rho\|_\rho^2\right] = \int_{\mathcal{X}} A_1(x) d\rho_X + \int_{\mathcal{X}} A_2(x) d\rho_X + \int_{\mathcal{X}} A_3(x) d\rho_X. \quad (5.42)$$

我们先来估计 $\displaystyle\int_{\mathcal{X}} A_1(x) d\rho_X$. 由于当 $|\tilde{B}_{k_x,\tau,D}| = 0$ 时有 $\widetilde{N_{D,N^*,\tau}}(x) = 0$, 故

$$\mathbb{E}\left[(\widetilde{N_{D,N^*,\tau}}(x) - f_\rho(x))^2 \big| |\tilde{B}_{k_x,\tau,D}| = 0\right] = |f_\rho(x)|^2.$$

注意到

$$\mathbb{P}\left[|\tilde{B}_{k_x,\tau,D}| = 0\right] = [1 - \rho_X(\tilde{B}_{k_x,\tau})]^m.$$

当 $x \notin S$ 时, $f_\rho(x) = 0$, 并结合 $|f_\rho(x)| \leqslant M$, (5.29) 及不等式

$$v(1-v)^m \leqslant v e^{-mv} \leqslant \frac{1}{em}, \qquad \forall\, 0 \leqslant v \leqslant 1,$$

可得

$$\int_{\mathcal{X}} A_1(x) d\rho_X \leqslant \int_{\mathcal{X}} |f_\rho(x)|^2 [1 - \rho_X(\tilde{B}_{k_x,\tau})]^m d\rho_X$$

$$= \int_S |f_\rho(x)|^2 [1 - \rho_X(\tilde{B}_{k_x,\tau})]^m d\rho_X \leqslant M^2 \sum_{j=1}^s \sum_{k \in \tilde{\Lambda}_j} \rho_X(B_k)[1 - \rho_X(\tilde{B}_{k,\tau})]^m$$

$$\leqslant M^2 \sum_{j=1}^s \sum_{k \in \tilde{\Lambda}_j} \rho_X(\tilde{B}_{k,\tau})[1 - \rho_X(\tilde{B}_{k,\tau})]^m \leqslant \frac{2^d M^2 (N^*)^d}{em} \frac{s}{N^d}. \quad (5.43)$$

我们再来估计 $\int_{\mathcal{X}} A_2(x)d\rho_X$. 因为 $|\tilde{B}_{k_x,\tau,D}\backslash B_{k_x,D}| = 0$ 及 $|B_{k_x,D}| \geqslant 1$, 由 (5.38) 可导出

$$\widetilde{N_{D,N^*,\tau}}(x) := \sum_{k=1}^{(N^*)^d} \frac{\sum_{x_i \in B_k} f_\rho(x_i) N_{1,N^*,\xi_k,\tau}(x)}{|B_{k,D}|}.$$

因此, 令引理 5.4 中 $L = |B_{k,D}|$, 则对任意的 $\tau \leqslant \frac{s}{2N^d(N^*)^{1+pr}}$ 及 $N^* \geqslant 4N$, 成立

$$\int_{\mathcal{X}} A_2(x)d\rho_X$$

$$\leqslant \int_{\mathcal{X}} \mathbb{E}\left[(\widetilde{N_{D,N^*,\tau}}(x) - f_\rho(x))^2 \,\middle|\, |\tilde{B}_{k_x,\tau,D}\backslash B_{k_x,D}| = 0, |B_{k_x,D}| \geqslant 1\right]d\rho_X$$

$$= \mathbb{E}\left[\left\|\sum_{k=1}^{(N^*)^d} \frac{\sum_{x_i \in B_k} f_\rho(x_i) N_{1,N^*,\xi_k,\tau}(\cdot)}{|B_{k,D}|} - f_\rho\right\|_\rho^2\right]$$

$$\leqslant D_{\rho_X,p}^2 \mathbb{E}\left[\left\|\sum_{k=1}^{(N^*)^d} \frac{\sum_{x_i \in B_k} f_\rho(x_i) N_{1,N^*,\xi_k,\tau}(\cdot)}{|B_{k,D}|} - f_\rho\right\|_{L_p(\mathbb{I}^d)}^2\right]$$

$$\leqslant D_{\rho_X,p}^2 \bar{C}^2 (N^*)^{-2r} \left(\frac{s}{N^d}\right)^{2/p}. \tag{5.44}$$

最后, 我们估计 $\int_{\mathcal{X}} A_3(x)d\rho_X$. 由于 (5.38) 且 $|y| \leqslant M$, 则对任一 $x \in \mathbb{I}^d$, 由 (5.36) 及 (5.11) 可得

$$|f_\rho(x) - \widetilde{N_{D,N^*,\tau}}(x)| \leqslant M + M \sum_{k=1}^{(N^*)^d} N_{1,N^*,\xi_k,\tau}(x) \leqslant 3^d M.$$

根据 $D_{\rho_X,p}$ 的定义及 $\tau \leqslant D_{\rho_X,p}^{-p/d} m^{-\frac{p}{2d}}$, 我们有

$$\mathbb{P}\left[|\tilde{B}_{k_x,\tau,D}\backslash B_{k_x,D}| \geqslant 1\right] = 1 - [1 - \rho_X(\tilde{B}_{k_x,\tau,D}\backslash B_{k_x,D})]^m$$

$$\leqslant 1 - \left[1 - D_{\rho_X,p}^2[\rho_L(\tilde{B}_{k_x,\tau,D}\backslash B_{k_x,D})]^{\frac{2}{p}}\right]^m$$

$$\leqslant 1 - \left[1 - D_{\rho_X,p}^2 \tau^{\frac{2d}{p}}\right]^m \leqslant 1 - \left[1 - m D_{\rho_X,p}^2 \tau^{\frac{2d}{p}}\right] = m D_{\rho_X,p}^2 \tau^{\frac{2}{p}},$$

其中 ρ_L 表示 Lebesgue 测度, 最后一个不等式由 Bernoulli 不等式

$$(1+t)^m \geqslant 1 + mt, \qquad \forall\, t \geqslant -1$$

所导出. 综上所述, 当 $\tau \leqslant D_{\rho_X,p}^{-p/d} \left[m^{-\frac{2r}{2r+d}-1} \dfrac{s}{N^d} \right]^{\frac{p}{2d}}$ 时, 成立

$$\int_{\mathcal{X}} A_3(x) d\rho_X \leqslant 9^d M^2 m^{-\frac{2r}{2r+d}} \frac{s}{N^d}. \tag{5.45}$$

将 (5.43)—(5.45) 代入 (5.42), 则对任意的 $N^* \geqslant 4N$ 及 τ 满足 (5.13), 成立

$$\mathbb{E}\left[\|\widetilde{N_{D,N^*,\tau}} - f_\rho\|_\rho^2\right] \leqslant \frac{2^d M^2 (N^*)^d}{em} \frac{s}{N^d}$$
$$+ D_{\rho_X,p}^2 \bar{C}^2 (N^*)^{-2r} \left(\frac{s}{N^d}\right)^{2/p} + 9^d M^2 m^{-\frac{2r}{2r+d}} \frac{s}{N^d}. \tag{5.46}$$

第 4 步: 学习速率估计. 将 (5.41) 与 (5.46) 代入 (5.39), 若 $N^* \geqslant 4N$ 和 (5.13) 成立, 则

$$\mathbb{E}\left[\|N_{D,N^*,\tau} - f_\rho\|_\rho^2\right] \leqslant \frac{8M^2(N^*)^d}{m+1} + \frac{2^d M^2 (N^*)^d}{em} \frac{s}{N^d}$$
$$+ D_{\rho_X,p}^2 \bar{C}^2 (N^*)^{-2r} \left(\frac{s}{N^d}\right)^{2/p}$$
$$+ 9^d M^2 m^{-\frac{2r}{2r+d}} \frac{s}{N^d}.$$

由于 $N^* = \left\lceil \left(\dfrac{ms}{N^d}\right)^{1/(2r+d)} \right\rceil$ 且 $p \geqslant 2$, 若 (5.13) 成立, 则 $m \geqslant \dfrac{4^{2r+d} N^{2r+2d}}{s}$ 可推出

$$\mathbb{E}\left[\|N_{D,N^*,\tau} - f_\rho\|_\rho^2\right] \leqslant C(D_{\rho_X,p}^2 + 1) m^{-\frac{2r}{2r+d}} \left(\frac{s}{N^d}\right)^{\frac{2}{p} - \frac{2r}{2r+d}},$$

其中

$$C := 8M^2 + 2^d M^2/e + \bar{C}^2 + 9^d M^2.$$

定理 5.3 得证. $\qquad\qquad\qquad\qquad\qquad\qquad\qquad\qquad\qquad\qquad\qquad\square$

5.7　文 献 导 读

　　随着深度神经网络的广泛应用, 其内在的运行机理越来越受到众多学者和业界人士的重视. 网络结构作为神经网络取得成功的诱因之一, 自然引起了广泛关

注. 现阶段我们已有多种数据驱动的算法被设计出来以期能靠数据直接学出网络结构[51,82,128]. 然而, 这些数据驱动的结构学习算法更多的是针对某一特殊数据而非一类学习问题. 因此, 如何从理论的角度分析网络结构对深度神经网络学习能力的影响, 并设计适配于一类 (而非一个) 学习问题的网络结构是进一步推动深度神经网络发展的重要助力.

关于深度稀疏连接神经网络的逼近性能的研究已取得了较为丰硕的成果. 特别地, 文献 [109] 证明了深度稀疏连接神经网络能以较少的深度代价逼近平方函数与乘积函数, 进而在 $L_p\,(1 \leqslant p < \infty)$ 空间内建立了稀疏连接神经网络对光滑函数的逼近定理, 命题 5.2 摘自于文献 [109]. 进一步, 文献 [45] 结合 [130] 与 [109] 两篇文献的思想, 证明了深度稀疏连接神经网络在 C 空间内也具有相同的性质, 命题 5.2 与定理 5.3 均摘自文献 [45]. 再进一步, 文献 [39] 在 Sobolev 空间内建立了深度稀疏连接神经网络对光滑函数的同时逼近定理. 对稀疏连接神经网络有兴趣的读者可参阅 [15, 18, 30, 37] 等文献或者著名学者 Philipp Grohs 教授以及 Philipp Petersen 教授的相关论文.

关于深度稀疏连接神经网络的学习性能的研究也正在引起越来越多学者的关注. 文献 [52] 应用 [109] 的结论, 从学习理论的角度证明了稀疏连接神经网络可以很好地学习分片光滑函数. 文献 [45] 证明了稀疏连接神经网络的经验风险极小化策略可对多种学习任务具备 (近似) 最优泛化性, 定理 5.2 便是摘自文献 [45]. 文献 [24] 证明了运用树状结构, 稀疏连接神经网络可以有效提取目标函数的径向性质, 进而从学习理论的角度证明了该类神经网络的经验风险极小化在学习径向光滑函数时具备 (近似) 最优泛化性. 需要强调的是, 基于本书定理 3.6 所建立的 Oracle 不等式及定理 3.2 所建立的覆盖数估计, 使得从逼近误差的估计到学习误差的估计是显而易见的, 也就是说, 利用类似的方法, 只要有相应的逼近定理成立, 那么相应网络上的经验风险极小化策略的泛化性即可得到保证. 需要注意的是, 上述所有文献均暗含了深度-参数平衡现象, 即越深的网络往往需要越少的参数, 而越浅的网络往往需要越多的参数. 引起这一现象的核心原因就是命题 5.1 中稀疏连接神经网络对乘积函数的逼近存在深度-参数平衡现象. 关于深度-参数 (或者宽度) 平衡问题, 有兴趣的读者可参阅文献 [45, 94, 109, 114-116] 及相关作者的论文.

在神经网络逼近的证明中, 有众多非常精妙的构造. 比如文献 [109,130] 通过构造的方式找到了能很好地逼近平方函数、二元乘积函数的神经网络. 文献 [23, 119] 构造了能很好地识别空间稀疏性的神经网络. 文献 [45] 构造了能有效地提取目标函数径向性质的神经网络. 结合经典的神经网络构造理论 [21,87,100,110,111], 我们可以通过构造的方式获取一系列具有良好逼近性质的网络. 遗憾的是, 这些精妙的构造很少被直接应用于机器学习. 其原因有三点: 其一, 此类构造往往非常依赖于先验信息; 其二, 此类构造很少考虑到含噪数据, 从而直接使用会造成过拟合; 其三, 此类构造往往比较复杂, 需要很强的数学基础才能将其解释清楚, 因此没有引起众多机器学习学者的关注. 相较于上述困难, 这类构造带来的好处也是显而易见的: ① 可以大大减少神经网络的训练时间; ② 可以避免神经网络优化过程中的局部极小解、鞍点等一系列优化问题; ③ 具有非常强的理论保证. 基于上述优点, 也有一些学者利用构造神经网络的方法去处理数据, 有兴趣的读者可参阅文献 [33, 81, 84, 121, 127]. 5.4 节就是采用了这种构造而非训练的方式去获取深度稀疏连接神经网络. 定理 5.4 便是摘自文献 [84]. 有兴趣的读者可以考虑更多的在特定先验下的神经网络构造学习的问题.

最后我们对本章的论述作一个简单的总结.

本章总结

• 方法论层面: 本章聚焦深度神经网络的深度选择问题. 本章的核心观点是, 通过设计合适的连接方式及权共享机制, 使稀疏连接神经网络在不损失全连接神经网络逼近与泛化性能的同时, 有效地减少了所需的深度与参数个数. 同时, 本章还严格证明了, 特定的学习任务对网络的深度有特定的最小深度要求. 一旦神经网络的深度达到该最小深度要求时, 再增加神经网络的深度无法带来泛化上的好处. 这为深度神经网络结构的选择提供了一定的理论指导. 虽然在一般意义下, 深度稀疏连接神经网络的结构通常不太容易确定, 但是本章的结果表明, 在某些特定先验信息下, 网络结构是可以事先构造出来的. 这说明领域知识对神经网络的设计起着至关重要的作用.

• 分析技术层面: 本章提供了通过 "函数构造" 的方式进行逼近和学习的方法. 一般来讲, 这种构造的方式所得的结果不会出现额外的对数项, 从而使得所构造出来的神经网络针对特定的数据分布具备最优泛化性而非近似最优泛化性.

第 6 章　深度卷积神经网络的学习理论

本章导读

方法论: 卷积神经网络的优越性及结构选择问题.

分析技术: 卷积分解及内积的卷积表示.

第 5 章讲述了网络结构对深度神经网络逼近与学习性能的影响, 其核心思想是: 通过设计合适的网络结构确实能在降低训练代价的前提下本质提高深度神经网络的学习性能. 然而如何设计统一的、普适的网络结构是深度学习的又一难题. 鉴于卷积神经网络在博弈论、图像处理及自然语言处理等领域所取得的巨大成功, 本章聚焦卷积神经网络并重点关注网络结构的选择问题. 本章的内容包括三个方面: 第一, 探讨卷积神经网络中零填充的作用, 我们发现零填充对卷积的平移等价性以及相应卷积神经网络的万有逼近性都起着极其重要的作用; 第二, 讲述池化的作用, 我们发现池化机制不仅可以降低卷积神经网络所张成的假设空间的容量, 还可以加强网络的平移不变性, 并促成不同功能的神经网络的堆叠, 使卷积神经网络可以提取更多的数据特征; 第三, 证明通过合适的池化机制, 卷积神经网络的逼近能力不弱于深度全连接神经网络, 当然这种比较是建立在相仿参数个数的意义下的. 进一步, 我们探讨卷积神经网络的万有一致性, 进而证明卷积神经网络确实是一种可以被广泛应用于各类问题的普适结构, 这与 5.1 节所构造的仅面向空间稀疏性的稀疏连接神经网络是不同的. 分析技术方面, 本章提供了内积的卷积表示、参数幅值不可控的深度神经网络的覆盖数估计以及万有一致性的证明等普适性方法.

6.1　卷积神经网络

众所周知, 深度全连接神经网络和深度稀疏连接神经网络均存在结构选择困难的问题. 对于全连接神经网络, 其难点在于如何设置合适的深度及宽度向量. 我们在实际中很难遍历所有的深度与宽度组合, 从而使得全连接神经网络的理论优势很难被实现. 而对于稀疏连接神经网络, 我们不仅需要考虑深度和宽度, 更要设置合适的稀疏连接方式以及权共享机制, 这在实际中几乎难以实现. 虽然有人认为可以通过训练的方式在一个"大"的网络里训练出一个"小而精"的网络以实现网络结构的自适应性. 姑且不论这样的网络能否通过训练得到 (这需要严格的理论认证), 相应的算法设计及其收敛性分析本身就是一个极富挑战性的问题.

　　卷积神经网络的出现, 从某种程度上解决了上述问题. 如图 6.1 所示, 作为一种特殊的稀疏连接神经网络, 卷积神经网络通过固定的方式进行稀疏连接和权共享, 从而减少了全连接神经网络的参数数量并降低了稀疏连接神经网络的结构选择难度. 基于这种固定的模式, 卷积神经网络的结构是非常清晰的, 我们无需关注各层的宽度变化、稀疏连接方式及权共享机制, 而只需要注意其网络深度即可. 由于这种网络的结构统一性, 卷积神经网络被广泛应用于包括图像处理、信号处理、自然语言处理、博弈等多种场景, 并取得了突破性的进展. 然而在卷积神经网络的一片欣欣向荣中, 还存在着诸多理论问题亟待解决.

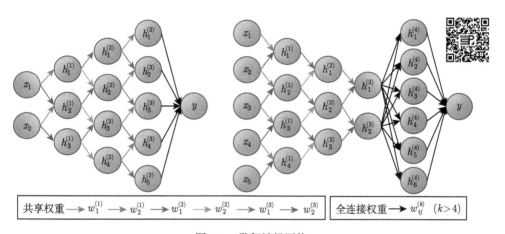

图 6.1　卷积神经网络

　　由于篇幅所限, 本书仅研究一维、单通道卷积神经网络. 我们先考虑经典的非零填充卷积神经网络. 令 $s \in \mathbb{N}$ 为卷积神经网络的滤波长度 (或卷积核宽度), $\boldsymbol{w} = (w_j)_{j=-\infty}^{\infty}$ 为长度为 s 的滤波向量, 即仅当 $0 \leqslant j \leqslant s$ 时, $w_j \neq 0$. 令 $d' \in \mathbb{N}$, 对任意的向量 $\boldsymbol{v} \in \mathbb{R}^{d'}$, 定义一维、单通道、非零填充卷积为

$$(\boldsymbol{w} \star \boldsymbol{v})_j = \sum_{k=0}^{s} w_{s-k} v_{j+k}, \qquad j = 1, \cdots, d' - s, \tag{6.1}$$

其中, $(\boldsymbol{v})_j$ 表示向量 $\boldsymbol{v}$ 的第 j 个元素. 若 $d' = d_{\ell-1}$ 及 $d_\ell = d_{\ell-1} - s$, 可定义压缩卷积算子 $\mathcal{C}^{\star}_{\ell, \boldsymbol{w}^\ell, \boldsymbol{b}^\ell} : \mathbb{R}^{d_{\ell-1}} \to \mathbb{R}^{d_\ell}$ 为

$$\mathcal{C}^{\star}_{\ell, \boldsymbol{w}^\ell, \boldsymbol{b}^\ell}(\boldsymbol{v}) := \boldsymbol{w}^\ell \star \boldsymbol{v} + \boldsymbol{b}^\ell, \tag{6.2}$$

其中 $\boldsymbol{w}^\ell$ 为长度为 s 的滤波向量, $\boldsymbol{b}^\ell \in \mathbb{R}^{d_\ell}$ 为偏置向量. 我们之所以称 (6.2) 所定义的算子为压缩卷积算子, 是如图 6.1 右图所示的那样, 非零填充卷积使得网络的宽度逐渐变小, 从而在网络宽度上起着压缩的作用. 由压缩卷积算子 (6.2), 我们可以定义相应的非零填充卷积神经网络如下

$$\mathcal{N}^\star_{L,s}(x) := \boldsymbol{a}_L \cdot \sigma \circ \mathcal{C}^\star_{L,\boldsymbol{w}_L,\boldsymbol{b}_L} \circ \sigma \circ \cdots \circ \sigma \circ \mathcal{C}^\star_{1,\boldsymbol{w}_1,\boldsymbol{b}_1}(x). \tag{6.3}$$

同理, 我们称式 (6.3) 所定义的卷积神经网络为压缩型神经网络. 为方便起见, 我们用 cDCNN 来表示此类网络. 记 $\mathcal{H}^{\text{cDCNN}}_{d_1,\cdots,d_L}$ 为所有式 (6.3) 所定义的 cDCNN 的集合. cDCNN 虽然已被广泛应用且取得了巨大的成功, 但其成功的原因目前还未被从理论上严格进行论证. 需要注意的是, 在实际应用中, 我们不仅要考虑 (6.3) 所定义的卷积结构, 还需要考虑在这个结构中, 是否需要零填充, 是否需要池化, 是否需要添加全连接层等基本问题.

注意到 cDCNN 的压缩性质, 我们无法无限延伸其深度, 因为当宽度小于 s 时, 我们是无法实施 (6.3) 的卷积操作的. 由定义可知, 若输入维度为 d, cD-CNN 的深度不会超过 d/s, 从而其参数个数不会超过 d, 这是无法保证其万有逼近性的. 事实上, 文献 [46] 已指出, 若激活函数为 ReLU, 则任何具有万有逼近性质的深度神经网络的网络宽度不能小于 $d+1$. 由此我们可直接得到下述命题.

命题 6.1　cDCNN 的逼近局限性

存在绝对常数 $c^* > 0$, 使得对任意的 $s \in \mathbb{N}$, 成立 $L \leqslant d/s$ 及

$$\sup_{f \in C(\mathbb{I}^d)} \inf_{g \in \mathcal{H}^{\text{cDCNN}}_{d_1,\cdots,d_L}} \|f - g\|_{C(\mathbb{I}^d)} \geqslant c^*.$$

---

cDCNN 的逼近局限性是显而易见的, 其带来的后果是非常致命的, 即我们无法仅用 cDCNN 直接进行机器学习而是需要接入全连接层以提高其逼近性能, 正如图 6.1 右图所展示的那样. 然而, 这样的混合结构同样带来了一些不好的影响: 一方面, 我们无法确定接入什么样的全连接层才是合适的? 全连接层的宽度选择与深度选择使得卷积神经网络训练陷入与全连接神经网络训练一样的泥潭; 另一方面, 全连接层是否会破坏卷积神经网络所提取的特征? 比如说卷积结构本身暗含了某种不变性, 但通过全连接层作用后, 这种不变性有可能会消失. 由此我们需要关注下述问题.

> **问题 6.1 全连接层的必要性**
>
> 卷积神经网络是否一定需要连接全连接层?

该问题是深度神经网络结构选择问题的重要组成部分. 全连接层的必要性不仅决定了深度卷积神经网络的逼近性能, 更对其解释性起着至关重要的作用. 除了万有逼近性, 交换律在特征提取中也是非常重要的. 若某些操作满足交换律, 那么提取特征的先后顺序就无需关注, 反之, 则需要谨慎设置特征提取操作的先后顺序. 由定义可知, 式 (6.3) 所定义的卷积是遵循交换律的, 即用压缩卷积 (6.3) 提取特征时, 我们不需要太关注所提特征的先后顺序, 这是 cDCNN 相较全连接神经网络的本质优势. 由此产生了下述问题.

> **问题 6.2 卷积操作的交换律**
>
> 如何设置合适的操作使得 cDCNN 在提升特征提取能力的前提下不破坏交换律?

注意到全连接层与卷积层、全连接层与全连接层一般不遵循交换律, 所以通过在卷积层后面拼接全连接层必然会破坏交换律, 从而我们很难从统一的网络结构中分析所提取特征的先后顺序. 需要注意的是, 从深度神经网络的设计上讲, 人们默认了神经网络可以提取多组特征, 且与所提特征的先后顺序无关. 问题 6.2 的解答可以解决上述问题的不一致性, 从而对深度神经网络的结构设置提供理论指导.

在介绍压缩卷积的第三个局限性前, 我们先介绍两个定义, 即平移等价性与平移不变性. 令 $j, p \in \mathbb{N}$ 满足 $j + p \leqslant d + 1$, 若 d 维向量支撑在 $\{j, j+1, \cdots, j+p-1\}$ 上, 我们将该向量记为 $\boldsymbol{v}_{p,d,j}$, 即

$$\boldsymbol{v}_{p,d,j} = (\overbrace{0, \cdots, 0}^{j-1}, v_1, \cdots, v_p, \overbrace{0, \cdots, 0}^{d-p-j+1})^{\mathrm{T}}. \tag{6.4}$$

令 $A_{j,d}$ 为 $(j+i, 1+i)$-项为 1, 其余项为 0 的 $d \times d$ 方阵, 其中 $i = 0, 1, \cdots, d-j$, 则易知 $A_{j,d}$ 为满足

$$A_{j,d} \circ \boldsymbol{v}_{p,d,1} = \boldsymbol{v}_{p,d,j} \tag{6.5}$$

的平移矩阵 (或算子). 基于平移矩阵, 可得到如下定义.

> **定义 6.1　平移等价性与平移不变性**
>
> 令 $\mathcal{B}_{d',d} : \mathbb{R}^d \to \mathbb{R}^{d'}$ 为线性算子，$A_{j,d}$ 为满足式 (6.5) 的平移算子. 若
>
> $$\mathcal{B}_{d',d} \circ A_{j,d} \circ \boldsymbol{v}_{p,d,1} = A_{j,d'} \circ \mathcal{B}_{d',d} \circ \boldsymbol{v}_{p,d,1}, \quad \forall j = 1, \cdots, d-p,$$
>
> 则称 $\mathcal{B}_{d',d}$ 是平移等价算子. 进一步，若有
>
> $$\mathcal{B}_{d',d} \circ A_{j,d} \circ \boldsymbol{v}_{p,d,1} = \mathcal{B}_{d',d} \circ \boldsymbol{v}_{p,d,1}, \quad \forall j = 1, \cdots, d-p,$$
>
> 则称 $\mathcal{B}_{d',d}$ 为平移不变算子.

　　平移等价性与平移不变性是图像与信号的标准数据特征之一，如图 6.2 所示，判断一只动物是猫还是狗与其所在的位置无关，即将该目标平移到图像的任何区域都不应该影响我们的判断. 深度学习的一个常识是我们可以通过卷积结构直接体现出平移等价性或平移不变性，这也是卷积神经网络的最重要特征之一，是全连接神经网络做不到的. 然而，如果仅仅用压缩卷积，我们实质上无法完全保留这种平移等价性，因为压缩性质会使得卷积神经网络无法平衡那些支撑在边缘的向量. 如下命题说明了压缩卷积的这一局限性.

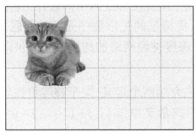

(a) 猫位于图像的左上角　　　　　　　　　　　　　　(b) 猫位于图像的右下角

图 6.2　图像的平移不变性

> **命题 6.2　压缩卷积的平移等价性约束**
>
> 令 $d' \in \mathbb{N}$，$1 \leqslant p \leqslant d'$ 及 $2 \leqslant s \leqslant d'$ 满足 $d'-p \geqslant 2s$. 存在波长为 s 的滤波向量 $\boldsymbol{w}^\ell$ 及 $j \in \{1, \cdots, d'-s\}$ 使得
>
> $$A_{j,d'-s} \circ (\boldsymbol{w}^\ell \star \boldsymbol{v}_{p,d',1}) \neq \boldsymbol{w}^\ell \star (A_{j,d'} \circ \boldsymbol{v}_{p,d',1}). \tag{6.6}$$

上述命题是显而易见的. 事实上, 一定存在波长为 s 的滤波向量 $\boldsymbol{w}^\ell$ 使得 $\boldsymbol{w}^\ell \star \boldsymbol{v}_{p,d',1}$ 有最多 s 个非零项, 但是对于满足 $s \leqslant j \leqslant d'-p-s$ 的 j, $\boldsymbol{w}^\ell \star (A_{j,d'} \circ \boldsymbol{v}_{p,d',1})$ 最多有 $2s-1$ 个非零项, 从而 (6.6) 成立. 上述命题表明, 在没有任何额外操作的情况下, 压缩卷积无法完全反映数据的平移等价性. 为此, 我们需要关注如下问题.

> **问题 6.3　压缩卷积的平移不变性**
>
> 如何设置合适的操作使得压缩卷积具备平移等价性或平移不变性?

问题 6.3 的解决表明卷积神经网络可以通过网络结构提取先验信息. 结合上述三个问题, 我们发现压缩卷积并不像众多应用所展示的那样在各方面都具有良好的性能. 其良好性能的实现, 需要额外的操作, 诸如全连接层、零填充和池化等.

6.2　零填充在卷积神经网络中的作用

本节我们着重讲述零填充在卷积神经网络中的重要作用: 通过零填充, 我们可以改进压缩卷积的非万有逼近性和非平移等价性且不损害其可交换性. 令 $\boldsymbol{w}$ 为长度为 s 的滤波向量, $\boldsymbol{v} \in \mathbb{R}^{d'}$, 定义一维、单通道、零填充卷积为

$$(\boldsymbol{w} * \boldsymbol{v})_j = \sum_{k=1}^{d'} w_{j-k} v_k, \qquad j = 1, \cdots, d'+s. \tag{6.7}$$

如图 6.3 所示, 零填充使得卷积扩大了输入的维度, 从而我们称这类卷积为扩张型卷积. 对任意的 $\boldsymbol{v} \in \mathbb{R}^{d_{\ell-1}}$ 及 $d_\ell = d_{\ell-1} + s$, 定义扩张卷积算子

$$\mathcal{C}_{\ell, \boldsymbol{w}^\ell, \boldsymbol{b}^\ell}(\boldsymbol{v}) := \boldsymbol{w}^\ell * \boldsymbol{v} + \boldsymbol{b}^\ell, \tag{6.8}$$

其中 $\boldsymbol{b}^\ell \in \mathbb{R}^{d_\ell}$ 为偏置向量. 定义 L 层扩张型卷积神经网络为

$$\mathcal{N}_{L,s}(x) = \boldsymbol{a}_L \cdot \boldsymbol{V}_{d_1, \cdots, d_L}^{\text{eDCNN}}, \tag{6.9}$$

其中

$$\boldsymbol{V}_{d_1, \cdots, d_L}^{\text{eDCNN}} := \sigma \circ \mathcal{C}_{L, \boldsymbol{w}_L, \boldsymbol{b}_L} \circ \sigma \circ \cdots \circ \sigma \circ \mathcal{C}_{1, \boldsymbol{w}_1, \boldsymbol{b}_1}(x). \tag{6.10}$$

我们将 (6.9) 所定义的扩张型卷积神经网络记为 eDCNN, 并用 $\mathcal{H}_{L,s}^{\text{eDCNN}}$ 表示所有滤波长为 s, 深度为 L 的 eDCNN 的集合. 由卷积的定义可知, 若不考虑偏置向量, 则 eDCNN 与 cDCNN 每一层的参数个数是相同的. 然而, 由于零填充的作用, eDCNN 不存在 cDCNN 那样的深度约束, 其深度可趋于无穷, 这为提高

cDCNN 的逼近能力提供了先决条件. 下面我们从理论上阐明扩张型卷积遵循交换律.

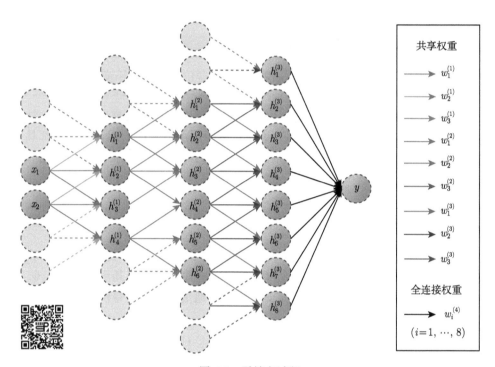

图 6.3　零填充过程

命题 6.3　扩张型卷积的交换律

令 $s \in \mathbb{N}$. 对任意长度为 s 的滤波向量 $\boldsymbol{w}^1$ 及 $\boldsymbol{w}^2$, 成立

$$\boldsymbol{w}^1 * \boldsymbol{w}^2 = \boldsymbol{w}^2 * \boldsymbol{w}^1.$$

由命题 6.3 可知, 零填充保持了卷积结构的可交换性. 在这种情况下, 提取特征的先后顺序不再受到网络结构的影响, 从而使得网络具备更强的可解释性. 更进一步, 交换律说明当提取多组特征时, 网络可不唯一. 命题 6.3 回答了问题 6.2: 使用如图 6.3 所示的零填充操作可以保持卷积运算的交换律并且后续论述将表明, 这一操作还能从本质上提升 cDCNN 的特征提取能力. 下述命题表明零填充还可以消除压缩卷积神经网络在边缘支撑上的非平移等价性.

> **命题 6.4　扩张型卷积的平移等价性**
>
> 令 $L \in \mathbb{N}$, $1 \leqslant p \leqslant d$, $2 \leqslant s \leqslant d$, $d_0 = d$, $d_\ell = d_{\ell-1} + s$ 及 $\{\boldsymbol{w}^\ell\}_{\ell=1}^L$ 为一系列长度为 s 的滤波向量. 对任意的 $1 \leqslant j \leqslant d - p + 1$, 均有
>
> $$A_{j,d_L} \circ (\boldsymbol{w}^L * \cdots * \boldsymbol{w}^1 * \boldsymbol{v}_{p,d,1}) = \boldsymbol{w}^L * \cdots * \boldsymbol{w}^1 * (A_{j,d} \circ \boldsymbol{v}_{p,d,1}). \qquad (6.11)$$

由于上述结论对任意的 $L \in \mathbb{N}$ 均成立, (6.11) 实际上证明了卷积与平移的可交换性, 也就是平移操作与卷积操作的先后顺序不会影响网络的输出. 扩张型卷积的这种平移等价性具有两个好处: 一方面, 平移等价性是实现平移不变性的基础, 而平移不变性是图像与信号处理的重要特征之一; 另一方面, 平移与卷积的可交换性表明在使用卷积神经网络时, 能否精确找到数据的支撑并不是很重要, 因为我们可以通过卷积提取完特征后再对其支撑进行定位. 命题 6.4 部分地回答了问题 6.3, 即使用如图 6.3 所示的零填充操作可以保证卷积运算的平移等价性. 本节的最后一个命题, 我们证明 eDCNN 具备万有逼近性质.

> **命题 6.5　eDCNN 的万有逼近性**
>
> 对任意的 $2 \leqslant s \leqslant d$, 均有
>
> $$\lim_{L \to \infty} \inf_{g \in \mathcal{H}_{L,s}^{\text{eDCNN}}} \|f - g\|_{C(\mathbb{I}^d)} = 0, \qquad \forall f \in C(\mathbb{I}^d).$$

对比命题 6.1, 命题 6.5 说明了通过零填充可避免压缩卷积的有限深度. 同时, 命题 6.5 也回答了问题 6.1, 即全连接层并不是必需的, 事实上, 我们可以通过如图 6.3 所示的零填充操作来代替全连接层.

上述三个命题表明, 扩张型卷积不仅在保证交换律、平移等价性上好于压缩型卷积, 更为重要的是, 其万有逼近性表明用统一的扩张型卷积结构, eDCNN 完全可以集特征提取和函数逼近于一身, 从而无需额外的全连接层.

6.3　池化的作用

6.2 节讨论了零填充在卷积神经网络中的作用, 即保证交换律、促进平移等价性以及推动万有逼近性. 本节着重讲述卷积神经网络中池化操作的作用. 最大池化 (max-pooling)、平均池化 (average-pooling) 与位置池化是目前最常见的三种池化机制. 如图 6.4 所示, 最大池化聚焦于在特定数量的神经元内选出值最

大的那个神经元, 平均池化关注这些神经元取值的平均数, 而位置池化实际上是
小波分析里常用的下采样策略, 即在一组神经元内选取特定位置的神经元. 这三
种池化各有利弊. 简单来说, 最大池化更大限度地去除了冗余特征, 平均池化保
留了整体的数据特征, 而位置池化有定位的作用. 这三种池化的优劣更多地依赖
于具体问题, 我们无法从普适性的角度给出分析. 本节我们主要讨论位置池化的
作用.

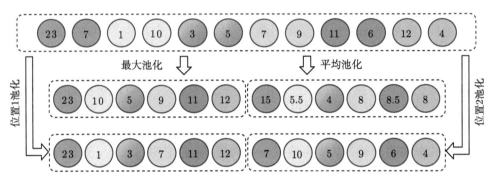

图 6.4　常见的池化机制示例

我们先从数学上给出位置池化的定义.

定义 6.2　位置池化

对任意的 $d', \mu \in \mathbb{N}$ 及向量 $\boldsymbol{v} \in \mathbb{R}^{d'}$, 定义收缩参数为 μ, 位置参数为 j 的位
置池化操作 $\mathcal{S}_{d',\mu,j} : \mathbb{R}^{d'} \to \mathbb{R}^{[d'/\mu]}$ 为

$$\mathcal{S}_{d',\mu,j}(\boldsymbol{v}) = (v_{k\mu+j})_{k=1}^{[d'/\mu]}, \tag{6.12}$$

若 $k\mu + j > d'$, 则令 $v_{k\mu+j} = 0$.

由上述定义可知, 位置池化操作 $\mathcal{S}_{d',u,j}$ 将 d' 个神经元分成 $[d'/\mu]$ 组, 并用第
$k\mu + j$ 个元素代表第 k 组. 其选择仅依赖于神经元所处的位置而与具体的取值无
关, 这与最大池化或平均池化是不一样的. 当然可以设置合适的偏置向量使得最
大池化、平均池化与位置池化在某种意义上得到统一, 由于这种设置不是本书的
核心内容, 我们就不进行深入讨论了. 下述命题阐述了通过位置池化卷积可表示
内积.

命题 6.6　内积的卷积表示

令 $\tilde{d}, d' \in \mathbb{N}$ 及 $2 \leqslant s \leqslant d'$. 则对任意的 $\tilde{d} \times d'$ 矩阵 W, 存在 $L^* = \left\lceil \dfrac{d'\tilde{d}}{s-1} \right\rceil$ 个波长为 s 的滤波向量 $\{w^{\ell}\}_{\ell=1}^{L^*}$, 使得

$$Wx = \mathcal{S}_{d'_{L^*},d',0}\left(w^{L^*} * \cdots * w^1 * x\right), \qquad \forall x \in \mathbb{R}^{d'}, \tag{6.13}$$

其中 $d'_{\ell} = d'_{\ell-1} + s$, $d'_0 = d'$.

上述命题表明, 在合适的池化机制下, 矩阵与向量的乘积可由多层卷积来表示. 注意到矩阵 W 共有 $\tilde{d} \times d'$ 个参数, 而式 (6.13) 右端的多层卷积至多有

$$L^*(s+1) = \left\lceil \frac{d'\tilde{d}}{s-1} \right\rceil (s+1) \leqslant 3d'\tilde{d}$$

个参数, 所以这样的卷积表示是建立在不本质增加参数个数的前提下的, 从而是一种有效的表示. 由于扩张型卷积遵循交换律, 故式 (6.13) 的表示并不唯一. 需要强调的是, 位置池化的核心作用是将卷积结构压缩到与内积结构一样的向量长度, 从而可以在神经网络中直接用卷积结构代替内积结构. 上述命题的一个直接结果就是任意的浅层神经网络 $\sigma(Wx + \boldsymbol{\theta})$ 均可由形如

$$\sigma\left(\mathcal{S}_{d'_{L^*},d',0}\left(w^{L^*} * \cdots * w^1 * x\right) + \boldsymbol{\theta}\right) \tag{6.14}$$

的卷积所表示.

命题 6.4 讲述了扩张型卷积的平移等价性, 即只说明了卷积操作和平移操作可以互换. 下述命题阐述了配备合适的位置池化机制后, 卷积结构具备平移不变性, 从而可以通过卷积神经网络体现数据的平移不变特征.

命题 6.7　卷积结构的平移不变性

令 $L \in \mathbb{N}$, $2 \leqslant s \leqslant d$, $1 \leqslant p \leqslant d$ 且 $\{w^{\ell}\}_{\ell=1}^{L}$ 为 L 个波长为 s 的滤波向量. 则对任意的满足 $j' \neq j$, $1 \leqslant j, j' \leqslant d-p+1$ 的 j, j', 均成立

$$\mathcal{S}_{d_L,d,j}(w^L * \cdots * w^1 * v_{p,d,j}) = \mathcal{S}_{d_L,d,j'}(w^L * \cdots * w^1 * v_{p,d,j'}). \tag{6.15}$$

　　命题 6.7 表明适当的位置池化可使扩张型卷积具备平移不变性, 即输入的平移通过卷积操作后并不改变其输出的结果. 需要注意的是, (6.15) 的平移不变性是通过不同的位置池化机制实现的, 这只是从理论上说明了适当的池化机制可以实现平移不变性, 而不是说同一池化机制可以保证卷积的平移不变性. 结合命题 6.7 与命题 6.4 可给出问题 6.1 的答案: 通过零填充可以实现卷积的平移等价性, 通过位置池化可以实现卷积的平移不变性. 由命题 6.7 与命题 6.6 可知, 就卷积结构与内积结构的对比而言, 卷积结构的优势在于其不仅可以反映出某些内积结构无法反映的特征, 比如平移不变性, 而且其对其他特征的提取能力一定不弱于内积结构. 如下推论反映了卷积结构的这一性质.

推论 6.1　卷积结构与内积结构的对比

令 $2 \leqslant s \leqslant d, p, j, d_1 \in \mathbb{N}, x$ 为支撑在 $\{j, j+1, \cdots, j+p-1\}$ 的向量, W 为 $d_1 \times d$ 的权矩阵, $\boldsymbol{b}$ 为 d_1 维偏置向量. 则存在 $L^* = \left\lceil \dfrac{d_1 d}{s-1} \right\rceil$ 个波长为 s 的滤波向量 $\{\boldsymbol{w}^\ell\}_{\ell=1}^{L^*}$ 使得对任意的 $1 \leqslant k \leqslant d-p+1$, 均有

$$\sigma(Wx + \boldsymbol{b}) = \sigma\left(S_{d_{L^*}, d, 0}\left(\boldsymbol{w}^{L^*} * \cdots * \boldsymbol{w}^1 * x\right) + \boldsymbol{b}\right)$$
$$= \sigma\left(S_{d_{L^*}, d, k}(\boldsymbol{w}^L * \cdots * \boldsymbol{w}^1 * (A_{k,d}x)) + \boldsymbol{b}\right).$$

　　上述推论表明, 扩张型卷积结构和合适的位置池化机制在不损失浅层神经网络逼近性能的前提下通过结构本身体现了平移不变性, 从而说明了卷积结构的优势及池化的作用. 推论 6.1 聚焦于浅层网络, 而以下命题将证明位置池化可以辅助卷积神经网络逼近全连接神经网络.

命题 6.8　池化的网络叠加推动性质

令 $J, d \in \mathbb{N}, 2 \leqslant s \leqslant d, d_1, \cdots, d_J \in \mathbb{N}, d_0 = d$ 及 $L_j = \left\lceil \dfrac{d_{j-1} d_j}{s-1} \right\rceil$. 若 W^j 为 $d_j \times d_{j-1}$ 矩阵, 则对任意的 $x \in \mathbb{R}^d$, 存在 $\sum_{j=1}^{J} L_j$ 个波长为 s 的滤波向量 $\{\boldsymbol{w}^{j,\ell}\}_{\ell=1}^{L_j}, j = 1, \cdots, J$, 使得

$$W^J W^{J-1} \cdots W^1 x = \mathcal{S}_{d_J, d_{J-1}, 0}\left(\boldsymbol{w}^{J, L_J} * \cdots * \boldsymbol{w}^{J,1}\right)$$
$$* \cdots * \mathcal{S}_{d_1, d_0, 0}\left(\boldsymbol{w}^{1, L_1} * \cdots * \boldsymbol{w}^{1,1} * x\right). \tag{6.16}$$

该命题的证明与命题 6.7 的证明完全一样, 我们将其留给感兴趣的读者. 命题 6.8 讲述了通过合适的位置池化机制, 扩张型卷积结构在不本质增加参数个数及保证平移不变性的前提下, 可以表示多重内积结构. 注意到深度神经网络的核心思想就是通过多重内积结构提取数据特征进行学习, 所以命题 6.8 表明位置池化机制实现了卷积神经网络从逼近一重内积结构到逼近多重内积结构的提升, 从而可被视为网络叠加的推动器. 本节的三个命题表明, 池化机制在卷积神经网络中起着至关重要的作用. 池化使卷积结构具备了平移不变性, 并且作为网络叠加推动器使卷积神经网络可以有效地表示多层神经网络.

6.4 卷积神经网络的逼近与学习性能

上述两节讲述了卷积结构中零填充与池化的作用, 本节我们着重讨论卷积神经网络的逼近与学习性能. 令 $\boldsymbol{w}^\ell$ 为波长为 s 的滤波向量, $b^\ell \in \mathbb{R}$, 定义带约束的卷积算子

$$\mathcal{C}^R_{\ell,\boldsymbol{w}^\ell,b^\ell}(x) := \boldsymbol{w}^\ell * x + b^\ell \mathbf{1}_{d_\ell},\tag{6.17}$$

其中 $\mathbf{1}_{d_\ell} = (1, \cdots, 1)^{\mathrm{T}}$ 为 d_ℓ 维全 1 向量, 并定义

$$\mathcal{N}^R_{L,s}(x) = \boldsymbol{a}^L \cdot \mathcal{S}_{d_L,d,0} \circ \sigma \circ \mathcal{C}_{L,\boldsymbol{w}^L,\boldsymbol{b}^L} \circ \sigma \circ \mathcal{C}^R_{L-1,\boldsymbol{w}^{L-1},b^{L-1}} \circ \cdots \circ \sigma \circ \mathcal{C}^R_{1,\boldsymbol{w}^1,b^1}(x)\tag{6.18}$$

为偏置约束的位置池化扩张型卷积神经网络. 由 (6.17) 可知, $\mathcal{N}^R_{L,s}$ 前 $L-1$ 层的每一层中的神经元的偏置均相同, 而第 L 层的各个神经元的偏置不同. 如此设置的主要目的是尽可能保证卷积神经网络的平移不变性. 记 $\mathcal{H}^R_{L,s}$ 为所有形如 (6.18) 的卷积神经网络的集合, 易知 $\mathcal{H}^R_{L,s} \subset \mathcal{H}^{\mathrm{eDCNN}}_{L,s}$. 下述定理表明, 卷积神经网络的特征提取能力不弱于浅层神经网络.

定理 6.1　浅层神经网络的卷积神经网络表示

令 $2 \leqslant s \leqslant d$, $n \in \mathbb{N}$, $d_0 = d$, $d_\ell = d_{\ell-1} + s$ 及 $L^* = \left\lceil \dfrac{nd}{s-1} \right\rceil$. 对任意的 $W \in \mathbb{R}^{n \times d}$ 及 $\boldsymbol{\theta} \in \mathbb{R}^n$, 存在 $b^\ell \in \mathbb{R}$, $1 \leqslant \ell \leqslant L^* - 1$, $b^{L^*} \in \mathbb{R}^{d_{L^*}}$ 及 L^* 个波长为 s 的滤波向量 $\boldsymbol{w}^\ell$, 使得

$$\sigma(Wx+\boldsymbol{\theta}) = \mathcal{S}_{d_{L^*},d,0} \circ \sigma \circ \mathcal{C}^R_{L^*,\boldsymbol{w}^{L^*},\boldsymbol{b}^{L^*}} \circ \sigma \circ \mathcal{C}^R_{L^*-1,\boldsymbol{w}^{L^*-1},b^{L^*-1}} \circ \cdots \circ \sigma \circ \mathcal{C}^R_{1,\boldsymbol{w}^1,b^1}(x).$$

定理 6.1 表明只要浅层神经网络能提取的特征, 深度卷积神经网络也能提取. 特别地, 在位置池化的作用下, 卷积神经网络仅需调节 $\mathcal{O}(nd)$ 个参数, 这

与浅层网络所需调节的参数个数是类似的. 由上述定理我们很自然能得到下述推论.

推论 6.2 浅层神经网络与卷积神经网络的逼近能力比较

令 $2 \leqslant s \leqslant d$, $n \in \mathbb{N}$, $d_0 = d$, $d_\ell = d_{\ell-1} + s$ 及 $L^* = \left\lceil \dfrac{nd}{s-1} \right\rceil$. 则对任意的 $f \in C(\mathbb{I}^d)$ 成立

$$\mathrm{dist}(f, \mathcal{H}^R_{s,L^*}, C(\mathbb{I}^d)) \leqslant \mathrm{dist}(f, \mathcal{H}_{n,\sigma}, C(\mathbb{I}^d)).$$

推论 6.2 展示了卷积神经网络在逼近方面相较于浅层神经网络的优越性. 注意到 6.3 节所提出的卷积结构本身可以在一定程度上反映出数据的平移不变性与平移等价性, 定理 6.1 与推论 6.2 从函数逼近的角度解释了卷积神经网络为什么会在图像处理、自然语言处理、信号处理等领域取得比浅层神经网络更好的效果.

上面的结论只是针对卷积神经网络与浅层神经网络的比较, 下面我们证明, 在合适的位置池化机制的作用下, 卷积神经网络的性能至少不比全连接神经网络差. 给定深度簇 $\{L_\ell\}_{\ell=1}^{L^*}$ 及 $L_0 = 0$, 定义

$$
\begin{aligned}
\mathcal{M}^R_\ell(x) :=& \mathcal{S}_{d_{L_\ell}, d_{L_{\ell-1}}, 0} \circ \sigma \circ \mathcal{C}_{L_\ell, \boldsymbol{w}^{L_\ell}, \boldsymbol{b}^{L_\ell}} \\
& \circ \sigma \circ \mathcal{C}^R_{L_\ell-1, \boldsymbol{w}^{L_\ell-1}, \boldsymbol{b}^{L_\ell-1}} \circ \cdots \circ \sigma \circ \mathcal{C}^R_{L_1, \boldsymbol{w}_1^L, \boldsymbol{b}^{L_1}}(x).
\end{aligned}
\tag{6.19}
$$

令

$$
\mathcal{N}^R_{L_1, \cdots, L_{L^*}, s}(x) = \boldsymbol{a}^{L^*} \cdot \mathcal{M}^R_{L^*} \circ \mathcal{M}^R_{L^*-1} \circ \cdots \circ \mathcal{M}^R_1(x).
\tag{6.20}
$$

记 $\mathcal{H}^R_{L_1, \cdots, L_{L^*}, s}$ 为所有形如 (6.20) 所定义的 $\mathcal{N}^R_{L_1, \cdots, L_{L^*}, s}$ 的集合. 我们可由定理 6.1 得到下述推论.

推论 6.3 深度神经网络与卷积神经网络的逼近能力比较

令 $2 \leqslant s \leqslant d$ 及 $L^* \in \mathbb{N}$. 若对任意的 $\ell = 1, 2, \cdots, L^*$, 有 $L_\ell = \left\lceil \dfrac{d_\ell d_{\ell-1}}{s-1} \right\rceil$, 则

$$\mathrm{dist}(f, \mathcal{H}^R_{L_1, \cdots, L_{L^*}, s}, C(\mathbb{I}^d)) \leqslant \mathrm{dist}(f, \mathcal{H}_{d_1, \cdots, d_{L^*}, \sigma}, C(\mathbb{I}^d)).$$

推论 6.3 阐述了在合适的池化机制下, eDCNN 的逼近能力至少不弱于全连接神经网络, 这也说明了结构在深度神经网络中的重要作用. 在本节的最后, 我们给

出卷积神经网络的万有一致性, 从而说明应用 eDCNN 这种统一的结构可以逼近任意的连续函数. 为方便讲述, 我们在后续的理论中不考虑池化机制. 事实上, 对于带池化机制的 eDCNN, 结论也成立. 我们考虑经验风险极小化策略

$$f_{D,L,s} := \arg \min_{f \in \mathcal{H}_{L,s}^{\mathrm{eDCNN}}} \frac{1}{m} \sum_{i=1}^{m} (f(x_i) - y_i)^2. \tag{6.21}$$

下述定理表明了 (6.21) 所定义的估计具备万有一致性.

定理 6.2　卷积神经网络的万有一致性

令 $\theta \in (0, 1/2)$ 为任意的实数及 $2 \leqslant s \leqslant d$. 若 $L = L_m \to \infty$, $M = M_m \to \infty$, $M_m^2 m^{-\theta} \to 0$ 且

$$\frac{M_m^4 L_m^2 (L_m + d) \log L_m \log(M_m m)}{m^{1-2\theta}} \to 0, \tag{6.22}$$

则 $\pi_{M_m} f_{D,L_m,s}$ 满足定义 1.3 所给的万有一致性.

定理 6.2 表明, 只要深度满足 (6.22), 那么在以 eDCNN 张成的假设空间实施经验风险极小化可以完成任意的学习任务. 需要强调的是, 万有一致性是机器学习方法需要满足的最基本的性质, 通过前面章节的描述, 我们易知不论是浅层网络、全连接神经网络还是稀疏连接神经网络都具备该特性. 因此该定理只是阐明了卷积神经网络的可行性, 并未揭示其优越性. 如何利用更好的数学工具得出卷积神经网络在学习性能上的优越性目前还是一个亟待开发的问题. 欢迎有兴趣的读者关注相关的研究方向. 在定理 6.2 中, 有四个条件去保证 eDCNN 的万有一致性: ① $L_m \to \infty$; ② $M_m \to \infty$; ③ $M_m^2 m^{-\theta} \to 0$; ④ 条件 (6.22). 条件 ① 是很自然的, 因为 $L_m \to \infty$ 是保证万有逼近性的必要条件, 而万有逼近性又是万有一致性的必要条件. 条件 ② 是非常弱的, 因为我们没有限定输出有界, 在输出有可能无界的情况下, 我们没有办法通过有界的估计去学习无界的输出. 条件 ③ 刻画了 M_m 与 m 的关系, 表明 M_m 随 m 增长的速度慢于 m^θ. 条件 ④ 即 (6.22), 可以通过设置合适的 M_m, L_m 及 θ 来满足. 比如说, 可以设置 $M_m = \log m$ 及 $L_m = m^\alpha$ ($\alpha < 1/3$), 使得上述的四个条件都满足.

6.5　数值实验

在本节中, 我们将提出的 eDCNN 方法应用于两类实际问题: ① 活动识别; ② 心电图心跳分类. 所用数据集和实验执行细节描述如下:

• WISDM 数据集 [70]: 该数据集是通过围绕人腰部的移动设备从智能手机上采集到的加速度数据, 包括来自不同的人进行上楼、下楼、慢跑、坐着、站立和走路六种运动的 1098207 个样本. 我们将 ID 为 1 至 28 的用户数据用于训练模型, ID 大于 28 的用户数据作为测试集; 将 80 个时间段视为一个记录, 即网络的输入是大小为 80×3 的矩阵, 网络的输出是长度为 6 的向量. 在网络训练中, 损失函数为交叉熵函数, 优化器为 Adam, 批量大小和最大迭代轮次分别设置为 400 和 50, 同时运用早期停止策略.

• MIT-BIH 心律失常数据集 [55]: 该数据集来自 1975 年至 1979 年间 BIH 心律失常实验室研究的 47 名受试者的 48 个半小时双通道动态心电图片段, 文献 [55] 运用心跳提取方法对数据进行了预处理, 包含了五个类别的 109446 个样本. 我们随机选择 80% 的样本作为训练集, 剩余的 20% 作为测试集. 由于每个样本有 187 个特征, 故网络的输入是长度为 187 的向量, 网络的输出是长度为 5 的向量. 与之前类似, 选择交叉熵函数为损失函数, 选择 Adam 为优化器, 并且使用提前停止策略来训练网络, 批量大小和最大迭代轮次分别设置为 32 和 100.

• PTB 诊断心电图数据集 [55]: 该数据集包含 290 名受试者的 549 条记录 (年龄段为 17 岁至 87 岁, 平均 57.2 岁; 209 名男性, 平均 55.5 岁; 81 名女性, 平均 61.6 岁; 1 名女性和 14 名男性受试者未记录年龄). 每名受试者由一到五条记录表示. 通过使用文献 [55] 中的心跳提取方法, 获得两个类别的 14552 个样本. 针对该数据的网络实现细节与 MIT-BIH 心律失常数据集相同, 不同之处是网络的输出是长度为 2 的向量.

在这里, WISDM 数据集用于人类活动识别模型, MIT-BIH 心律失常数据集和 PTB 诊断心电图数据集用于心电图心跳分类模型. 为了体现所提出的 eDCNN 的有效性, 我们将连接全连接层的 cDCNN 作为比较的基准. 针对所提出的 eD-CNN, 滤波器长度 s 在这两种应用中分别设置为 9 和 19. eDCNN 和 cDCNN 的网络结构如图 6.5 所示, 其中 LM 模块表示线性映射, FC 模块表示全连接层, $\text{ceil}(\cdot)$ 表示向上取整函数, $\text{mod}(\cdot)$ 表示求余函数. 容易看出, eDCNN 的网络结构比基准网络更简洁.

eDCNN 与传统 cDCNN 在测试数据上的分类正确率随着网络层数量的变化情况如图 6.6 所示. 容易看出, 对于 WISDM 数据集, eDCNN 和 cDCNN 具有相似的最佳预测结果; 对于 MIT-BIH 心律失常数据集和 PTB 诊断心电图数据集, eDCNN 在多个网络层个数下获得了比 cDCNN 更稳定的分类结果. 由于 eDCNN 具有良好的理论保证和简单的结构, 因此在实践中我们更倾向于使用 eDCNN 来代替传统的 cDCNN.

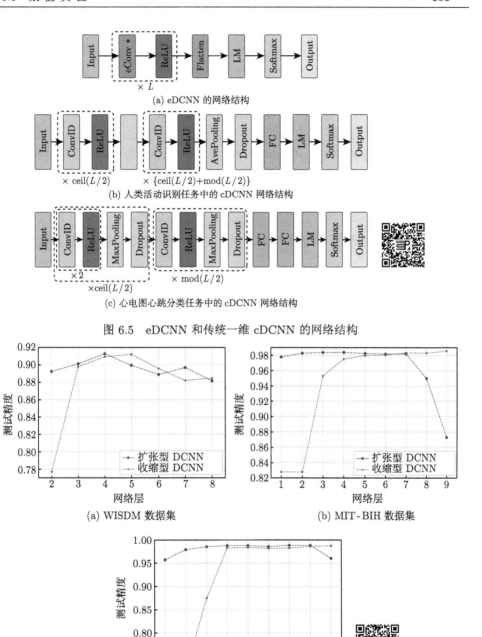

(a) eDCNN 的网络结构

(b) 人类活动识别任务中的 cDCNN 网络结构

(c) 心电图心跳分类任务中的 cDCNN 网络结构

图 6.5　eDCNN 和传统一维 cDCNN 的网络结构

(a) WISDM 数据集

(b) MIT-BIH 数据集

(c) PTB 数据集

图 6.6　eDCNN 和传统一维 cDCNN 在三个真实数据集上的正确率比较

6.6   相 关 证 明

本节的证明框架聚焦于如何利用复数域上的代数基本定理证明内积的卷积表示, 并基于该表示证明卷积神经网络的逼近性质不弱于全连接神经网络. 由于核心工具为代数基本定理, 我们无法给出相应权值的幅值估计, 因此本书第 3 章的方法无法适用于相关的卷积神经网络学习理论的推导. 为此, 我们需要推导出无幅值约束的卷积神经网络的覆盖数估计. 综上, 本章不仅提供了卷积神经网络在逼近方面的普适性证明方法, 更提供了无幅值约束的神经网络覆盖数估计及泛化误差推导的一般方法. 在介绍这些方法之前, 我们先证明命题 6.3 如下.

命题 6.3 的证明   对任意支撑于有限个非负整数的向量 $\boldsymbol{w}$, 在复数域 $\mathbb{C}$ 上定义其符号为 $\tilde{w}(z) = \sum_{k=-\infty}^{\infty} w_k z^k$. 对任意的 $\boldsymbol{w}^1, \boldsymbol{w}^2$, 直接计算可得 $\widetilde{\boldsymbol{w}^1 * \boldsymbol{w}^2} = \tilde{\boldsymbol{w}}^1 \tilde{\boldsymbol{w}}^2$. 注意到

$$\tilde{\boldsymbol{w}}^1 \tilde{\boldsymbol{w}}^2 = \tilde{\boldsymbol{w}}^2 \tilde{\boldsymbol{w}}^1 = \widetilde{\boldsymbol{w}^2 * \boldsymbol{w}^1},$$

则有

$$\widetilde{\boldsymbol{w}^1 * \boldsymbol{w}^2} = \widetilde{\boldsymbol{w}^2 * \boldsymbol{w}^1},$$

此即

$$\boldsymbol{w}^1 * \boldsymbol{w}^2 = \boldsymbol{w}^2 * \boldsymbol{w}^1.$$

命题 6.3 得证.   □

欲证命题 6.4, 我们先考虑 $D \times d'$ 稀疏 Toeplitz 形矩阵

$$T_{D,d'}^{\boldsymbol{w}} := \begin{bmatrix} w_0 & 0 & 0 & \cdots & 0 \\ w_1 & w_0 & 0 & \cdots & 0 \\ \vdots & \vdots & \vdots & \ddots & \vdots \\ w_{d'-2} & w_{d'-3} & w_{d'-4} & \cdots & 0 \\ w_{d'-1} & w_{d'-2} & w_{d'-3} & \cdots & w_0 \\ w_{d'} & w_{d'-1} & w_{d'-2} & \cdots & w_1 \\ \vdots & \vdots & \vdots & \ddots & \vdots \\ w_{D-d'} & w_{D-d'-1} & w_{D-d'-2} & \cdots & w_{D-2d'+1} \\ \vdots & \vdots & \vdots & \ddots & \vdots \\ w_{D-2} & w_{D-3} & w_{D-4} & \cdots & w_{D-d'-1} \\ w_{D-1} & w_{D-2} & w_{D-3} & \cdots & w_{D-d'} \end{bmatrix}, \tag{6.23}$$

其中 $D, d' \in \mathbb{N}$ 满足 $D > d'$, $\boldsymbol{w}$ 为滤波向量. 若 $\boldsymbol{w}$ 的波长为 $s \in \mathbb{N}$, 则矩阵 $T_{D,d'}^{\boldsymbol{w}}$ 的第 i 行第 k 列元素为 $\left(T_{D,d'}^{\boldsymbol{w}}\right)_{i,k} = w_{i-k}$, 其中当 $i - k > s$ 时, w_{i-k} 为 0. 由 (6.7) 可知

$$\boldsymbol{w} * \boldsymbol{v} = T_{d_j', d_{j-1}'}^{\boldsymbol{w}} \boldsymbol{v}, \qquad \forall\, \boldsymbol{v} \in \mathbb{R}^{d'}. \tag{6.24}$$

接着我们再证明下述引理.

> **引理 6.1 卷积矩阵的平移不变性**
>
> 令 $1 \leqslant p \leqslant d$, $2 \leqslant s \leqslant d$ 及 $d_\ell = d + \ell s$. 若 $\boldsymbol{w}$ 为波长为 s 的滤波向量, $T_{d_\ell, d_{\ell-1}}^{\boldsymbol{w}}$ 为 (6.23) 所定义的 Toeplitz 矩阵, 则对任意的 $j \leqslant d_{\ell-1} - p + 1$, 成立
>
> $$T_{d_\ell, d_{\ell-1}}^{\boldsymbol{w}} A_{j, d_{\ell-1}} \boldsymbol{v}_{p, d_{\ell-1}, 1} = A_{j, d_\ell} T_{d_\ell, d_{\ell-1}}^{\boldsymbol{w}} \boldsymbol{v}_{p, d_{\ell-1}, 1}.$$

证明 由 (6.5) 可得

$$A_{j, d_{\ell-1}} \boldsymbol{v}_{p, d_{\ell-1}, 1} = \boldsymbol{v}_{p, d_{\ell-1}, j}.$$

则对任意的 $k = 1, \cdots, d_\ell$, 由 (6.24) 及 (6.7) 可得

$$\left(T_{d_\ell, d_{\ell-1}}^{\boldsymbol{w}} A_{j, d_{\ell-1}} \boldsymbol{v}_{p, d_{\ell-1}, 1}\right)_k = (\boldsymbol{w} * \boldsymbol{v}_{p, d_{\ell-1}, j})_k = \sum_{i=j}^{j+p-1} w_{k-i} v_{i-j+1}$$

及

$$\left(T_{d_\ell, d_{\ell-1}}^{\boldsymbol{w}} \boldsymbol{v}_{p, d_{\ell-1}, 1}\right)_k = (\boldsymbol{w} * \boldsymbol{v}_{p, d_{\ell-1}, 1})_k = \sum_{i=1}^{p} w_{k-i} v_i.$$

再由 (6.5) 可知, 对任意的 $k = j, \cdots, j+p-1$, 成立

$$\left(A_{j, d_\ell} T_{d_\ell, d_{\ell-1}}^{\boldsymbol{w}} \boldsymbol{v}_{p, d_{\ell-1}, 1}\right)_k = \left(T_{d_\ell, d_{\ell-1}}^{\boldsymbol{w}} \boldsymbol{v}_{p, d_{\ell-1}, 1}\right)_{k-j+1}$$

$$= \sum_{i=1}^{p} w_{k-j+1-i} v_i = \sum_{i=j}^{j+p-1} w_{k-i} v_{i-j+1}.$$

注意到上式除了第 $j, \cdots, j+p-1$ 个元素外, 其他元素均为 0, 从而有

$$T_{d_\ell, d_{\ell-1}}^{\boldsymbol{w}} A_{j, d_{\ell-1}} \boldsymbol{v}_{p, d_{\ell-1}, 1} = A_{j, d_\ell} T_{d_\ell, d_{\ell-1}}^{\boldsymbol{w}} \boldsymbol{v}_{p, d_{\ell-1}, 1}.$$

引理得证. $\square$

基于引理 6.1, 我们给出命题 6.4 的证明如下:

命题 6.4 的证明　由引理 6.1 可知

$$T_{d_L,d_{L-1}}^{\boldsymbol{w}^L} \cdots T_{d_1,d}^{\boldsymbol{w}^1} A_{j,d} \boldsymbol{v}_{p,d,1} = A_{j,d_L} T_{d_L,d_{L-1}}^{\boldsymbol{w}^L} \cdots T_{d_1,d_0}^{\boldsymbol{w}^1} \boldsymbol{v}_{p,d,1}.$$

结合 (6.24), 上式意味着

$$A_{j,d_L} \boldsymbol{w}^L * \cdots * \boldsymbol{w}^1 * \boldsymbol{v}_{p,d,1} = \boldsymbol{w}^L * \cdots * \boldsymbol{w}^1 * (A_{j,d} \boldsymbol{v}_{p,d,1}).$$

由此命题得证.　　　　　　　　　　　　　　　　　　　　　　　　　　□

命题 6.5 的证明需要如下三个引理. 第一个引理关注滤波向量的卷积分解.

引理 6.2　滤波的卷积分解

令 $S \geqslant 0, s \geqslant 2$ 及 $\boldsymbol{u} = v\{u_k\}_{k=-\infty}^{\infty}$ 为支撑在 $\{0, \cdots, S\}$ 上的序列, 则存在 $J < \dfrac{S}{s-1} + 1$ 个支撑在 $\{0, \cdots, s\}$ 的滤波向量 $\{\boldsymbol{w}^j\}_{j=1}^J$ 使得 $\boldsymbol{u} = \boldsymbol{w}^J * \cdots * \boldsymbol{w}^1$.

证明　令 $\tilde{\boldsymbol{u}}$ 为 $\boldsymbol{u}$ 在复数域 $\mathbb{C}$ 上的符号, 即 $\tilde{\boldsymbol{u}}(z) = \displaystyle\sum_{k=0}^{\infty} u_k z^k$. 注意到 $\tilde{\boldsymbol{u}}$ 是一个阶数不超过 $S' \leqslant S$ 的一维实系数多项式, 由代数基本定理可知, 方程 $\tilde{\boldsymbol{u}} = 0$ 有 S' 个复根 (包括重根), 且其复根 $z_k = a_k + i b_k$ 与 $\overline{z}_k = a_k - i b_k$ 成对出现. 由于 $(z - z_k)(z - \overline{z_k}) = z^2 - 2a_k z + (a_k^2 + b_k^2)$, 我们可将 $\tilde{\boldsymbol{u}}$ 分解为

$$\tilde{\boldsymbol{u}}(z) = u_{S'} \prod_{k=1}^{K} \{z^2 - 2a_k z + (a_k^2 + b_k^2)\} \prod_{k=2K+1}^{S'} (z - a_k),$$

其中 $2K$ 为 (重) 复根的个数, $S' - 2K$ 为 (重) 实根的个数. 若 s 为偶数, 可将上式分解为不超过 $J = [2K/s] + [(S' - 2K)/s] + 1$ 个 s 阶多项式; 若 s 为奇数, 则 $s - 1$ 为偶数, 可将上式分解为不超过 $J = [2K/(s-1)] + [(S' - 2K)/(s-1)] + 1$ 个 s 阶多项式. 由于 $S' \leqslant S$, 故有 $J < S/(s-1) + 1$. 记这 J 个 s 阶多项式为 $\tilde{\boldsymbol{w}}^1, \cdots, \tilde{\boldsymbol{w}}^J$, 我们有 1 和 J 的位置有变化

$$\tilde{\boldsymbol{u}}(z) = \tilde{\boldsymbol{w}}^J(z) \cdots \tilde{\boldsymbol{w}}^1(z),$$

此即 $\boldsymbol{u} = \boldsymbol{w}^J * \boldsymbol{w}^{J-1} * \cdots * \boldsymbol{w}^1$. 引理得证.　　　　　　　　　　□

第二个引理关注矩阵的 Toeplitz 分解.

引理 6.3　矩阵的 Toeplitz 分解

令 $2 \leqslant s \leqslant d, d_j = d + js$, 若 $\{\boldsymbol{w}^j\}_{j=1}^J$ 为波长为 s 的滤波向量, 则

$$T_{d_L,d}^{\boldsymbol{w}^L * \cdots * \boldsymbol{w}^2 * \boldsymbol{w}^1} = T_{d_L,d_{L-1}}^{\boldsymbol{w}^L} \cdots T_{d_2,d_1}^{\boldsymbol{w}^2} T_{d_1,d}^{\boldsymbol{w}^1}, \qquad \forall L \in \{1, 2, \cdots, J\}. \qquad (6.25)$$

证明 记 $\boldsymbol{u}^L = \boldsymbol{w}^L * \cdots * \boldsymbol{w}^2 * \boldsymbol{w}^1$, 则 $\boldsymbol{u}^L$ 的支撑集为 $\{0, \cdots, Ls\}$. 当 $L = 1$ 时, (6.25) 显然成立. 假设当 $L-1$ 时 (6.25) 成立, 即

$$T_{d_{L-1}, d}^{\boldsymbol{u}^{L-1}} = T_{d_{L-1}, d_{L-2}}^{\boldsymbol{w}^{L-1}} \cdots T_{d_1, d}^{\boldsymbol{w}^1},$$

则对任意的 $1 \leqslant i \leqslant d_L, 1 \leqslant k \leqslant d$, 成立

$$\left(T_{d_L, d_{L-1}}^{\boldsymbol{w}^L} T_{d_{L-1}, d}^{\boldsymbol{u}^{L-1}} \right)_{i, k} = \sum_{\ell=1}^{d_{L-1}} \left(T_{d_L, d_{L-1}}^{\boldsymbol{w}^L} \right)_{i, \ell} \left(T_{d_{L-1}, d}^{\boldsymbol{u}^{L-1}} \right)_{\ell, k} = \sum_{\ell=1}^{d_{L-1}} w_{i-\ell}^L u_{\ell-k}^{L-1}.$$

注意到 $\boldsymbol{u}^{L-1}$ 的支撑集为 $\{0, 1, \cdots, (L-1)s\}$, 则当 $\ell \leqslant 0$ 时, 或者 $\ell > d_{L-1}$, 即 $\ell - k > d_{L-1} - d = (L-1)s$ 时, 均有 $u_{\ell-k}^{L-1} = 0$, 从而

$$\left(T_{d_L, d_{L-1}}^{\boldsymbol{w}^L} T_{d_{L-1}, d}^{\boldsymbol{u}^{L-1}} \right)_{i, k} = \sum_{\ell \in \mathbb{Z}} w_{i-\ell}^L u_{\ell-k}^{L-1} = (\boldsymbol{w}^L * \boldsymbol{u}^{L-1})_{i-k} = (\boldsymbol{u}^L)_{i-k} = \left(T_{d_L, d}^{\boldsymbol{u}^L} \right)_{i, k}.$$

因此, 可得

$$T_{d_L, d}^{\boldsymbol{u}^L} = T_{d_L, d_{L-1}}^{\boldsymbol{w}^L} \cdots T_{d_2, d_1}^{\boldsymbol{w}^2} T_{d_1, d}^{\boldsymbol{w}^1}. \tag{6.26}$$

由数学归纳法可知 (6.25) 对任意的 $L = 1, \cdots, J$ 均成立. 引理得证. $\qquad\square$

介绍第三个引理前, 我们需要一些准备工作. 对任意波长为 s 的滤波向量, 记 $\|\boldsymbol{w}\|_1 = \sum_{k=-\infty}^{\infty} |w_k|$ 及 $\|\boldsymbol{w}\|_\infty = \max_{-\infty \leqslant k \leqslant \infty} |w_k|$. 定义

$$B^\ell := \|\boldsymbol{w}^\ell\|_1 B^{\ell-1} \cdots B^0, \tag{6.27}$$

其中 $B^0 := \max_{x \in \mathbb{I}^d} \max_{k=1, \cdots, d} |x^{(k)}|$ 且 $\ell \geqslant 1$. 令 $T_{d_\ell, d_{\ell-1}}^{\boldsymbol{w}^\ell}$ 为 (6.23) 所定义的矩阵, 则对任意的 $j = 1, \cdots, d_\ell$, 直接计算可得

$$\max_{x \in \mathbb{I}^d} \left| \left(T_{d_\ell, d_{\ell-1}}^{\boldsymbol{w}^\ell} \cdots T_{d_1, d_0}^{\boldsymbol{w}^1} x \right)_j \right| \leqslant B^\ell, \tag{6.28}$$

且当 $1 \leqslant k \leqslant \ell-1$ 时, 有

$$\left| \left(T_{d_\ell, d_{\ell-1}}^{\boldsymbol{w}^\ell} \cdots T_{d_{k+1}, d_k}^{\boldsymbol{w}^{k+1}} B^k \mathbf{1}_{d_k} \right)_j \right| \leqslant B^\ell. \tag{6.29}$$

基于此, 我们可给出如下引理 6.4.

引理 6.4　卷积算子与矩阵乘积的关系

令 $\ell \in \mathbb{N}$, $2 \leqslant s \leqslant d$, $\mathcal{C}_{\ell,\boldsymbol{w}^\ell,b^\ell}^R$ 为 (6.17) 所定义的偏置固定的卷积算子, $\boldsymbol{w}^\ell$ 是波长为 s 的滤波向量, 且 $b^\ell = 2^{\ell-1}B^\ell$, 则

$$\sigma \circ \mathcal{C}_{\ell,\boldsymbol{w}^\ell,b^\ell}^R \circ \sigma \circ \mathcal{C}_{\ell-1,\boldsymbol{w}^{\ell-1},b^{\ell-1}}^R \circ \cdots \circ \sigma \circ \mathcal{C}_{1,\boldsymbol{w}^1,b^1}^R(x)$$

$$= T_{d_\ell,d_{\ell-1}}^{\boldsymbol{w}^\ell} \cdots T_{d_2,d_1}^{\boldsymbol{w}^2} T_{d_1,d}^{\boldsymbol{w}^1} x + b^\ell \mathbf{1}_{d_\ell} + \sum_{k=1}^{\ell-1} T_{d_\ell,d_{\ell-1}}^{\boldsymbol{w}^\ell} \cdots T_{d_{k+1},d_k}^{\boldsymbol{w}^{k+1}} b^k \mathbf{1}_{d_k}. \quad (6.30)$$

证明　由 (6.24) 可知

$$\boldsymbol{w}^{L^*} * \cdots * \boldsymbol{w}^1 * x = T_{d_{L^*},d_{L^*-1}}^{\boldsymbol{w}^{L^*}} \cdots T_{d_1,d_0}^{\boldsymbol{w}^1} x. \quad (6.31)$$

我们用数学归纳法来证明 (6.30). 由 (6.28) 及 σ 的定义可得

$$\sigma(\boldsymbol{w}^1 * x + b^1 \mathbf{1}_{d_1}) = T_{d_1,d_0}^{\boldsymbol{w}^1} x + b^1 \mathbf{1}_{d_1},$$

从而当 $\ell = 1$ 时, (6.30) 成立. 假设当 $\ell - 1$ 时 (6.30) 成立, 即

$$\boldsymbol{V}_{\ell-1}^{s,R} := \sigma \circ \mathcal{C}_{\ell-1,\boldsymbol{w}^{\ell-1},b^{\ell-1}}^R \circ \sigma \circ \mathcal{C}_{\ell-2,\boldsymbol{w}^{\ell-2},b^{\ell-2}}^R \circ \cdots \circ \sigma \circ \mathcal{C}_{1,\boldsymbol{w}^1,b^1}^R(x)$$

$$= T_{d_{\ell-1},d_{\ell-2}}^{\boldsymbol{w}^{\ell-1}} \cdots T_{d_2,d_1}^{\boldsymbol{w}^2} T_{d_1,d}^{\boldsymbol{w}^1} x + b^{\ell-1} \mathbf{1}_{d_{\ell-1}} + \sum_{k=1}^{\ell-2} T_{d_{\ell-1},d_{\ell-2}}^{\boldsymbol{w}^{\ell-1}} \cdots T_{d_{k+1},d_k}^{\boldsymbol{w}^{k+1}} b^k \mathbf{1}_{d_k},$$

则有

$$\boldsymbol{w}^\ell * \boldsymbol{V}_{\ell-1}^{s,R} = T_{d_\ell,d_{\ell-1}}^{\boldsymbol{w}^\ell} \cdots T_{d_1,d}^{\boldsymbol{w}^1} x + \sum_{k=1}^{\ell-1} T_{d_\ell,d_{\ell-1}}^{\boldsymbol{w}^\ell} T_{d_{\ell-1},d_{\ell-2}}^{\boldsymbol{w}^{\ell-1}} \cdots T_{d_{k+1},d_k}^{\boldsymbol{w}^{k+1}} b^k \mathbf{1}_{d_k}.$$

结合 (6.28), (6.29) 及 $b^\ell = 2^{\ell-1}B^\ell$ 可知, 对任意的 $j = 1, \cdots, d_\ell$, 均有

$$\max_{x \in \mathbb{I}^d} \left| \left(\boldsymbol{w}^\ell * \boldsymbol{V}_{\ell-1}^{s,R} \right)_j \right| \leqslant B^\ell + B^\ell \sum_{k=1}^{\ell-1} 2^{k-1} = 2^{\ell-1}B^\ell = b^\ell.$$

从而

$$\sigma \left(\boldsymbol{w}^\ell * \boldsymbol{V}_{\ell-1}^{s,R} + b^\ell \mathbf{1}_{d_\ell} \right) = \boldsymbol{w}^\ell * \boldsymbol{V}_{\ell-1}^{s,R} + b^\ell \mathbf{1}_{d_\ell}$$

$$= T_{d_\ell,d_{\ell-1}}^{\boldsymbol{w}^\ell} \cdots T_{d_1,d}^{\boldsymbol{w}^1} x + \sum_{k=1}^{\ell-1} T_{d_\ell,d_{\ell-1}}^{\boldsymbol{w}^\ell} T_{d_{\ell-1},d_{\ell-2}}^{\boldsymbol{w}^{\ell-1}} \cdots T_{d_{k+1},d_k}^{\boldsymbol{w}^k} b^k \mathbf{1}_{d_k} + b^\ell \mathbf{1}_{d_\ell}.$$

因此, (6.30) 对任意的 $\ell = 1, 2, \cdots$ 均成立. 引理得证.　　　　　　　□

基于上述三个引理, 我们可证明命题 6.5 如下.

命题 6.5 的证明 将矩阵 $W \in \mathbb{R}^{\tilde{d} \times d'}$ 按行向量拉伸为一行, 并将拉伸后的行向量记为 $\boldsymbol{u}^{\mathrm{T}}$, 即

$$\boldsymbol{u}^{\mathrm{T}} = (W_{1,1}, \cdots, W_{1,d'}, W_{2,1}, \cdots, W_{2,d'}, \cdots, W_{\tilde{d},1}, \cdots, W_{\tilde{d},d'})$$
$$=: \left(W_0, \cdots, W_{d'-1}, W_{d'}, \cdots, W_{2d'-1}, \cdots, W_{(\tilde{d}-1)d'}, \cdots, W_{\tilde{d}d'-1} \right).$$

易知 $\boldsymbol{u}$ 的支撑在 $\{0, \cdots, \tilde{d}d' - 1\}$ 上. 对任意的 $s \geqslant 2$, 令引理 6.2 中的 $S = \tilde{d}d'$, 可得存在 $\hat{L} < \dfrac{\tilde{d}d'}{s-1} + 1$ 个滤波向量 $\{\boldsymbol{w}^\ell\}_{\ell=1}^{\hat{L}}$ 使得

$$\boldsymbol{u} = \boldsymbol{w}^{\hat{L}} * \cdots * \boldsymbol{w}^1.$$

令 $T^{\boldsymbol{u}}$ 为 $d'_{\hat{L}} \times d'$ 矩阵, 其第 k 行第 j 列元素为 W_{k-j}. 则由 $T^{\boldsymbol{u}}$ 的定义可知, 对任意的 $j = 1, \cdots, \tilde{d}$, $T^{\boldsymbol{u}}$ 的第 jd' 行是矩阵 W 的第 j 行. 令 $L^* = \left\lceil \dfrac{d'\tilde{d}}{s-1} \right\rceil$, 显然有 $\hat{L} \leqslant L^*$. 取 $\boldsymbol{w}^{\hat{L}+1} = \cdots = \boldsymbol{w}^{L^*}$ 为 delta 序列, 我们有 $\boldsymbol{u} = \boldsymbol{w}^{L^*} * \cdots * \boldsymbol{w}^1$, 从而由引理 6.3 可得

$$T^{\boldsymbol{u}} = T^{\boldsymbol{w}^{L^*}} \cdots T^{\boldsymbol{w}^1}. \tag{6.32}$$

记

$$\boldsymbol{B}^{d_{L^*}} := \sum_{k=1}^{L^*-1} T^{\boldsymbol{w}^{L^*}}_{d_{L^*}, d_{L^*-1}} T^{\boldsymbol{w}^{L^*-1}}_{d_{L^*-1}, d_{L^*-2}} \cdots T^{\boldsymbol{w}^{k+1}}_{d_{k+1}, d_k} b^k \boldsymbol{1}_{d_k},$$

则对任意的 $\boldsymbol{\theta} := (\theta_1, \cdots, \theta_{\tilde{d}})^{\mathrm{T}}$, 定义

$$(\boldsymbol{b}^{L^*})_j = \begin{cases} \theta_{j/d'} - (\boldsymbol{B}^{d_{L^*}})_j, & \mod(j, d') = 0 \text{ 且 } j \leqslant \tilde{d}d', \\ -(\boldsymbol{B}^{d_{L^*}})_j, & \text{其他}. \end{cases}$$

从而由引理 6.4 可得

$$\boldsymbol{w}^{L^*} * \sigma \circ \mathcal{C}^R_{L^*-1, \boldsymbol{w}^{L^*-1}, b^{L^*-1}} \circ \sigma \circ \cdots \circ \sigma \circ \mathcal{C}^R_{1, \boldsymbol{w}^1, b^1}(x) + \boldsymbol{b}^{L^*}$$
$$= \boldsymbol{w}^{L^*} * \left(T^{\boldsymbol{w}^{L^*-1}}_{d_{L^*-1}, d_{L^*-2}} \cdots T^{\boldsymbol{w}^2}_{d_2, d_1} T^{\boldsymbol{w}^1}_{d_1, d} x + b^{L^*-1} \boldsymbol{1}_{d_{L^*-1}} \right.$$
$$\left. + \sum_{k=1}^{L^*-2} T^{\boldsymbol{w}^{L^*-1}}_{d_{L^*-1}, d_{L^*-2}} \cdots T^{\boldsymbol{w}^{k+1}}_{d_{k+1}, d_k} b^k \boldsymbol{1}_{d_k} \right) + \boldsymbol{b}^{L^*}$$

$$= T^{\boldsymbol{w}^{L^*}}_{d_{L^*},d_{L^*-1}} \cdots T^{\boldsymbol{w}^2}_{d_2,d_1} T^{\boldsymbol{w}^1}_{d_1,d} x + \sum_{k=1}^{L^*-1} T^{\boldsymbol{w}^{L^*}}_{d_{L^*},d_{L^*-1}} \cdots T^{\boldsymbol{w}^{k+1}}_{d_{k+1},d_k} b^k \mathbf{1}_{d_k} + \boldsymbol{b}^{L^*}$$

$$= T^{\boldsymbol{u}} x + \boldsymbol{B}^{d_{L^*}} + \boldsymbol{b}^{L^*} = T^{\boldsymbol{u}} x + \boldsymbol{U}^{d_{L^*}},$$

其中

$$(\boldsymbol{U}^{d_{L^*}})_j = \begin{cases} \theta_{j/d'}, & \mathrm{mod}(j, d') = 0 \text{ 且 } j \leqslant \tilde{d}d', \\ 0, & \text{其他.} \end{cases}$$

由上式可知, 对任意的 $W \in \mathbb{R}^{\tilde{d} \times d'}$ 及 $\boldsymbol{\theta} \in \mathbb{R}^{\tilde{d}}$, 浅层神经网络 $\sigma(Wx + \vec{\theta})$ 均包含在 eDCNN $\sigma\left(\boldsymbol{w}^{L^*} * \sigma \circ \mathcal{C}^R_{L^*-1,\boldsymbol{w}^\ell,b^\ell} \circ \sigma \circ \cdots \circ \sigma \circ \mathcal{C}^R_{1,\boldsymbol{w}^1,b^1}(x) + \boldsymbol{b}^{L^*}\right)$ 中, 因此 eDCNN 的万有逼近性质可由定理 2.1 导出. 命题得证. □

类似上述命题的证明, 我们可证明命题 6.6 如下.

命题 6.6 的证明　由式 (6.12) 中 $\mathcal{S}_{d'_{L^*},d',0}$ 的定义、$T^{\boldsymbol{u}}$ 的定义及 (6.32) 可知

$$\mathcal{S}_{d'_{L^*},d',0}(T^{\boldsymbol{u}} x) = Wx.$$

因此

$$\mathcal{S}_{d'_{L^*},d',0}(T^{\boldsymbol{w}^{L^*}} \cdots T^{\boldsymbol{w}^1} x) = \mathcal{S}_{d'_{L^*},d',0}(\boldsymbol{w}^{L^*} * \cdots * \boldsymbol{w}^1 * x) = Wx.$$

由此, 命题 6.6 得证. □

命题 6.7 实际上是命题 6.4 的推论.

命题 6.7 的证明　由命题 6.4, 对于 $1 \leqslant j, j' \leqslant d - p + 1$, 向量 $\boldsymbol{w}^L * \cdots * \boldsymbol{w}^1 * \boldsymbol{v}_{p,d,j}$ 的第 j 个元素为向量 $\boldsymbol{w}^L * \cdots * \boldsymbol{w}^1 * \boldsymbol{v}_{p,d,j'}$ 的第 j' 个元素. 从而, 由 (6.12) 直接可得 (6.15) 成立. 命题 6.7 得证. □

我们现在应用引理 6.4 来证定理 6.1.

定理 6.1 的证明　当 $\ell = L^* - 1$ 时, 由引理 6.4 知

$$\boldsymbol{w}^{L^*} * \boldsymbol{V}^{s,R}_{L^*-1} = T^{\boldsymbol{w}^{L^*}}_{d_{L^*},d_{L^*-1}} \cdots T^{\boldsymbol{w}^1}_{d_1,d} x$$
$$+ \sum_{k=1}^{L^*-1} T^{\boldsymbol{w}^{L^*}}_{d_{L^*},d_{L^*-1}} T^{\boldsymbol{w}^{L^*-1}}_{d_{L^*-1},d_{L^*-2}} \cdots T^{\boldsymbol{w}^{k+1}}_{d_{k+1},d_k} b^k \mathbf{1}_{d_k}.$$

记

$$\boldsymbol{B}^{d_{L^*}} := \sum_{k=1}^{L^*-1} T^{\boldsymbol{w}^{L^*}}_{d_{L^*},d_{L^*-1}} T^{\boldsymbol{w}^{L^*-1}}_{d_{L^*-1},d_{L^*-2}} \cdots T^{\boldsymbol{w}^{k+1}}_{d_{k+1},d_k} b^k \mathbf{1}_{d_k}.$$

对任意的 $\boldsymbol{\theta} := (\theta_1, \cdots, \theta_n)^{\mathrm{T}}$, 定义

$$(\boldsymbol{b}^{L^*})_j = \begin{cases} \theta_{j/d} - (\boldsymbol{B}^{d_{L^*}})_j, & \mathrm{mod}(j,d) = 0, \text{且 } j \leqslant nd, \\ -(\boldsymbol{B}^{d_{L^*}})_j, & \text{其他}. \end{cases}$$

则有

$$\boldsymbol{w}^{L^*} * \boldsymbol{V}^{s,R}_{L^*-1} + \boldsymbol{b}^{L^*} = T^{\boldsymbol{w}^{L^*}}_{d_{L^*},d_{L^*-1}} \cdots T^{\boldsymbol{w}^1}_{d_1,d} x + \boldsymbol{U}^{d_{L^*}}, \tag{6.33}$$

其中

$$(\boldsymbol{U}^{d_{L^*}})_j = \begin{cases} \theta_{j/d}, & \mathrm{mod}(j,d) = 0 \text{ 且 } j \leqslant nd, \\ 0, & \text{其他}. \end{cases}$$

注意到 (6.13) 和 (6.31), 由 (6.33) 可知

$$\begin{aligned} Wx + \boldsymbol{\theta} &= \mathcal{S}_{d_{L^*},d,0}(T^{\boldsymbol{w}^{L^*}}_{d_{L^*},d_{L^*-1}} \cdots T^{\boldsymbol{w}^1}_{d_1,d} x) + \boldsymbol{\theta} \\ &= \mathcal{S}_{d_{L^*},d,0}(T^{\boldsymbol{w}^{L^*}}_{d_{L^*},d_{L^*-1}} \cdots T^{\boldsymbol{w}^1}_{d_1,d} x + \boldsymbol{U}^{d_{L^*}}) \\ &= \mathcal{S}_{d_{L^*},d,0}(\boldsymbol{w}^{L^*} * \boldsymbol{V}^{s,R}_{L^*-1} + \boldsymbol{b}^{L^*}). \end{aligned}$$

对任意 $v \in \mathbb{R}^{d'}$, $\mu \in \mathbb{N}$ 及 $\tilde{d} \in \mathbb{N}$, 易知

$$\sigma \circ \mathcal{S}_{\mu,d',j} \circ v = \mathcal{S}_{\mu,d',j} \circ \sigma \circ v, \qquad 0 \leqslant j \leqslant d'. \tag{6.34}$$

由此可得

$$\begin{aligned} \sigma(Wx + \boldsymbol{\theta}) &= \mathcal{S}_{d_{L^*},d,0} \circ \sigma(\boldsymbol{w}^{L^*} * \boldsymbol{V}^{s,R}_{L^*-1} + \boldsymbol{b}^{L^*}) \\ &= \mathcal{S}_{d_{L^*},d,0} \circ \sigma \circ \mathcal{C}_{L^*,\boldsymbol{w}^{L^*},\boldsymbol{b}^{L^*}} \circ \sigma \circ \mathcal{C}^R_{L^*-1,\boldsymbol{w}^{L^*-1},\boldsymbol{b}^{L^*-1}} \circ \cdots \circ \sigma \circ \mathcal{C}^R_{1,\boldsymbol{w}^1,b^1}(x). \end{aligned}$$

定理得证. $\qquad\qquad\qquad\qquad\qquad\qquad\qquad\qquad\qquad\qquad\qquad\qquad\qquad$ □

定理 6.2 无法由前面章节的结论 (特别是定理 3.6) 直接得到. 其核心原因是在证明命题 6.5 时, 所构造的卷积神经网络的参数幅值不可控, 从而使得定理 3.6 中相应的覆盖数条件无法满足. 因此, 针对卷积神经网络, 我们引用文献 [9] 中的关于深度神经网络拟维估计的结果, 由于该结果的证明比较烦琐, 在这里就不给出具体的证明了, 有兴趣的读者可参阅文献 [9]. 总体上, 我们将定理 6.2 的证明分为三步: 假设空间容量估计、有界样本的泛化误差估计以及万有一致性证

明. 我们先开始第一步, 有关的覆盖数、填充数以及拟维的定义可参阅文献 [4] 或文献 [42].

记 $\mathrm{Pdim}(\mathcal{V})$ 为集合 $\mathcal{V}$ 的拟维 ([4, Chap. 14]), 下述引理描述了覆盖数与拟维之间的关系, 其具体证明可参阅文献 [97, 定理 1].

引理 6.5　覆盖数与拟维的关系

令 $R > 0$, $\mathcal{V}_R$ 为所有由 $\mathcal{X}$ 到 $[-R, R]$ 的函数所张成的集合, 则对任意的 $\varepsilon \in (0, R]$, 均成立

$$\mathcal{N}(\varepsilon, \mathcal{V}_R, \|\cdot\|_{L_1(\nu)}) \leqslant 2 \left(\frac{2eR}{\varepsilon} \ln \frac{2eR}{\varepsilon} \right)^{\mathrm{Pdim}(\mathcal{V}_R)}.$$

由 $\mathcal{H}_{L,s}^{\mathrm{eDCNN}}$ 的定义可知, 每个 $\mathcal{H}_{L,s}^{\mathrm{eDCNN}}$ 中的元素在第 k 层至多有 $s+1$ 个可调权值和 $d + ks$ 个可调偏置向量, 因此, $\mathcal{H}_{L,s}^{\mathrm{eDCNN}}$ 中的元素至多有

$$n_{L,s} := (s+1)L + d + Ls + \sum_{k=1}^{L} (d + ks) \tag{6.35}$$

个参数, 这些参数排列在至多

$$d_{L,s} := 1 + d + \sum_{k=1}^{L} (d + ks) \tag{6.36}$$

个神经元上. 我们的核心工具是文献 [9, 定理 7] 所建立的深度神经网络的拟维估计.

引理 6.6　卷积神经网络的拟维估计

存在绝对常数 C_0 使得

$$\mathrm{Pdim}(\mathcal{H}_{L,s}^{\mathrm{eDCNN}}) \leqslant C_0 L n_{L,s} \log d_{L,s}. \tag{6.37}$$

基于引理 6.5 与引理 6.6, 可获得卷积神经网络的覆盖数估计. 对 $M > 0$, 定义

$$\pi_M \mathcal{H}_{L,s}^{\mathrm{eDCNN}} := \{\pi_M f : f \in \mathcal{H}_{L,s}^{\mathrm{eDCNN}}\}. \tag{6.38}$$

因为 $\mathrm{Pdim}(\pi_M \mathcal{H}_{L,s}^{\mathrm{eDCNN}}) \leqslant \mathrm{Pdim}(\mathcal{H}_{L,s}^{\mathrm{eDCNN}})$ ([87, p.297]), 由引理 6.6 可得

$$\mathrm{Pdim}(\pi_M \mathcal{H}_{L,s}^{\mathrm{eDCNN}}) \leqslant C_0 L n_{L,s} \log d_{L,s}.$$

将上式代入引理 6.5 中, 可得

$$\mathcal{N}(\varepsilon, \pi_M \mathcal{H}_{L,s}^{\mathrm{eDCNN}}, \|\cdot\|_{L_1(\nu)}) \leqslant 2 \left(\frac{2eM}{\varepsilon}\right)^{2C_0 L n_{L,s} \log d_{L,s}}.$$

因此, 利用引理 2.7 可直接推导出下述引理.

引理 6.7　卷积神经网络的覆盖数估计

对任意的 $0 < \varepsilon \leqslant M$, 成立

$$\log_2 \sup_{x_1^m \in \mathcal{X}^m} \mathcal{N}_1(\epsilon, \pi_M \mathcal{H}_{L,s}^{\mathrm{eDCNN}}, x_1^m) \preceq L^2(Ls+d)\log(L(s+d))\log \frac{M}{\epsilon},$$

其中 $\mathcal{N}_1(\epsilon, \pi_M \mathcal{H}_{L,s}^{\mathrm{eDCNN}}, x_1^m)$ 中 x_1^m 表示经验 ℓ_1 范数下的 ϵ-覆盖数.

现在我们来进行第二步: 有界样本的泛化误差估计. 记 $y_M = \pi_M y$ 及 $y_{i,M} = \pi_M y_i$, 并定义

$$\mathcal{E}_{\pi_M}(f) = \int_{\mathcal{Z}} (f(x) - y_M)^2 d\rho$$

及

$$\mathcal{E}_{\pi_M,D}(f) = \frac{1}{m} \sum_{i=1}^m (f(x_i) - y_{i,M})^2.$$

我们聚焦 $\mathcal{E}_{\pi_M}(\pi_M f_{D,L,s}) - \mathcal{E}_{\pi_M,D}(\pi_M f_{D,L,s})$ 的估计, 所用的核心工具是如下的集中不等式 ([42, 定理 11.4]).

引理 6.8　基于经验 ℓ^1 覆盖数的集中不等式

若存在 $B \geqslant 1$ 使得 $|y| \leqslant B$. 令 $\mathcal{F}$ 为满足 $|f(x)| \leqslant B$ 的由 $\mathcal{X}$ 到 $\mathbb{R}$ 上的所有函数 f 张成的空间. 则对任意的 $m \geqslant 1$, 依概率

$$1 - 14 \max_{x_1^m \in \mathcal{X}^m} \mathcal{N}_1 \left(\frac{\beta\epsilon}{20B}, \mathcal{F}, x_1^m\right) \exp\left(-\frac{\epsilon^2(1-\epsilon)\alpha m}{214(1+\epsilon)B^4}\right)$$

成立

$$\mathcal{E}(f) - \mathcal{E}(f_\rho) - (\mathcal{E}_D(f) - \mathcal{E}_D(f_\rho)) \leqslant \epsilon(\alpha + \beta + \mathcal{E}(f) - \mathcal{E}(f_\rho)), \quad \forall f \in \mathcal{F},$$

其中 $\alpha, \beta > 0$ 且 $0 < \epsilon \leqslant 1/2$.

　　　基于引理 6.7 及引理 6.8, 我们可得到下述收敛性.

> **引理 6.9　有界样本的误差分析**
>
> 　　若 $M_m^2 m^{-\theta} \to 0$ 且 (6.22) 对某些 $\theta \in (0, 1/2)$ 成立, 则几乎处处成立
>
> $$\lim_{m \to \infty} \mathcal{E}_{\pi_M}(\pi_M f_{D,L,s}) - \mathcal{E}_{\pi_M, D}(\pi_M f_{D,L,s}) = 0.$$

　　　证明　因为 $|\pi_M f_{D,L,s}(x)| \leqslant M, |y_M| \leqslant M, |y_{i,M}| \leqslant M$, 所以

$$|\mathcal{E}_{\pi_M}(\pi_M f_{D,L,s}) - \mathcal{E}_{\pi_M, D}(\pi_M f_{D,L,s})| \leqslant 8M^2.$$

从而由引理 6.8 ($\alpha = \beta = 1$, $\epsilon = m^{-\theta}$) 可得依概率

$$1 - 14 \max_{x_1^m \in \mathcal{X}^m} \mathcal{N}_1 \left(\frac{1}{20Mm^\theta}, \pi_M \mathcal{H}_{L,s}^{\text{eDCNN}}, x_1^m \right) \exp\left(-\frac{m^{1-2\theta}}{428M^4} \right),$$

成立

$$\mathcal{E}_{\pi_M}(\pi_M f_{D,L,s}) - \mathcal{E}_{\pi_M}(f_\rho) - (\mathcal{E}_{\pi_M, D}(\pi_M f_{D,L,s}) - \mathcal{E}_{\pi_M, D}(f_\rho)) \leqslant 8(M^2 + 2)m^{-\theta}.$$

基于引理 6.7 可得

$$\max_{x_1^m \in \mathcal{X}^m} \mathcal{N}_1 \left(\frac{1}{20Mm^\theta}, \pi_M \mathcal{H}_{L,s}^{\text{eDCNN}}, x_1^m \right) \exp\left(-\frac{m^{1-2\theta}}{428M^4} \right)$$

$$\leqslant \exp\left(c^* \log(20M^2 m^\theta) L^2 (d + sL) \log(L(s+d)) - \frac{m^{1-2\theta}}{428M^4} \right).$$

注意到 (6.22), 可知

$$\lim_{m \to \infty} \max_{x_1^m \in \mathcal{X}^m} \mathcal{N}_1 \left(\frac{1}{20M_m m^\theta}, \pi_{M_m} \mathcal{H}_{L_m,s}^{\text{eDCNN}}, x_1^m \right) \exp\left(-\frac{m^{1-2\theta}}{428M_m^4} \right) = 0.$$

由大数定律可得当 $m \to \infty$ 时, 几乎处处成立

$$\mathcal{E}_{\pi_{M_m}}(\pi_{M_m} f_{D,L_m,s}) - \mathcal{E}_{\pi_{M_m}, D}(\pi_{M_m} f_{D,L_m,s}) \leqslant 8(M^2 + 2)m^{-\theta} \to 0.$$

引理得证.　　　　　　　　　　　　　　　　　　　　　　　　　　　　　　　□

　　　我们的最后一步是利用命题 6.5 和引理 6.9 去证明定理 6.2.

定理 6.2 的证明 因为 $\mathbb{E}\{y^2\} < \infty$, 所以 $f_\rho \in L^2(\rho_X)$. 从而由命题 6.5 可知, 对任意的 $\varepsilon > 0$, 存在 $g_\varepsilon \in \mathcal{H}_{L,s}^{\mathrm{eDCNN}}$ 使得

$$\|f_\rho - g_\varepsilon\|_{L^2(\rho_X)}^2 \leqslant \varepsilon. \tag{6.39}$$

由三角不等式可得

$$\mathcal{E}(\pi_M f_{D,L,s}) - \mathcal{E}(f_\rho)$$
$$\leqslant \mathcal{E}(\pi_M f_{D,L,s}) - (1+\varepsilon)\mathcal{E}_{\pi_M}(\pi_M f_{D,L,s})$$
$$+ (1+\varepsilon)(\mathcal{E}_{\pi_M}(\pi_M f_{D,L,s}) - \mathcal{E}_{\pi_M,D}(\pi_M f_{D,L,s}))$$
$$+ (1+\varepsilon)(\mathcal{E}_{\pi_M,D}(\pi_M f_{D,L,s}) - \mathcal{E}_{\pi_M,D}(f_{D,L,s}))$$
$$+ (1+\varepsilon)\mathcal{E}_{\pi_M,D}(f_{D,L,s}) - (1+\varepsilon)^2\mathcal{E}_D(f_{D,L,s})$$
$$+ (1+\varepsilon)^2(\mathcal{E}_D(f_{D,L,s}) - \mathcal{E}_D(g_\varepsilon))$$
$$+ (1+\varepsilon)^2(\mathcal{E}_D(g_\varepsilon) - \mathcal{E}(g_\varepsilon))$$
$$+ (1+\varepsilon)^2(\mathcal{E}(g_\varepsilon) - \mathcal{E}(f_\rho))$$
$$+ ((1+\varepsilon)^2 - 1)\mathcal{E}(f_\rho)$$
$$=: \sum_{\ell=1}^{8} B_\ell.$$

欲证定理成立, 只需从概率意义下给出 B_ℓ $(\ell = 1, \cdots, 8)$ 的界即可. 因为当 $a, b > 0$ 时, 成立

$$(a+b)^2 \leqslant (1+\varepsilon)a^2 + (1+1/\varepsilon)b^2, \tag{6.40}$$

所以

$$B_1 = \int_{\mathcal{Z}} |\pi_M f_{D,L,s}(x) - y_M + y_M - y|^2 d\rho$$
$$- (1+\varepsilon)\int_{\mathcal{Z}} |\pi_M f_{D,L,s}(x) - y_M|^2 d\rho$$
$$\leqslant (1+1/\varepsilon)\int_{\mathcal{Z}} |y - y_M|^2 d\rho.$$

注意到当 $m \to \infty$ 时有 $M = M_m \to \infty$, 可知当 $m \to \infty$ 时有 $B_1 \to 0$. 由引理 6.9, (6.22) 及 $M_m^2 m^{-\theta} \to 0$ 易得, 当 $m \to \infty$ 时几乎处处成立 $B_2 \to 0$. 再由 π_M 的定义可知

$$\frac{1}{m}\sum_{i=1}^{m}|\pi_M f_{D,L,s}(x_i) - y_{i,M}|^2 - \frac{1}{m}\sum_{i=1}^{m}|f_{D,L,s}(x_i) - y_{i,M}|^2 \leqslant 0.$$

因此, $B_3 \leqslant 0$. 由大数定律及 (6.40) 可得, 当 $m \to \infty$ 时, 几乎处处成立

$$B_4 \leqslant (1+\varepsilon)(1+1/\varepsilon)\frac{1}{m}\sum_{i=1}^{m}|y_i - y_{i,M}|^2 \to (1+\varepsilon)(1+1/\varepsilon)\int_{\mathcal{Z}}|y - y_M|^2 d\rho.$$

因此由 $M_m \to \infty$ 及 y_M 的定义可导出 $B_4 \to 0$. 基于 (6.21), 成立

$$B_5 = (1+\varepsilon)^2\left(\frac{1}{m}\sum_{i=1}^{m}|f_{D,L,s}(x_i) - y_i|^2 - \frac{1}{m}\sum_{i=1}^{m}|g_\varepsilon(x_i) - y_i|^2\right) \leqslant 0.$$

再一次应用大数定律可知, 当 $m \to \infty$ 时几乎处处成立 $B_6 \to 0$. 现来估计 B_7. 由 (1.6) 知

$$B_7 = (1+\varepsilon)^2\|g_\varepsilon - f_\rho\|_{L^2_{\rho_X}}^2.$$

结合 (6.39) 及 $L_m \to \infty$, 可得

$$B_7 \leqslant (1+\varepsilon)^2\varepsilon.$$

注意到

$$(1+\varepsilon)^2 - 1 = \varepsilon(\varepsilon + 2),$$

从而有

$$B_8 \leqslant \varepsilon(\varepsilon+2)\int_{\mathcal{Z}}|f_\rho(x) - y|^2 d\rho.$$

结合上述八项估计, 可得几乎处处成立

$$\limsup_{m\to\infty}\mathcal{E}(\pi_M f_{D,L,s}) - \mathcal{E}(f_\rho) \leqslant (1+\varepsilon)^2\varepsilon + \varepsilon(\varepsilon+2)\int_{\mathcal{Z}}|f_\rho(x) - y|^2 d\rho.$$

定理得证.   □

6.7　文　献　导　读

作为最常见的稀疏连接神经网络, 卷积神经网络因其超强的特征提取能力被广泛用于图像处理、视频处理、自然语言处理中. 然而截至目前, 关于卷积神经网

络的优点均是由实验或者直观的理解而得到的, 鲜有严格的理论论证. 由于本书只关注理论证明, 所以文献导读也趋向于介绍理论工作. 对卷积神经网络的应用进展及算法设计感兴趣的读者, 可参阅综述文章 [38,73] 及其引文.

文献 [133] 首次关注到深度卷积神经网络的逼近性质. 通过一定的变形, 作者证明了一维、多通道、零填充卷积神经网络具备万有逼近性质. 该结果被文献 [135] 进一步推广, 证明了一维、单通道、零填充卷积神经网络具备万有逼近性质. 事实上, 文献 [135] 证明了在零填充的作用下, 任意的浅层神经网络均可被具有类似参数数量的深度卷积神经网络所逼近. 本章的大部分引理及命题 6.5 均摘自文献 [133,135]. 由于文献 [135] 仅关注了卷积神经网络与浅层神经网络的逼近能力对比, 这无法从理论上说明卷积神经网络的优势. 文献 [134] 提出了带位置池化机制的零填充卷积神经网络, 并从理论上证明了在合适的位置进行池化, 卷积神经网络可以表示任意的全连接神经网络, 进而证明了卷积结构在逼近径向函数、岭函数等具有特定应用背景的函数时具有好于浅层神经网络的优势. 关于卷积神经网络逼近性质的其他内容, 可参阅本书作者周定轩教授的论著.

虽然卷积神经网络的逼近能力在本章中得到了一定程度的研究, 但是这些工作的核心工具是代数基本定理, 这导致我们无法控制所构造出来的卷积神经网络的参数幅值, 从而无法估计相应假设空间的容量. 解决这个问题有两个办法: 其一是导出幅值可控的滤波向量使得类似结论成立, 这正是文献 [95] 的主要工作. 在这种情况下, 我们可以利用类似定理 3.2 的证明得到相应的假设空间的覆盖数估计并导出经验风险极小化算法的泛化误差. 其二是采用更广的覆盖数估计理论使其囊括所有的卷积神经网络, 这正是文献 [78] 所采用的方法. 定理 6.2 便是摘自文献 [78]. 特别地, 文献 [136] 利用这种思想导出了卷积神经网络的泛化误差估计, 并证明了存在抗过拟合的卷积神经网络. 需要强调的是, 现有的所有关于卷积神经网络学习理论的文章均无法证明卷积神经网络具有最优泛化性, 其核心原因是深度与参数个数在覆盖数估计中起着类似的作用 (如定理 3.2 所示). 虽然在函数逼近中, 卷积神经网络与全连接神经网络达到同样的逼近精度所需的参数个数大致相同, 但是卷积神经网络的假设空间的覆盖数会远大于全连接神经网络, 因此我们很难用现有的工具导出其最优泛化性.

需要注意的是, 上述有关函数逼近和学习理论的结果并未本质上论述深度卷积神经网络的优势. 这些成果的核心思想是: 全连接神经网络能完成的学习任务卷积神经网络也能完成. 文献 [44] 证明了卷积神经网络可以通过零填充使其满足交换律、具备平移等价性, 也可以通过池化使其满足平移不变性等. 6.3 节和 6.4 节的内容均摘自文献 [44]. 该文献理论上证明了深度卷积神经网络的核心优势是通过网络结构体现平移不变性且不损失全连接神经网络的逼近与学习能力.

综上所述, 关于带结构的深度神经网络的逼近与学习性能的研究方兴未艾, 极其重要. 希望有更多的读者投身于该项研究中, 并能取得丰硕的科研成果. 最后我们对本章的论述作一个简单的总结.

本章总结

- 方法论层面: 本章聚焦深度神经网络的结构选择问题. 本章的核心观点是结构化神经网络可以通过合适的结构来编码数据特征且不损失全连接神经网络的逼近及学习能力, 从而说明了结构选择确实是促进深度学习快速发展的核心因素之一. 特别地, 我们以卷积神经网络为例, 论证了零填充机制在促使卷积结构遵循交换律、具备平移等价性以及生成万有逼近网络等方面的作用, 同时阐述了池化机制在降低网络容量、保证卷积结构的平移不变性以及促进不同功能的网络堆叠方面的作用. 在零填充和合理的池化机制下, 我们证明了卷积神经网络在保证平移等价性 (不变性) 的前提下, 其逼近性能不弱于全连接神经网络, 从而说明了深度卷积神经网络的优势.

- 分析技术层面: 本章提供了一系列证明卷积神经网络逼近与学习性能的基本工具, 为读者进行卷积神经网络的相关研究工作奠定了一定的基础.

第 7 章　过参数化神经网络的学习理论

> **本章导读**
>
> 方法论: 过参数化深度神经网络的泛化性问题.
> --
> 分析技术: 规避过拟合的网络延拓技术.

前面章节探讨了以深度全连接、稀疏连接、卷积神经网络为假设空间的经验风险极小化算法的泛化能力. 所得结论是: 给定一组训练数据, 只要网络结构选择恰当, 深度神经网络在很多情况下可以达到浅层神经网络无法达到的效果. 上述结论对网络结构的选择依赖于经典的偏差-方差平衡原理, 即假设空间的容量不能太大也不能太小, 最好的假设空间在偏差与方差相近时取得. 然而, 众多的数值实验表明过参数化深度神经网络有时会取得更好的学习效果, 即神经网络在训练误差极小 (几乎接近于 0) 的情况下还具备非常好的泛化性能. 过参数化意味着假设空间的容量远大于偏差-方差平衡原理所确定的容量, 因此经典的偏差-方差平衡原理无法解释这种现象. 本章聚焦过参数化深度神经网络的泛化性, 并从理论上揭示过参数化深度神经网络可成功规避拟合的原因. 本章的核心内容包含两部分: 其一是神经网络的插值问题, 即阐述以过参数化深度神经网络为假设空间的经验风险极小化策略有无穷多个全局极小解, 且这些全局极小解的质量差别巨大; 其二是证明存在泛化性能良好的全局极小解, 进而表明过参数化神经网络在网络结构选择方面的优势. 为方便起见, 我们仅讨论过参数化全连接神经网络的泛化性质, 其他不同结构网络的理论可用类似的方法推导. 分析技术方面, 本章聚焦面向插值的网络延拓技术, 对任何一个神经网络, 可通过本章的网络延拓技术构造一个新的深度神经网络, 使其能够精确插值数据且不损失原网络的逼近与泛化性能.

7.1　过参数化神经网络

前面章节致力于探讨深度神经网络的逼近与泛化性能, 即探求深度所带来的优势. 特别地, 我们证明了以深度神经网络为假设空间的经验风险极小化策略在提取回归函数的径向特征、空间稀疏特征及组群特征时具有比浅层神经网络更好的性能. 简言之, 针对不同的学习任务, 通过选择合适的网络结构, 以深度神经网络为假设空间的经验风险极小化策略对多种先验类具备 (近似) 最优泛化性, 这是浅层学习所无法达到的.

然而上述的讨论仅限于模型层面, 并未考虑经验风险极小化策略

$$f_{D,d_1,\cdots,d_L} = \arg \min_{f \in \mathcal{H}^{\text{DFCN}}_{d_1,\cdots,d_L}} \frac{1}{m} \sum_{i=1}^{m} (f(x_i) - y_i)^2 \tag{7.1}$$

的可解性问题. 由于 (7.1) 是非凸优化问题, 我们在求解过程中必然会遇到无穷多的局部极小解、鞍点等, 从而很难找到 (7.1) 的全局极小解. 在欠参数的情况下, 该问题至今还未得到解决, 即我们无法证明常用的随机梯度下降 (stochastic gradient descent, SGD) 算法可收敛至问题 (7.1) 的全局极小解. 然而在过参数化的情况下, 现有的很多研究均证明 SGD 型算法可收敛至 (7.1) 的全局极小解或者离全局极小解很近的局部极小解. 由于本书并不关注优化算法, 有兴趣的读者可以参阅文献 [2, 3, 29, 96]. 需要注意的是, 虽然在过参数化神经网络上运行 SGD 可保证其收敛到 (7.1) 的全局极小解, 但是在这种情况下, (7.1) 往往具有无穷多个极小解, 各极小解的性能差距很大, 所以这种收敛性只能从理论上证明算法的可行性, 无法说明深度神经网络的优越性. 更重要的是, 在过参数化的情况下, 统计学习理论的偏差-方差平衡原理被打破, 我们根本无法了解 (7.1) 的全局极小解的泛化能力.

综上所述, 从泛化的角度来看, 我们需要欠参数化神经网络, 因为在这种情况下可由偏差-方差平衡原理保证 (7.1) 的所有全局极小解都具备极好的泛化性质, 但问题在于我们无法设计可行的算法找到 (7.1) 的全局极小解. 从优化的角度来看, 我们需要过参数化神经网络, 因为在这种情况下可以通过 SGD 找到 (7.1) 的全局极小解, 但问题是我们无法保证所找到的全局极小解具有很好的泛化性质. 这就是深度神经网络训练中常见的 "优化-泛化" 冲突问题.

解决上述 "优化-泛化" 冲突问题有两个方案, 即在保证泛化能力的前提下寻找合适的算法求解 (7.1); 在保证算法收敛的前提下研究 (7.1) 的全局极小解的泛化性质. 方案一实质上就是在欠参数的前提下寻找收敛于 (7.1) 的全局极小解的优化算法. 不幸的是, 现有的相关理论均无法证明常用的 SGD 及其变种在欠参数的情况下具备此特性. 即使能设计出这样的算法 (这是一个非常难的任务), 我们也无法基于该算法说明现有的深度学习成功应用的原因, 这是因为深度学习的成功就是应用 SGD 型算法而得到的. 因此研究过参数化神经网络的泛化性质进入了众多研究者的视野. 由于该方案需要突破经典的偏差-方差平衡原理的桎梏, 也存在着诸多困难, 因而需要引进全新的理论工具, 建立全新的理论框架来分析过参数化神经网络的泛化误差. 为此, 我们先给出过参数化神经网络的定义.

> **定义 7.1 过参数化神经网络的定义**
>
> 给定样本 D, 若神经网络的参数个数大于样本个数, 则称该网络相对于 D 为过参数化神经网络.

由定义 7.1 可知, 过参数化神经网络的参数个数大于样本个数, 而前面章节中有关泛化误差估计的理论要求参数个数小于样本个数, 这就是前面章节的理论结果无法解释过参数化神经网络取得良好泛化性能的原因. 记 $\Psi_{d_1,\cdots,d_L,m}$ 为 (7.1) 的所有全局极小解的集合, 我们关注下述问题.

> **问题 7.1 全局极小解的分布**
>
> 在过参数化的情况下, $\Psi_{d_1,\cdots,d_L,m}$ 中有多少个元素, 各元素的逼近性能是否类似?

问题 7.1 关注经验风险极小化策略 (7.1) 的全局极小解的分布情况. 该问题的回答是研究过参数化经验风险极小化策略学习性能的先决条件. 若该问题得到了解答, 我们可关注另一问题.

> **问题 7.2 全局极小解的泛化性能**
>
> 在过参数化的情况下, $\Psi_{d_1,\cdots,d_L,m}$ 中元素的泛化性能如何?

问题 7.2 的回答是解决过参数化神经网络泛化性问题的关键, 也是本章的主要内容. 如上所述, 该问题的解答并不容易, 需要引入全新的理论工具以替代现有的偏差-方差平衡原理. 从理论上来讲, 欠参数化神经网络已经被证明对多种先验类具备最优泛化性, 问题 7.2 的回答并不能从本质上说明过参数化神经网络相较于欠参数化神经网络的优越性. 由此, 我们还需关注下述问题.

> **问题 7.3 过参数化神经网络的优势**
>
> 过参数化神经网络除了优化方面的优势, 还有没有其他优点?

上述三个问题既关注分析过参数化神经网络的难点, 又聚焦其优点, 因而是探索过参数化神经网络运行机制的关键.

7.2 全局极小解的分布与性质

本节讨论在过参数化的情况下, $\Psi_{d_1,\cdots,d_L,m}$ 中元素的分布情况及逼近性质, 即回答问题 7.1. 在面对类似 (7.1) 的优化问题时, 我们首先需要确定解的存在性与唯一性. 由于过参数化神经网络的非凸性质, 唯一性往往是无法保证的, 因此我们聚焦 (7.1) 的全局极小解的存在性, 即 $\Psi_{d_1,\cdots,d_L,m}$ 中有多少个元素. 下述命题表明, 当 $d_1,\cdots,d_L$ 满足一定条件时, $\Psi_{d_1,\cdots,d_L,m}$ 中有无穷多个元素.

命题 7.1　全局极小解的存在性与分布情况

对任意的 $L \geqslant 1$, 若 $d_1 \geqslant m$ 及 $d_2,\cdots,d_L \geqslant 2$, 则 $\Psi_{d_1,\cdots,d_L,m}$ 中有无穷多个元素, 且对任意的 $f \in \Psi_{d_1,\cdots,d_L,m}$ 均满足 $f(x_i) = y_i, i = 1,\cdots,m$.

命题 7.1 给出了经验风险极小化策略 (7.1) 的全局极小解存在的充分条件. 特别地, 由于过参数化, (7.1) 中的所有全局极小解均具有插值性质, 即 $f(x_i) = y_i, i = 1,\cdots,m$. 需要注意的是, $d_1 \geqslant m$, $d_2,\cdots,d_L \geqslant 2$ 并不是必要条件. 由于我们只关注过参数化神经网络, 命题 7.1 表明在很弱的条件下, $\Psi_{d_1,\cdots,d_L,m}$ 中就有无穷多个元素, 且各个元素的训练误差均能达到 0. 接下来, 我们考虑这无穷多个元素的性态, 即当数据不含噪时, 这无穷多个元素是否都表现得很好. 然而, 正如下述命题所示, 即使在无噪的情况下, 即存在 $f^* \in L_p(\mathbb{I}^d)$ 使得

$$f^*(x_i) = y_i, \qquad i = 1,\cdots,m, \tag{7.2}$$

$\Psi_{d_1,\cdots,d_L,m}$ 中也有无穷多个元素完全无法抓取目标函数 f^* 的任何特征.

命题 7.2　极差全局极小解的存在性

令 $1 \leqslant p < \infty$ 且 $L \geqslant 2$. 若 $d_1 \geqslant 4dm$, $d_2 \geqslant m$ 且 $d_3,\cdots,d_L \geqslant 2$, 则对任意满足 (7.2) 及 $\|f^*\|_{L^p(\mathbb{I}^d)} \geqslant c$ 的 f^*, 总存在无穷多的 $f \in \Psi_{d_1,d_2,\cdots,d_L,m}$ 使得

$$\|f^* - f\|_{L^p(\mathbb{I}^d)} \geqslant c/2, \tag{7.3}$$

其中 c 为绝对常数.

命题 7.2 表明当过参数化达到一定程度时, $\Psi_{d_1,d_2,\cdots,d_L,m}$ 中会存在无穷多个性态极差的全局极小解. 即使在无噪的情况下, 这些全局极小解与目标函数的差距不小于 $c/2$. 这说明仅证明算法收敛到 (7.1) 的全局极小解是远远不够的, 尽管这已经是一个很难的问题了. 同时, 我们将在下述定理中表明, 当深度和参数个数继续增加时, $\Psi_{d_1,d_2,\cdots,d_L,m}$ 中也存在性态非常好的全局极小解. 记 $\Lambda := \{x_i\}_{i=1}^m$, 并定义点集 Λ 的分割半径为 $q_\Lambda = \dfrac{1}{2} \min_{i \neq j} \|x_i - x_j\|_2$. 易知分割半径描述了点排列的疏密程度. 对任意的点集 Λ, 由定义可知 $q_\Lambda \leqslant m^{-d}/2$. 特别地, $q_\Lambda \neq 0$ 意味着

Λ 中没有相同的点. 下述定理表明, 当参数个数大于 q_Λ^{-d} 时, $\Psi_{d_1,d_2,\cdots,d_L,m}$ 中存在性态良好的全局极小解.

定理 7.1 性态良好的全局极小解的存在性

令 $r, c_0 > 0$ 且 $N \in \mathbb{N}$. 若 $f^* \in \mathrm{Lip}^{(r,c_0)}(\mathbb{I}^d)$ 满足 (7.2), $q_\Lambda > 0$, $N \succeq q_\Lambda^{-d}$, $L \succeq \log N$, $d_1 \succeq N$ 且 $d_\ell \succeq \log N$, $\ell = 2, \cdots, L$, 则存在无穷多的 $h^* \in \Psi_{d_1,\cdots,d_L,m}$ 使得

$$\|h^* - f^*\|_{C(\mathbb{I}^d)} \preceq N^{-r/d}. \tag{7.4}$$

定理 7.1 表明, 若过参数化程度满足 $N \succeq q_\Lambda^{-d}$, $L \succeq \log N$, $d_1 \succeq N$ 且 $d_\ell \succeq \log N$, 则经验风险极小化策略 (7.1) 的所有全局极小解中包含了性态非常好的解. 该定理同时也表明, 在合适的过参数化程度下, 所有全局极小解均能插值数据, 且插值约束并不总会影响全局极小解的逼近性能. 定理 7.1 实际上给出了 (7.1) 具有良好性态的全局极小解的充分条件, 从而回答了问题 7.1: 当过参数化程度满足一定条件时, $\Psi_{d_1,\cdots,d_L,m}$ 包含无穷多个元素, 这些元素的逼近性能并不相同, 有些元素的逼近性质极差, 而有些则极好.

结合命题 7.1、命题 7.2 及定理 7.1, 我们可得出如下结论: 当深度神经网络的过参数化达到一定程度时, 优化问题 (7.1) 必然会有无穷多个全局极小解, 且这无穷多个全局极小解中存在无穷多个逼近性能极差的全局极小解, 同时也存在无穷多个逼近性能极佳的全局极小解. 神经网络训练的核心就是通过设计合适的算法、初值、步长参数等, 使其能在这种过参数化情况下, 找到性态好的解, 规避掉性态差的解. 另外, 从优化的角度去研究特定算法是否收敛到问题 (7.1) 的全局极小解是必要的, 但非充分的. 或者说, 仅证明特定算法收敛到 (7.1) 的全局极小解是远远不够的, 因为我们无法判定该全局极小解的好坏.

7.3 过参数化神经网络的泛化性能

7.2 节讨论了以过参数化深度神经网络为假设空间的经验风险极小化策略 (7.1) 的全局极小解的分布情况. 特别地, 我们证明了在过参数化的情况下, 若数据无噪声, 则存在全局极小解具备极好的逼近性能. 然而, 无噪数据在现实场景中是很难获得的, 所以定理 7.1 的结果必然无法解释过参数化神经网络在现实场景中所取得的成功. 事实上, 文献 [61] 表明, 在噪声存在的情况下, 必然存在边缘分布 ρ_X^* 使得 (7.1) 的所有全局极小解均不具备良好的泛化性.

命题 7.3　全局极小解的不可泛化理论

若 $L \geqslant 1, d_1 \geqslant m, d_2, \cdots, d_L \geqslant 2$, 则对任意的 $h \in \Psi_{d_1, \cdots, d_L, m}$, 存在 $\mathbb{I}^d$ 上的概率测度 ρ_X^* 使得

$$\sup_{f^* \in \mathrm{Lip}^{(r, c_0)}(\mathbb{I}^d)} \mathbb{E}\left[\|f^* - h\|_{L_{\rho_X^*}^2}^2\right] \geqslant 1/6. \tag{7.5}$$

由于命题 7.3 的证明过程较为烦琐, 本书就不给出具体证明了. 有兴趣的读者可参阅文献 [61]. 命题 7.3 的结果是非常负面的, 基于该命题在保证收敛的前提下研究 (7.1) 的全局极小解泛化性质几乎不可能. 不过幸运的是, 该命题仅对特定的概率分布 ρ_X^* 成立, 而该分布是通过理论构建出来的, 我们在实际应用中很难遇到. 由文献 [61] 可知, ρ_X^* 甚至不是一个关于 Lebesgue 测度连续的分布. 如果我们对边缘分布作一定的假设使其规避掉这些特殊的 ρ_X^*, 那么情况会发生巨大的变化. 事实上, 我们只需如定义 4.3 那样给边缘分布加上一定的偏移假设就可有效规避掉命题 7.3 所展示的不可泛化性.

讨论过参数化神经网络的泛化能力, 我们无法建立像前面章节所展示的欠参数化网络那样的结果, 即无法证明 $\Psi_{d_1, \cdots, d_L}$ 内的所有元素均具有良好的泛化性能. 事实上, 命题 7.2 表明 $\Psi_{d_1, \cdots, d_L}$ 存在不具备万有逼近性质的元素, 从而该元素也不具备万有一致性. 换言之, 我们只能通过构造特定的全局极小解去探索 $\Psi_{d_1, \cdots, d_L}$ 中是否存在具备最优泛化性的元素, 而不能通过偏差-方差平衡原理去研究 $\Psi_{d_1, \cdots, d_L}$ 中所有元素的学习性态. 然而, 这样的构造并不容易. 首先, 偏差-方差平衡原理在统计学习理论领域根深蒂固, 人们很难越过它去考虑学习算法的泛化性能, 从而在现阶段也不会为这样的构造提供可利用的工具. 其次, 由于 $\mathcal{H}_{d_1, \cdots, d_L}^{\mathrm{DFCN}}$ 的非线性性, 我们无法利用泛函分析中诸如 Hahn-Banach 定理这样的工具来分析 $\Psi_{d_1, \cdots, d_L}$ 中最优泛化解的存在性. 最后, 经典的函数构造论[107] 针对的是函数逼近, 往往仅处理无噪数据, 而机器学习涉及含噪数据, 从而无法利用这类工具. 总而言之, 已有的统计、泛函分析、函数逼近等工具均无法为上述构造所用, 我们需要全新的构造方法来实现具备最优泛化性的插值神经网络的构造. 下述网络延拓定理给出了具体的构造方法.

定理 7.2　网络延拓定理

令 $g_{n,L,U}$ 为任意 L 层, 具有 n 个自由参数、宽度不超过 $U \in \mathbb{N}$ 且满足 $\|g_{n,L,U}\|_{L_\infty(\mathbb{I}^d)} \leqslant C^*$ 的深度神经网络. 若存在 $p \in [2, \infty)$ 使得 $D_{\rho_X, p} < \infty$, 则对任意的 $\varepsilon > 0$, 存在无限多个深度为 $\mathcal{O}(L + \log \varepsilon^{-1})$、宽度为 $\mathcal{O}(m + U + \log \varepsilon^{-1})$ 的全连接神经网络 $f_{D,n,L,U,g}$, 使得

$$f_{D,n,L,U,g}(x_i) = y_i, \qquad \forall i = 1, \cdots, m \tag{7.6}$$

及

$$\|f_{D,n,L,U,g} - g_{n,L,U}\|_{L_{\rho_X}^2} \leqslant \varepsilon. \tag{7.7}$$

定理 7.2 表明任意的神经网络可以通过加宽加深的方式来实现其插值性质却不影响其泛化性能. 由命题 7.2 可知 $f_{D,n,L,U,g} \in \Psi_{d_1, \cdots, d_{L^*}, m}$, 其中 $L^* \sim L + \log \varepsilon^{-1}$, $d_\ell \sim m + U + \log \varepsilon^{-1}$, 从而若 $g_{n,L,U}$ 为通过偏差-方差平衡原理所得的针对某些先验类具备最优泛化性的欠参数化深度神经网络, 则 $f_{D,n,L,U,g}$ 就是具备相同最优泛化性的过参数化深度神经网络. 基于此, 前面章节所述的所有欠参数化深度神经网络的理论均可以通过上述的网络延拓定理推广到过参数化深度神经网络. 下述推论便是定理 4.5 与定理 7.2 的直接结合.

推论 7.1　过参数化深度神经网络的泛化性能

令 $r, c_0 > 0$, $N^* \in \mathbb{N}$, $u \leqslant (N^*)^d$ 且 m 满足 $\dfrac{m}{\log m} \succeq \dfrac{(N^*)^{\frac{2d+4r+2d}{(2r+d)p}}}{u^{\frac{1}{2r+d}}}$. 若 $L \succeq$ $\log m$, $d_1, d_2 \succeq m$ 且 $d_3, \cdots, d_L \succeq \log m$, 则存在无限穷多个 $h \in \Psi_{d_1, \cdots, d_L}$ 使得

$$m^{-\frac{2r}{2r+d}} \left(\frac{u}{(N^*)^d} \right)^{\frac{d}{2r+d}} \preceq \sup_{\rho \in \mathcal{M}(\mathrm{Lip}^{(N^*, u, r, c_0)}, \Xi_2)} \mathbb{E} \left[\|h - f^*\|_{L_{\rho_X}^2}^2 \right]$$

$$\preceq \left(\frac{m}{\log m} \right)^{-\frac{2r}{2r+d}} \left(\frac{u}{(N^*)^d} \right)^{\frac{d}{2r+d}}. \tag{7.8}$$

定理 7.2 与推论 7.1 回答了问题 7.1: 确实存在具备最优泛化性的过参数化深度神经网络. 用同样的方法, 我们可以针对不同的先验信息得到类似的推论, 在这里就不一一赘述了. 对比推论 7.1 与定理 4.5, 我们可得到如下三个结论: ① 经典的偏差-方差平衡原理可以保证以欠参数化深度神经网络为假设空间的经验风险极小化策略的所有全局极小解均具备良好的泛化性能, 而过参数化深度神经网

络由于违背了该原理, 所以只能保证存在具备较好泛化性能的全局极小解. ② 偏差-方差平衡原理并不是唯一的分析泛化性能的工具, 事实上, 定理 7.2 提供了一种新型的、基于网络延拓技术的分析方式, 表明在过参数化的情况下, 精确插值神经网络也具备极好的泛化性能. ③ 网络结构选择问题一直是神经网络训练的难点. 事实上, 前面章节表明不同的先验类对应着不同的网络结构. 上述定理和推论表明, 只要网络过参数化程度够高, 那么对于多种先验, 均可在这个网络结构中寻找到泛化性能极好且训练误差极小的深度神经网络, 从而说明了过参数化的必要性和优越性, 这也回答了问题 7.3.

7.4　数值实验

本节通过三个数值实验来验证 "抗过拟合" 过参数化深度神经网络的存在性. 第一个实验展示了 (7.1) 的全局极小解的泛化性能与深度 ReLU 网络的参数个数 (或宽度) 之间的关系. 第二个实验通过展示泛化误差与算法迭代轮次之间的关系来验证 (7.1) 的抗过拟合能力. 第三个实验将所求的全局极小解与一些广泛使用的学习方法进行比较, 进而展示过参数化深度神经网络的学习性能. 在实验中, 我们采用具有 L 个隐藏层的全连接神经网络, 其中每个隐藏层包含 k 个神经元, 并设置 $L \in \{1, 2, 4\}$, $k \in \{1, \cdots, 2000\}$; 我们运用 Adam 优化算法来求解, 其中步长设置为 0.001, 权重和偏置的初始值采用 PyTorch 的默认值; 在没有特别说明的情况下, 最大迭代轮次设置为 50000 次.

进行数值实验的数据集为 UCI 数据库中的白葡萄酒质量数据集. 该数据集包含 4898 个样本, 每个样本有 12 个属性: 固定酸度、挥发性酸度、柠檬酸含量、残余糖量、氯化物含量、游离二氧化硫含量、总二氧化硫含量、密度、pH 值、硫酸盐含量、酒精含量和白葡萄酒质量 (得分介于 0 和 10 之间), 其中葡萄酒质量由至少三名感官评估师 (使用盲口味) 进行评估并取平均, 葡萄酒的评分范围从 0 (非常差) 到 10 (优秀). 因此, 可以将该数据集视为白葡萄酒质量对前 11 维数据的回归任务.

实验 1　在该实验中, 我们研究了测试 RMSE 与网络宽度之间的关系, 其中网络深度设置为 $L = 1, 2, 4$. 图 7.1 展示了实验的数值结果, 该结果通过 5 次独立的重复实验获得, 实线表示 5 次实验的平均值, 阴影部分表示方差. 从图 7.1 中, 我们可以获得如下结论: ① 训练 RMSE 曲线 (图 7.1(a)) 显示, 具有更多隐藏层的神经网络更容易生成训练数据的精确插值. 这与普遍共识一致, 因为在相同宽度前提下, 更多隐藏层包含了更多的参数. ② 对于每个固定的深度, 测试曲线 (图 7.1(b)) 呈现出文献 [13] 中所说明的针对线性模型的近似双下降现象. 应该强调的是, 这种现象对于深度 ReLU 网络的训练并不总是存在的, 我们只是从几次独立实验中选择一个好的结果. ③ 随着网络宽度 (或假设空间容量) 的增加, 测试 RMSE 并没有增加, 这呈现出与经典的偏差-方差平衡完全不同的现象. 这种现象表明, 对于过参数化深度神经网络, 如果能够合理地选择深度, 那么 (7.1) 具备良好泛化性能的全局极小解是存在的. ④ 更深的神经网络在泛化方面表现得更好, 这证明了网络深度在处理葡萄酒质量数据方面的有效性. 以上这些结果均验证了 7.3 节中的理论推断.

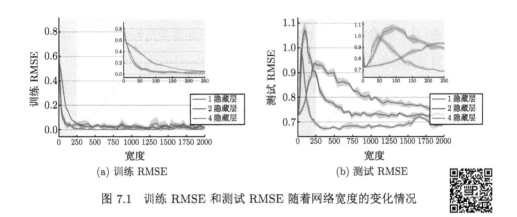

图 7.1　训练 RMSE 和测试 RMSE 随着网络宽度的变化情况

实验 2　这个数值实验研究了迭代轮次在 (7.1) 中欠参数化和过参数化设置下的作用. 我们固定网络的深度为 4, 宽度分别设置为 2, 40 和 2000. 由于训练样本的个数为 3265, 因此深度为 4、宽度为 2 和 40 的深度 ReLU 网络是欠参数化的, 而深度为 4、宽度为 2000 的深度 ReLU 网络是过参数化的. 数值结果如图 7.2 所示, 从结果中我们可获得三个有趣的现象: ① 对于欠参数化的 ReLU 网络, 几乎不可能产生使得数据精确插值的全局极小解. 然而, 对于过参数化的深度 ReLU 网络, 只要迭代轮次足够多, 训练 RMSE 就会达到零. 此外, 在特定的迭代轮次之后, 迭代轮次的增加不会影响训练 RMSE, 这意味着 Adam 算法在过参数化深度 ReLU 网络上收敛到 (7.1) 的全局极小解. ② 欠参数化的 ReLU 网络的测试 RMSE 符合经典的偏差-方差平衡原理, 即测试 RMSE 随着迭代轮次呈现出先减小后增加的趋势. 因此, 为了获得良好的泛化性能, 需要在训练中实行早停策略. ③ 过参数化的 ReLU 网络的测试 RMSE 随着迭代轮次呈现出非增的趋势, 这表明了其具备抗过拟合的能力, 也验证了泛化性能良好的全局极小解在过参数化神经网络的存在性.

实验 3　在该实验中, 我们将基于 (7.1) 的过参数化深度 ReLU 网络 (DFCN) 与一些经典的回归算法进行比较, 来说明图 7.1 和图 7.2 中的数值结果没有牺牲网络的泛化性能. 参与比较的学习算法包括岭回归 (ridge regression)、支持向量回归

(support vector regression, SVR)、核插值 (kernel interpolation regression, KIR) 和核岭回归 (kernel ridge regression, KRR). 我们调用 scikit-learn 包来实现所比较的算法, 并通过精细地调整超参数来展示各种算法的最优泛化能力. 具体来讲, 岭回归最优的正则化参数设置为 1; 在 KRR 中, 高斯核宽度设置为 20, 正则化参数设置为 0.0002; 在 KIR 中, 高斯核宽度设置为 5, 正则化参数设置为 0; SVR 采用 scikit-learn 包中默认的超参数; 过参数化深度 ReLU 网络的深度设置为 4, 宽度设置为 2000. 我们进行 5 次独立的重复实验来记录平均的训练和测试 RMSE. 此外, 我们可以构建一个训练 RMSE 为零的 ReLU 网络, 但该网络在测试集中的效果非常差, 这正如命题 7.2 所述的那样, 确实存在非常差的插值结果. 为此, 我们介绍一些符号. 定义 $T_{\tau,a,b}(t) = \frac{1}{\tau}\{\sigma(t-a+\tau)-\sigma(t-a)-\sigma(t-b)+\sigma(t-b-\tau)\}$, 其中 σ 是 ReLU 激活函数, τ 是设置得足够小的参数 (在该数据实验中设置为 e^{-10}). 特征输入表示为 $x = (x^{(1)}, \cdots, x^{(d)})$, 所构建网络 (CN) 的输出记为 $N_{1,m,\tau}(x)$, 其数学表示为

$$N_{1,m,\tau}(x) = \sum_{i=1}^{m} y_i \sigma\left(\sum_{l=1}^{d} T_{\tau,x_i^{(l)}-\frac{1}{m^5},x_i^{(l)}+\frac{1}{m^5}}\left(x^{(l)}\right) - (d-1)\right),$$

这里引入 $N_{1,m,\tau}$ 是为了证明 (7.1) 存在非常糟糕的全局极小解, 数值计算结果如表 7.1 所示.

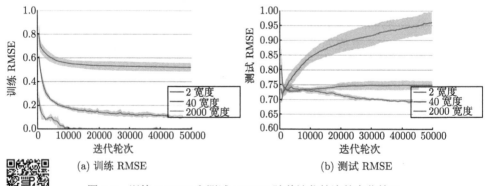

(a) 训练 RMSE　　　　　　　　　　　(b) 测试 RMSE

图 7.2　训练 RMSE 和测试 RMSE 随着迭代轮次的变化情况

　　从表 7.1 中可以看出: ① SVR, KRR 和岭回归的泛化性能表现稳定, 其主要原因是引入了正则化项来平衡这些方法的偏差和方差, 这也使得这些方法的训练 RMSE 总是非零的. ② KIR 表现很差, 这是因为对于维度较小的数据所生成的核矩阵的条件数通常非常大, 从而使得预测不稳定. ③ 存在训练 RMSE 为零的深度 ReLU 网络, 该网络同时具有优异的泛化能力, 从而使数据良性过拟合; 此

外, 过参数化的深度 ReLU 网络的测试误差最小, 这也证明了网络深度的有效性. ④ 同时存在深度 ReLU 网络在训练数据上的误差为零, 但在泛化方面表现极差. 这些实验结果验证了前面的理论推断, 即在过参数化的深度 ReLU 网络中存在良好的经验风险极小化策略的全局极小解, 但并非所有的全局极小解都是良好的.

表 7.1 过参数化深度 ReLU 网络与一些经典的回归算法的比较 (白葡萄酒质量数据集)

方法	训练 RMSE	测试 RMSE
岭回归	0.534	0.735
KIR	0.000	13.031
KRR	0.668	0.706
SVR	0.628	0.696
4 隐藏层 DFCN (好的情况)	0.000	0.668
CN (差的情况)	0.000	5.931

7.5 相 关 证 明

本节提供两个普适性的证明方法. 其一是精确插值的最佳逼近性质, 核心方法是利用线性空间的 Jackson 型误差估计 (如引理 7.1) 及 Hahn-Banach 定理的变形 (引理 7.5) 导出具备最佳逼近性的精确插值. 需要注意的是, 该方法适用于所有的线性假设空间或者包含满足 Jackson 不等式线性子空间的非线性假设空间. 其二是网络延拓技术, 核心方法是利用深度神经网络的 "乘积门" 与定位性质导出具备最优泛化性的精确插值神经网络. 该方法适用于所有具备这两个性质的逼近与学习工具. 我们先证明命题 7.1.

命题 7.1 的证明 欲证命题 7.1, 注意到 $t = \sigma(t) - \sigma(-t)$ 以及 $d_2, \cdots, d_L \geqslant 2$, 我们仅需证明当 $L = 1$ 且 $d_1 = m$ 时命题成立即可. 不妨假设 $x_1 \neq x_2 \neq \cdots \neq x_m$. 事实上, 如果存在 $x_i = x_j$, 可将 x_j 剔除出样本集, 从而样本集有 $m - 1$ 个样本. 对任意满足上式的 $\{x_i\}_{i=1}^m$, 易知存在无穷多个 $w \in \mathbb{R}^d$ 使得 $w^{\mathrm{T}} x_1 \neq w^{\mathrm{T}} x_2 \neq \cdots \neq w^{\mathrm{T}} x_m$. 记 $t_i = w^{\mathrm{T}} x_i, i = 1, 2, \cdots, m$. 从而, 只需证明存在 $u_j, c_j, \theta_j \in \mathbb{R}, j = 1, 2, \cdots, m$, 使得

$$\sum_{j=1}^m c_j \sigma(u_j t_i - \theta_j) = y_i, \qquad i = 1, 2, \cdots, m.$$

此即需要证明作为 u, θ 的 m 个函数 $\{\sigma(ut_i - \theta)\}_{i=1}^m$ 线性无关. 若上述结论不成立, 即 $\{\sigma(ut_i - \theta)\}_{i=1}^m$ 线性相关, 则存在非平凡系数 $\{a_i\}_{i=1}^m$ 使得

$$\sum_{i=1}^m a_i \sigma(t_i u - \theta) = 0.$$

我们可将上式改写为

$$\int_{-\infty}^{\infty} \sigma(ut - \theta) d\tilde{\mu}(t) = 0, \tag{7.9}$$

其中 $d\tilde{\mu}(t) = \sum_{i=1}^{k} a_i \delta_{t_i}$. 从而测度 $d\tilde{\mu}(t)$ 可视为 $C(\mathbb{R})$ 上的非平凡的线性泛函. 由 (7.9) 可知, 对任意的 $u, \theta \in \mathbb{R}$, 存在非平凡的线性泛函零化 $\sigma(ut - \theta)$. 由此可知

$$\mathrm{span}\{\sigma(ut - \theta) : u, \theta \in \mathbb{R}\}$$

在 $C(\mathbb{R})$ 中不稠密. 这与浅层神经网络的稠密性定理矛盾. 因此, 作为 u, θ 的 m 个函数 $\{\sigma(ut_i - \theta)\}_{i=1}^{m}$ 线性无关, 即存在 $u_j, \theta_j \in \mathbb{R}$, $j = 1, 2, \cdots, m$, 使得行列式

$$\det \left(\sigma(u_j t_i - \theta_j)_{i,j=1}^{m} \right) \neq 0.$$

命题得证. □

命题 7.2 的证明　若 $y_i = 0$, $i = 1, \cdots, m$, 可令 $f(x) = 0$, 则命题成立. 否则, 定义

$$\mathcal{N}_{\tau,D}(x) := \sum_{i=1}^{m} y_i \mathcal{N}_{-\tau,\tau,\tau/2}(x - x_i), \tag{7.10}$$

其中

$$\mathcal{N}_{a,b,\tau}(x) := \sigma \left(\sum_{j=1}^{d} T_{\tau,a,b}(x^{(j)}) - (d - 1) \right), \tag{7.11}$$

且 $T_{\tau,a,b}$ 由 (4.13) 所定义. 易知

$$\mathcal{N}_{\tau,D}(x - x_i) = \begin{cases} 0, & x \notin x_i + [-3\tau/2, 3\tau/2]^d, \\ y_i, & x \in x_i + [-\tau, \tau]^d. \end{cases} \tag{7.12}$$

若 $\tau < \dfrac{2q_\Lambda}{3\sqrt{d}}$, 则有 $\mathcal{N}_{\tau,D}(x_i) = y_i$. 由于 $\|f^*\|_{L_p(\mathbb{I}^d)} \geqslant c$, 直接计算可得

$$\|f^* - \mathcal{N}_{\tau,D}\|_{L_p(\mathbb{I}^d)} \geqslant \|f^*\|_{L_p(\mathbb{I}^d)} - \|\mathcal{N}_{\tau,D}\|_{L_p(\mathbb{I}^d)} \geqslant c - \|\mathcal{N}_{\tau,D}\|_{L_p(\mathbb{I}^d)}.$$

然而 (7.12), (7.2) 及 $\mathcal{N}_\tau(x - x_i) \leqslant 1$ 表明

$$\|\mathcal{N}_{\tau,D}\|_{L_p(\mathbb{I}^d)} \leqslant \sum_{i=1}^{m} \left(\int_{\mathbb{I}^d} \left| f^*(x_i) \mathcal{N}_{-\tau,\tau,\tau/2}(x - x_i) \right|^p dx \right)^{1/p}$$

$$\leqslant \sum_{i=1}^{m} |f^*(x_i)| \left(\int_{\mathbb{I}^d} |\mathcal{N}_{-\tau,\tau,\tau/2}(x - x_i)| dx \right)^{1/p}$$

$$\leqslant \sum_{i=1}^{m} |f^*(x_i)| \left(\int_{x_i + [-3\tau/2, 3\tau/2]^d} dx \right)^{1/p} = \sum_{i=1}^{m} |f^*(x_i)| (3\tau)^{d/p}.$$

因此, 若

$$\tau < \min \left\{ \frac{2q_\Lambda}{3\sqrt{d}}, \frac{1}{3} \left(\frac{c}{2} \right)^{p/d} \left(\sum_{i=1}^{m} |y_i| \right)^{-p/d} \right\}, \tag{7.13}$$

我们有 $\|\mathcal{N}_{\tau,D}\|_{L_p(\mathbb{I}^d)} \leqslant c/2$, 此即

$$\|f^* - \mathcal{N}_{\tau,D}\|_{L_p(\mathbb{I}^d)} \geqslant c - c/2 = c/2.$$

注意到 $\mathcal{N}_{\tau,D}$ 为两隐藏层且 $d_1 = 4dm$, $d_2 = m$ 的神经网络, 不同的 τ 对应着不同的神经网络且上述结论对所有满足 (7.13) 的 τ 均成立. 因此, 存在无穷多个形如 (7.10) 的神经网络对于 $L = 2$ 满足命题要求. 不妨假设具有两隐藏层的满足命题要求的神经网络记为 $f_{D,d_1,d_2}(x)$, 其中 $d_1 \geqslant 4dm$ 且 $d_2 \geqslant m$. 注意 $t = \sigma(t) - \sigma(-t)$, 则关于层数 $L \geqslant 3$ 可以迭代定义 $f_{D,d_1,d_2,\cdots,d_L}$ 如下:

$$f_{D,d_1,d_2,\cdots,d_{\ell+1}} = \sigma(f_{D,d_1,d_2,\cdots,d_\ell}) - \sigma(-f_{D,d_1,d_2,\cdots,d_\ell}), \quad 1 \leqslant \ell \leqslant L - 1,$$

易知 $f_{D,d_1,d_2,\cdots,d_L} \in \Psi_{d_1,d_2,\cdots,d_L,m}$. 由于 $f_{D,d_1,d_2}(x)$ 有无穷多个, 所以满足命题要求的 $f_{D,d_1,d_2,\cdots,d_L}$ 也有无穷多个. 命题 7.2 证毕. □

　　欲证定理 7.1, 我们需要一些准备工作. 这些方法在定理 4.2 的证明中已经给出. 由于本节的证明需要构造线性空间, 故我们重述这些方法. 对任意的 $t \in \mathbb{R}$, 记 ψ 为式 (4.18) 所定义的函数. 对 $N \in \mathbb{N}$, $\boldsymbol{\alpha} = (\alpha^{(1)}, \cdots, \alpha^{(d)}) \in \mathbb{N}^d$, $|\boldsymbol{\alpha}| = \alpha^{(1)} + \cdots + \alpha^{(d)} \leqslant s$ 且 $\boldsymbol{j} = (j_1, \cdots, j_d) \in \{0, 1, \cdots, N\}^d$, 定义

$$\Phi_{N,\theta,\nu,s} := \mathrm{span} \left\{ \tilde{\times}_{d+s,\theta,\nu} (\psi_{1,\boldsymbol{j}}, \cdots, \psi_{d,\boldsymbol{j}}, \overbrace{x^{(1)}, \cdots, x^{(1)}}^{\alpha^{(1)}}, \cdots, \overbrace{x^{(d)}, \cdots, x^{(d)}}^{\alpha^{(d)}}, \overbrace{1, \cdots, 1}^{s-|\boldsymbol{\alpha}|}) \right\}, \tag{7.14}$$

其中 $\tilde{\times}_{d+s,\theta,\nu}$ 为命题 5.2 所定义的 "乘积门" 神经网络,

$$\psi_{k,\boldsymbol{j}}(x) = \psi \left(3N \left(x^{(k)} - \frac{j_k}{N} \right) \right), \quad k = 1, \cdots, d. \tag{7.15}$$

对任意固定的 N, θ, ν 及 s, $\Phi_{N,\theta,\nu,s}$ 为一个 $d(N+1)^d \left(\binom{s+d}{d} \right)$ 维线性空间, $\Phi_{N,\theta,\nu,s}$ 中的任意元素均是 $\mathcal{O}((s+d)\log\nu^{-1})$ 层, 且宽度满足 $d_1 = \mathcal{O}\left(d(N+1)^d \binom{s+d}{d} \right)$ 及 $d_\ell = \mathcal{O}(\log\nu^{-1})$ $(\ell = 2, \cdots, L)$ 的深度神经网络. 下述引理可由定理 4.2 的证明直接导出.

引理 7.1　线性神经网络的误差估计

令 $\nu \in (0,1)$ 及 $s, N \in \mathbb{N}_0$. 若 $\nu = N^{-r-d}$ 且 $f \in \mathrm{Lip}^{(r,c_0)}(\mathbb{I}^d)$ 满足 $0 < r \leqslant s+1$, 则

$$\min_{h \in \Phi_{N,\theta,\nu,s}} \|f - h\|_{C(\mathbb{I}^d)} \preceq N^{-r/d}. \tag{7.16}$$

第二个引理是 Hahn-Banach 定理的一种推广, 其证明可参阅文献 [106].

引理 7.2　插值与近似最佳逼近

令 $\mathcal{U}$ 为 Banach 空间, $\mathcal{V}$ 是 $\mathcal{U}$ 的子空间, W^* 是 $\mathcal{U}$ 的对偶空间 $\mathcal{U}^*$ 的有限维子空间. 若对任意 $w^* \in W^*$ 及与 w^* 无关的 $\gamma > 1$, 成立

$$\|w^*\|_{\mathcal{U}^*} \leqslant \gamma \|w^*|_{\mathcal{V}}\|_{\mathcal{V}^*},$$

则对任意的 $u \in \mathcal{U}$ 存在 $v \in \mathcal{V}$ 使得 v 在 W^* 上插值 u, 即对任意的 $w^* \in W^*$, 有 $w^*(u) = w^*(v)$. 另外, v 和 u 满足 $\|u - v\|_{\mathcal{U}} \leqslant (1 + 2\gamma)\mathrm{dist}_{\mathcal{U}}(u, \mathcal{V})$.

对任意的 $w^* = \sum\limits_{j=1}^{m} c_j \delta_{x_j} \in W^*$, 定义

$$g_w(x) = \sum_{j=1}^{m} \mathrm{sgn}(c_j) \left(1 - \frac{\|x - x_j\|_2}{q_\Lambda} \right)_+, \tag{7.17}$$

其中 δ_{x_i} 表示点计算泛函. 易知 g_w 连续且满足下述性质.

引理 7.3　g_w 的性质

令 $W^* = \mathrm{span}\{\delta_{x_i} : i = 1, \cdots, m\}$, 则对任意的 $w^* \in W^*$, 成立

(i) $\|g_w\|_{C(\mathbb{I}^d)} = 1$;　(ii) $w^*(g_w) = \|w^*\|_{W^*}$;　(iii) $g_w \in \mathrm{Lip}^{(1, q_\Lambda^{-1})}(\mathbb{I})$.

证明 记 $A_j = B(x_j, q_\Lambda) \cap \mathbb{I}^d$, 其中 $B(x_j, q_\Lambda)$ 为以 x_j 为球心, q_Λ 为半径的球体. 则由 q_Λ 的定义可知 $\dot{A}_j \cap \dot{A}_k = \varnothing$, 其中 $\dot{A}_j = A_j \backslash \partial A_j$, ∂A_j 表示 A_j 的边界. 不失一般性, 假设 $\mathbb{I}^d \backslash \bigcup_{j=1}^m A_j \neq \varnothing$. 由 (7.17) 可知, 当 $x \in \mathbb{I}^d \backslash \bigcup_{j=1}^m A_j \neq \varnothing$ 时有 $g_w(x) = 0$. 若存在 $j \in \{1, \cdots, m\}$ 使得 $x \in A_j$, 则

$$g_w(x) = \text{sgn}(c_j)\left(1 - \frac{\|x - x_j\|_2}{q_\Lambda}\right),$$

故有

$$|g_w(x)| = 1 - \frac{\|x - x_j\|_2}{q_\Lambda} \leqslant |g_w(x_j)| = 1.$$

因此, 对所有的 $x \in \mathbb{I}^d$ 均成立 $|g_w(x)| \leqslant 1$. 又由于 $|g_w(x_j)| = 1$, $j = 1, \cdots, m$, 我们有 $\|g_w\|_{C(\mathbb{I}^d)} = 1$, 从而 (i) 成立. 若 $w^* \in W^*$, 则有

$$w^*(g_w) = \sum_{j=1}^m c_j \delta_{x_j}(g_w) = \sum_{j=1}^m c_j g_w(x_j) = \sum_{j=1}^m c_j \text{sgn}(c_j) = \sum_{j=1}^m |c_j| = \|w^*\|_{W^*},$$

从而 (ii) 成立. 最后来证明 g_w 满足 (iii), 我们分四种情况来证明这一论断.

若存在 $j \in \{1, \cdots, m\}$ 使得 $x, x' \in A_j$, 则由 (7.17) 可得

$$|g_w(x) - g_w(x')| = \left|\text{sgn}(c_j)\left(1 - \frac{\|x - x_j\|_2}{q_\Lambda}\right) - \text{sgn}(c_j)\left(1 - \frac{\|x' - x_j\|_2}{q_\Lambda}\right)\right|$$

$$\leqslant \frac{|\|x - x_j\|_2 - \|x' - x_j\|_2|}{q_\Lambda} \leqslant \frac{\|x - x'\|_2}{q_\Lambda}.$$

若 $x, x' \in \mathbb{I}^d \backslash \bigcup_{j=1}^m A_j$, 则由 g_w 的定义可知 $g_w(x) = g_w(x') = 0$, 此即 $|g_w(x) - g_w(x')| \leqslant \frac{\|x - x'\|_2}{q_\Lambda}$.

若存在 $k \neq j$ 使得 $x \in A_j$, $x' \in A_k$, 则令 z_j, z_k 分别为线段 xx' 与 $\partial B(x_j, q_\Lambda)$ 的交点及线段 xx' 与 $\partial B(x_k, q_\Lambda)$ 的交点, 从而有 $\|x - x'\|_2 \geqslant \|x - z_j\|_2 + \|x' - z_k\|_2$. 由于对任意的 $z \in \partial B(x_j, q_\Lambda)$, $j = 1, \cdots, m$, 均有 $g_w(z) = 0$, 故有 $g_w(z_j) = g_w(z_k) = 0$, 结合 $x, z_j \in A_j$, $x', z_k \in A_k$, 我们有

$$|g_w(x) - g_w(x')| \leqslant |g_w(x) - g_w(z_j)| + |g_w(x') - g_w(z_k)|$$

$$\leqslant \frac{\|x - z_j\|_2}{q_\Lambda} + \frac{\|x' - z_k\|_2}{q_\Lambda} \leqslant \frac{\|x - x'\|_2}{q_\Lambda}.$$

若存在 $j \in \{1, \cdots, m\}$ 使得 $x \in A_j$ 且 $x' \in \mathbb{I}^d \setminus \bigcup_{j=1}^{m} A_j$, 则取 z_j 为 $\partial B(x_j, q_\Lambda)$ 与线段 xx' 的交点, 从而有 $\|x - z_j\|_2 \leqslant \|x - x'\|_2$ 及

$$|g_w(x) - g_w(x')| = |g_w(x)| = |g_w(x) - g_w(z_j)| \leqslant \frac{\|x - z_j\|_2}{q_\Lambda} \leqslant \frac{\|x - x'\|_2}{q_\Lambda}.$$

综上所述, 我们有 $g_w \in \mathrm{Lip}^{(1, q_\Lambda^{-1})}(\mathbb{I}^d)$. 引理 7.3 得证. □

基于上述工具, 我们可证明定理 7.1 如下:

定理 7.1 的证明　在引理 7.2 中, 令 $\mathcal{U} = C(\mathbb{I}^d)$, $\mathcal{W}^* = \mathrm{span}\{\delta_{x_i}\}_{i=1}^m$ 及 $\mathcal{V} = \Phi_{N,\theta,\nu,s}$. 对任一 $w^* \in \mathcal{W}^*$, 存在 $\boldsymbol{c} = (c_1, \cdots, c_m)^{\mathrm{T}} \in \mathbb{R}^m$ 使得 $w^* = \sum_{i=1}^{m} c_i \delta_{x_i}$. 不失一般性, 假设 $\|w^*\|_{W^*} = \sum_{i=1}^{m} |c_i| = 1$. 令 g_w 由 (7.17) 所定义, 则由引理 7.1 及引理 7.3 可知, 存在 $h_g \in \mathcal{V}$ 使得

$$\|g_w - h_g\|_{C(\mathbb{I}^d)} \leqslant C_1' q_\Lambda^{-1} N^{-1/d}.$$

令 $\gamma > 1$ 且 $N \geqslant \left\lceil \left(\frac{(\gamma+1)C_1'}{(\gamma-1)q_\Lambda} \right)^d \right\rceil$, 我们有

$$\|g_w - h_g\|_{C(\mathbb{I}^d)} \leqslant \frac{\gamma-1}{\gamma+1}.$$

结合引理 7.3 中的性质 (i) 可得

$$\|h_g\|_{C(\mathbb{I}^d)} \leqslant \frac{\gamma-1}{\gamma+1} + 1 = \frac{2\gamma}{\gamma+1}.$$

注意到 w^* 为线性算子, 并根据引理 7.3 中的性质 (ii), 我们有

$$1 = \|w^*\|_{W^*} = w^*(g_w) = w^*(g_w - h_g) + w^*(h_g).$$

因此, 由

$$\|w^*(g_w - h_g)\|_{C(\mathbb{I}^d)} \leqslant \|w^*\|_{W^*} \|g_w - h_g\|_{C(\mathbb{I}^d)} \leqslant \frac{\gamma-1}{\gamma+1},$$

可得

$$w^*(h_g) \geqslant 1 - \|w^*(g_w - h_g)\|_{C(\mathbb{I}^d)} \geqslant 1 - \frac{\gamma-1}{\gamma+1} = \frac{2}{\gamma+1}.$$

相应地, 我们有

$$\|w^*\|_{W^*} = 1 \leqslant \frac{\gamma+1}{2} w^*(h_g) \leqslant \frac{\gamma+1}{2} \|w^*|_{\Phi_{N,\theta,\nu,s}}\| \|h_g\|_{C(\mathbb{I}^d)}$$

$$\leqslant \frac{\gamma+1}{2} \cdot \frac{2\gamma}{\gamma+1} \|w^*|_{\Phi_{N,\theta,\nu,s}}\| = \gamma\|w^*|_{\Phi_{N,\theta,\nu,s}}\|.$$

令 $\gamma = 2$, 对任意的 $f^* \in \mathrm{Lip}^{(r,c_0)}(\mathbb{I}^d)$, 由引理 7.2 及引理 7.1 可得: 存在 $h^* \in \mathcal{V} = \Phi_{N,\theta,\nu,s}$ 使得 $h^*(x_i) = f^*(x_i)$ 及

$$\|h^* - f^*\|_{C(\mathbb{I}^d)} \leqslant 5\min_{h\in\mathcal{V}} \|h - f^*\|_{C(\mathbb{I}^d)} \leqslant 5C_1'c_0 N^{-r/d}.$$

令 $\nu \sim N^{-r-d}$, (7.14) 所定义的集合 $\Phi_{N,\theta,\nu,s}$ 中的元素可视为深度为 $\mathcal{O}(\log N)$、宽度满足 $d_1 = \mathcal{O}(N^d)$, $d_\ell = \mathcal{O}(\log N)$ $(\ell = 2,\cdots,L)$ 的全连接神经网络. 注意到有无穷多的 ν 满足 $\nu \sim N^{-r-d}$, 同时由于 $t = \sigma(t) - \sigma(-t)$, 所以有无穷多个神经网络满足定理要求. 定理 7.1 得证. □

定理 7.2 的证明 令 $\mathcal{N}_\tau = \mathcal{N}_{-\tau,\tau,\tau/2}$ 为 (7.11) 所给的函数. 由于 $\|g_{n,L,U}\|_{C(\mathbb{I}^d)} \leqslant C^*$, 可在 $\mathbb{R}^d$ 上定义函数

$$\mathcal{N}_{\tau,\nu,D,g}(x) := \sum_{i=1}^m y_i \mathcal{N}_\tau(x - x_i) + C^* \tilde{\times}_{2,\nu} \left(\frac{g_{n,L,U}(x)}{C^*}, 1 - \sum_{i=1}^m \mathcal{N}_\tau(x - x_i) \right), \tag{7.18}$$

其中 $\tilde{\times}_{2,\nu}$ 为命题 4.2 所定义的 "乘积门" 神经网络. 若 $\tau < \frac{2q_\Lambda}{3\sqrt{d}}$, 则对任意的 $j \neq i$, 由 (7.11) 可知 $\mathcal{N}_\tau(x_j - x_i) = 0$. 注意到 $\mathcal{N}_\tau(x_i - x_i) = 1$, 则对任意的 $j = \{1,\cdots,m\}$ 均成立 $\sum_{i=1}^m \mathcal{N}_\tau(x_j - x_i) = 1$ 及

$$\mathcal{N}_{\tau,\nu,D,g}(x_j) = \sum_{i=1}^m y_i \mathcal{N}_\tau(x_j - x_i) = y_j. \tag{7.19}$$

并且对任意的 $i \neq j$ 及 $x \in \mathbb{R}^d$,

$$\|x_i - x - (x_j - x)\|_2 = \|x_i - x_j\|_2 \geqslant \frac{2q_\Lambda}{\sqrt{d}} > 3\tau$$

意味着 $\mathcal{N}_\tau(x - x_j) = 0$. 因而 $1 - \sum_{i=1}^m \mathcal{N}_\tau(x - x_i) \in [0,1]$. 从而由命题 4.2 可知

$$\tilde{\times}_{2,\nu}\left(\frac{g_{n,L,U}(x_j)}{C^*}, 1 - \sum_{i=1}^{m} \mathcal{N}_\tau(x_j - x_i)\right) = 0. \text{ 此即}$$

$$\mathcal{N}_{\tau,\nu,D,g}(x_j) = y_j, \qquad j = 1, \cdots, m. \tag{7.20}$$

定义

$$h_D(x) := \sum_{i=1}^{m} y_i \mathcal{N}_\tau(x - x_i) + g_{n,L,U}(x)\left(1 - \sum_{i=1}^{m} \mathcal{N}_\tau(x - x_i)\right),$$

则由命题 4.2 可知

$$|h_D(x) - \mathcal{N}_{\tau,\nu,D,g}(x)| \leqslant \nu, \quad \forall x \in \mathbb{I}^d. \tag{7.21}$$

若对所有的 $i = 1, \cdots, m$, $x - x_i \notin [-3\tau/2, 3\tau/2]^d$, 则由 (7.12) 可得 $\sum_{i=1}^{m} \mathcal{N}_\tau(x - x_i)$
$= 0$, 此即 $h_D(x) = g_{n,L,U}(x)$. 因此

$$\|g_{n,L,U} - h_D\|_{L^p(\mathbb{I}^d)}^p = \int_{\mathbb{I}^d} |g_{n,L,U}(x) - h_D(x)|^p dx$$

$$\leqslant \sum_{i=1}^{m} \int_{x_i + [-3\tau/2, 3\tau/2]^d} |g_{n,L,U}(x) - h_D(x)|^p dx \leqslant m(3\tau)^d 2^p (C^*)^p,$$

即

$$\|g_{n,L,U} - h_D\|_{L^p(\mathbb{I}^d)} \leqslant 2C^* 3^{d/p} m^{1/p} \tau^{d/p}.$$

上式联合 (7.21) 可得

$$\|g_{n,L,U} - \mathcal{N}_{\tau,\nu,D,g}\|_{L^p(\mathbb{I}^d)} \leqslant \|h_D - \mathcal{N}_{\tau,\nu,D,g}\|_{L^p(\mathbb{I}^d)} + \|g_{n,L,U} - h_D\|_{L^p(\mathbb{I}^d)}$$

$$\leqslant 2^{d/p}\nu + 2C^* 3^{d/p} m^{1/p} \tau^{d/p}.$$

令 $\nu = \varepsilon$ 且 $\tau \leqslant \min\{2q_\Lambda/(3\sqrt{d}), m^{-1/d}\varepsilon^{p/d}\}$, 可得

$$\|g_{n,L,U} - \mathcal{N}_{\tau,\nu,D,g}\|_{L^p(\mathbb{I}^d)} \leqslant C'\varepsilon, \tag{7.22}$$

其中 $C' := 2^{d/p} + 2C^* 3^{d/p}$. 记 $\mathcal{N}^*(t) = \sigma(t) - \sigma(-t) = t$. 定义

$$f_{D,n,L,U,g} := \sum_{i=1}^{m} y_i \overbrace{\mathcal{N}^*(\cdots \mathcal{N}^*}^{\mathcal{O}(L+\log\varepsilon^{-1})}(\mathcal{N}_\tau(x - x_i)))$$

$$+ C^* \tilde{\times}_{2,\nu} \left(\mathcal{N}^* \left(\frac{g_{n,L,U}(x)}{C^*} \right), 1 - \sum_{i=1}^{m} \mathcal{N}_\tau (x - x_i) \right),$$

其中 τ 与 ν 的选择只需使得上式右端的两项具有同样的深度即可. 由于 $f_{D,n,L,U,g}$ 是深度为 $\mathcal{O}(L + \log \varepsilon^{-1})$ 且宽度为 $\mathcal{O}(m + U + \log \varepsilon^{-1})$ 的全连接神经网络, 同时注意到 $\rho_X \in \Xi_p$, 从而有 $\|f\|_{L^2_{\rho_X}(\mathbb{I}^d)} \leqslant D_{\rho_X} \|f\|_{L^p(\mathbb{I}^d)}$. 结合 (7.22), 可得

$$\|g_{n,L,U} - f_{D,n,L,U,g}\|_{L^2_{\rho_X}(\mathbb{I}^d)} \leqslant D_{\rho_X} \|g_{n,L,U} - f_{D,n,L,U,g}\|_{L^p(\mathbb{I}^d)} \leqslant C' D_{\rho_X} \varepsilon.$$

定理 7.2 得证. □

7.6 文 献 导 读

偏差-方差平衡原理 [25] 是学习理论的核心原理之一, 表明训练误差 (或偏差) 较小的估计往往伴随着较大的测试误差 (或方差). 过参数化神经网络往往由于模型太过复杂, 从而在理论上会引起过拟合现象. 然而令人惊奇的是, 文献 [132] 的数值实验表明, 过参数化深度神经网络能在精确插值的情况下具备非常好的泛化性能, 这给经典的偏差-方差平衡原理造成了巨大的冲击, 使得众多学者重新审视该原理与现代机器学习方法的匹配性 [13]. 特别地, 文献 [14] 给出了在高维情况下三角插值法的泛化性能与维数 d 的量化关系. 文献 [10,47] 描述了在高维空间中过参数化线性回归的泛化性能. 文献 [104] 讨论了线性插值与数据协方差矩阵的量化关系并提出了一种具备最优泛化性的混合插值方法. 文献 [74] 研究了在高维情况下, 基于核的最小范数插值法的泛化性能. 对这方面有兴趣的读者可参阅著名学者 M. Belkin 及其合作者的相关文献.

需要注意的是, 上述理论结果均对输入空间的维数和数据分布作了较强的假设. 也就是说, 要使过参数化假设空间具备良好的泛化性, 首先维数需要足够大, 其次数据分布必须足够 "好". 然而, 这在神经网络的训练中是无法保证的. 事实上, 我们通过 7.4 节的实验可以看到, 哪怕在低维空间, 深度神经网络也存在抗过拟合现象, 即训练误差为零 (或极小) 的同时还可以保证测试误差也很小. 这就表明了深度神经网络这种非线性学习器能抗过拟合, 其原因可能与上述的线性学习器抗过拟合的原因不一样. 事实上, 文献 [61] 就已经表明了不管输入的维数有多大都存在数据分布使得 (近似) 插值神经网络不具备泛化性能. 再如文献 [12] 在排除掉文献 [61] 中的奇异分布后, 构造了基于 Nadaraya-Watson 核估计方法的插值器, 并证明了其针对定义在任何输入空间上 (无关输入空间维数 d) 的光滑函数类具备最优泛化性. 文献 [103] 讨论了基于直方图的插值工具的泛化能力, 并证明了神经网络中同时存在泛化性能良好和泛化性能极差的插值器, 这与本章的部分

理论是相符的. 文献 [79] 讨论了深度神经网络经验风险极小化策略的全局极小解的泛化性能. 本章部分内容均摘自文献 [79]. 文献 [136] 讨论了深度卷积神经网络的抗过拟合现象并给出了相应的泛化阶.

需要强调的是, 非线性神经网络的抗过拟合问题与线性算法的抗过拟合问题有三个本质的不同. 其一是深度神经网络的抗过拟合的理论分析是为了解释现有的过参数化神经网络具备良好泛化性的运行机理, 而线性算法的相关研究不是以此为目的. 其二是由于深度神经网络的非线性特征, 我们无法建立类似于线性算法的结果, 即在一定条件下可以保证所有的插值器均具备良好的泛化性, 只能证明存在泛化性能良好的插值器. 在过参数化神经网络中, 到底是 "好" 的插值器居多还是 "差" 的插值器居多目前还不清楚, 这是一个非常有意思的研究课题. 其三是由于深度神经网络的广泛应用, 在讨论其抗过拟合现象时, 我们不能加入类似线性方法的强假设. 从而, 所获的理论结果并未对维数、数据分布有很强的约束.

最后我们对本章的论述作一个简单的总结.

本章总结

- **方法论层面.** 本章聚焦过参数化深度神经网络的泛化性问题. 本章的核心观点是: 以过参数化神经网络为假设空间的经验风险极小化策略有无穷多个全局极小解, 这些解的泛化性能差异巨大. 过参数化神经网络中确实存在具备最优泛化性的全局极小解, 从而说明了以过参数化神经网络作为假设空间具备本质的优势: 过参数化使网络可以完成多种学习任务, 最优泛化解的存在性使得通过调参 (设置初值、步长等) 寻找最优估计成为可能.

- **分析技术层面.** 本章提供了联系逼近与插值、学习与插值的两个普适性方法.

参 考 文 献

[1] Adams R A, Fournier J F, John. Sobolev Spaces. London: Elsevier, 2003.

[2] Allen-Zhu Z, Li Y, Liang Y. Learning and generalization in overparameterized neural networks, going beyond two layers. Advances in Neural Information Processing Systems, 2019, 32.

[3] Allen-Zhu Z, Li Y Z, Song Z. A convergence theory for deep learning via over-parameterization. International Conference on Machine Learning, 2019: 242-252.

[4] Anthony M, Bartlett P L. Neural Network Learning: Theoretical Foundations. Volume 9. Cambridge: Cambridge University Press, 1999.

[5] Barron A R. Universal approximation bounds for superpositions of a sigmoidal function. IEEE Transactions on Information Theory, 1993, 39(3): 930-945.

[6] Barron A R. Approximation and estimation bounds for artificial neural networks. Machine Learning, 1994, 14(1): 115-133.

[7] Barron A R, Cohen A, Dahmen W, et al. Approximation and learning by greedy algorithms. Annals of Statistics, 2008, 36(1): 64-94.

[8] Bartlett P L, Foster D J, Telgarsky M J. Spectrally-normalized margin bounds for neural networks. Advances in Neural Information Processing Systems, 2017, 30.

[9] Bartlett P L, Harvey N, Liaw C, Mehrabian A. Nearly-tight VC-dimension and pseudodimension bounds for piecewise linear neural networks. Journal of Machine Learning Research, 2019, 20: 2285-2301.

[10] Bartlett P L, Long P M, Lugosi G, et al. Benign overfitting in linear regression. Proceedings of the National Academy of Sciences, 2020, 117(48): 30063-30070.

[11] Bauer B, Kohler M. On deep learning as a remedy for the curse of dimensionality in nonparametric regression. Annals of Statistics, 2019, 47(4): 2261-2285.

[12] Belkin M. Approximation beats concentration? An approximation view on inference with smooth radial kernels. Conference on Learning Theory, 2018: 1348-1361.

[13] Belkin M, Hsu D, Ma S Y, Manda S. Reconciling modern machine-learning practice and the classical bias-variance trade-off. Proceedings of the National Academy of Sciences, 2019, 116(32): 15849-15854.

[14] Belkin M, Hsu D J, Mitra P. Overfitting or perfect fitting? Risk bounds for classification and regression rules that interpolate. Advances in Neural Information Processing Systems, 2018, 31.

[15] Berner J, Grohs P, Kutyniok G, Petersen P. The modern mathematics of deep learning. Machine Learning, 2021, arXiv preprint arXiv:2105. 04026, 2021.

[16] Bianchini M, Scarselli F. On the complexity of neural network classifiers: A comparison between shallow and deep architectures. IEEE Transactions on Neural Networks and Learning Systems, 2014, 25(8): 1553-1565.

[17] Bishop C M, Nasrabadi N M. Pattern Recognition and Machine Learning. New York: Springer, 2006.

[18] Bölcskei H, Grohs P, Kutyniok G, et al. Optimal approximation with sparsely connected deep neural networks. SIAM Journal on Mathematics of Data Science, 2019, 1(1): 8-45.

[19] Burger M, Neubauer A. Error bounds for approximation with neural networks. Journal of Approximation Theory, 2001, 112(2): 235-250.

[20] Chang C C, Lin C J. Libsvm: A library for support vector machines. ACM Transactions on Intelligent Systems and Technology, 2011, 2(3): 1-27.

[21] Chui C K, Li X, Mhaskar H N. Neural networks for localized approximation. Mathematics of Computation, 1994, 63: 607.

[22] Chui C K, Li X, Mhaskar H N. Limitations of the approximation capabilities of neural networks with one hidden layer. Advances in Computational Mathematics, 1996, 5(1): 233-243.

[23] Chui C K, Lin S B, Zhang B, Zhou D X. Realization of spatial sparseness by deep ReLU nets with massive data. IEEE Transactions on Neural Networks and Learning Systems, 2022, 33(1): 229-243.

[24] Chui C K, Lin S B, Zhou D X. Deep neural networks for rotation-invariance approximation and learning. Analysis and Applications, 2019, 17(5): 737-772.

[25] Cucker F, Zhou D X. Learning Theory: An Approximation Theory Viewpoint. Volume 24. Cambridge: Cambridge University Press, 2007.

[26] Cybenko G. Approximation by superpositions of a sigmoidal function. Mathematics of Control, Signals and Systems, 1989, 2(4): 303-314.

[27] Demuth H, Beale M, Hagan M. Neural Network Toolbox^{TM} 6. https://kashanu. ac.ir/Files/Content/neural_network_toolbox_ 6.pdf, 2010.

[28] DeVore R A, Lorentz G G. Constructive Approximation. Volume 303. Berlin: Springer, 1993.

[29] Du S S, Zhai X Y, Poczos B, Singh A. Gradient descent provably optimizes overparameterized neural networks. arXiv:1810. 02054, 2018.

[30] Elbrächter D, Perekrestenko D, Grohs P, Bölcskei H. Deep neural network approximation theory. IEEE Transactions on Information Theory, 2021, 67(5): 2581-2623.

[31] Eldan R, Shamir O. The power of depth for feedforward neural networks. Conference on Learning Theory, 2015: 907-940.

[32] Florido E, Aznarte J L, Morales-Esteban A, Martínez-Álvarez F. Earthquake magnitude prediction based on artificial neural networks: A survey. Croatian Operational Research Review, 2016: 159-169.

[33] Franco L, José Jerez M. Constructive Neural Networks. Volume 258. New York: Springer, 2009.

[34] Funahashi K I. On the approximate realization of continuous mappings by neural networks. Neural Networks, 1989, 2(3): 183-192.

[35] Gallant A R, White H. There exists a neural network that does not make avoidable mistakes. ICNN, 1988: 657-664.

[36] Goodfellow I, Bengio Y, Courville A. Deep Learning. Cambridge: MIT Press, 2016.

[37] Grohs P, Herrmann L. Deep neural network approximation for high-dimensional elliptic PDEs with boundary conditions. IMA Journal of Numerical Analysis, 2022, 42(3): 2055-2082.

[38] Gu J X, Wang Z H, Kuen J, et al. Recent advances in convolutional neural networks. Pattern Recognition, 2018, 77: 354-377.

[39] Gühring I, Kutyniok G, Petersen P. Error bounds for approximations with deep ReLU neural networks in w_p^s norms. Analysis and Applications, 2020, 18(5): 803-859.

[40] Guliyev N J, Ismailov V E. A single hidden layer feedforward network with only one neuron in the hidden layer can approximate any univariate function. Neural Computation, 2016, 28(7): 1289-1304.

[41] Guo Z C, Shi L, Lin S B. Realizing data features by deep nets. IEEE Transactions on Neural Networks and Learning Systems, 2020, 31(10): 4036-4048.

[42] Györfi L, Kohler M, Krzyżak A, Walk H. A Distribution-Free Theory of Nonparametric Regression. Volume 1. New York: Springer, 2002.

[43] Demuth H B, Beale M H, De Jess O, Hagan M T. Neural Network Design. 2nd ed. Boulder: University of Colorado, 2014.

[44] Han Z, Liu B, Lin S B, Zhou D X. Translation-invariance learning of deep convolutional neural networks. Manuscript, 2023.

[45] Han Z, Yu S Q, Lin S B, Zhou D X. Depth selection for deep ReLU nets in feature extraction and generalization. IEEE Transactions on Pattern Analysis and Machine Intelligence, 2022, 44(4): 1853-1868.

[46] Hanin B. Universal function approximation by deep neural nets with bounded width and ReLU activations. Mathematics, 2019, 7(10): 992.

[47] Hastie T, Montanari A, Rosset S, Tibshirani R J. Surprises in high-dimensional ridgeless least squares interpolation. Annals of Statistics, 2022, 50(2): 949-986.

[48] Hastie T, Tibshirani R, Friedman J. The Elements of Statistical Learning: Data Mining, Inference, and Prediction. 2nd ed. New York: Springer, 2009.

[49] Hornik K. Some new results on neural network approximation. Neural Networks, 1993, 6(8): 1069-1072.

[50] Hornik K, Stinchcombe M, White H, Auer P. Degree of approximation results for feedforward networks approximating unknown mappings and their derivatives. Neural Computation, 1994, 6(6): 1262-1275.

[51] Huang Z H, Wang N Y. Data-driven sparse structure selection for deep neural networks. European Conference on Computer Vision. Cham: Springer, 2018: 304-320.

[52] Imaizumi M, Fukumizu K. Deep neural networks learn non-smooth functions effectively. The 22nd International Conference on Artificial Intelligence and Statistics, PMLR, 2019: 869-878.

[53] Ismailov V E. On the approximation by neural networks with bounded number of neurons in hidden layers. Journal of Mathematical Analysis and Applications, 2014, 417(2): 963-969.

[54] Ismailov V E. Approximation by ridge functions and neural networks with a bounded number of neurons. Applicable Analysis, 2015, 94(11): 2245-2260.

[55] Kachuee M, Fazeli S, Sarrafzadeh M. ECG heartbeat classification: a deep transferable representation. IEEE International Conference on Healthcare Informatics (ICHI), 2018: 443-444.

[56] Kainen P C, Kurkova V, Sanguineti M. Dependence of computational models on input dimension: Tractability of approximation and optimization tasks. IEEE Transactions on Information Theory, 2012, 58(2): 1203-1214.

[57] Klusowski J M, Barron A R. Approximation by combinations of ReLU and squared ReLU ridge functions with ℓ^1 and ℓ^0 controls. IEEE Transactions on Information Theory, 2018, 64(12): 7649-7656.

[58] Kohler M. Optimal global rates of convergence for noiseless regression estimation problems with adaptively chosen design. Journal of Multivariate Analysis, 2014, 132: 197-208.

[59] Kohler M, Krzyżak A. Adaptive regression estimation with multilayer feedforward neural networks. Journal of Nonparametric Statistics, 2005, 17(8): 891-913.

[60] Kohler M, Krzyżak A. Nonparametric regression based on hierarchical interaction models. IEEE Transactions on Information Theory, 2017, 63(3): 1620-1630.

[61] Kohler M, Krzyżak A. Over-parametrized deep neural networks do not generalize well. arXiv preprint arXiv:1912. 03925, 2019.

[62] Kohler M, Krzyżak A, Langer S. Estimation of a function of low local dimensionality by deep neural networks. IEEE Transactions on Information Theory, 2022, 68(2): 4032-4042.

[63] Kohler M, Langer S. On the rate of convergence of fully connected deep neural network regression estimates. The Annals of Statistics, 2021, 49(4): 2231-2249.

[64] Kolmogorov A N. On the representation of continuous functions of many variables by superposition of continuous functions of one variable and addition. Doklady Akademii Nauk. Volume 114. Russian Academy of Sciences, 1957: 953-956.

[65] Konovalov V N, Leviatan D, Maiorov V E. Approximation by polynomials and ridge functions of classes of s-monotone radial functions. Journal of Approximation Theory, 2008, 152(1): 20-51.

[66] Konovalov V N, Leviatan D, Maiorov V E. Approximation of Sobolev classes by polynomials and ridge functions. Journal of Approximation Theory, 2009, 159(1): 97-108.

[67] Kurková V. Dimension-independent Rates of Approximation by Neural Networks. Computer Intensive Methods in Control and Signal Processing. Boston: Birkhäuser, 1997: 261-270.

[68] Kurková V, Sanguineti M. Comparison of worst case errors in linear and neural network approximation. IEEE Transactions on Information Theory, 2002, 48(1): 264-275.

[69] Kurková V, Sanguineti M. Probabilistic lower bounds for approximation by shallow perceptron networks. Neural Networks, 2017, 91: 34-41.

[70] Kwapisz J R, Weiss G M, Moore S A. Activity recognition using cell phone accelerometers. Proceedings of the Fourth International Workshop on Knowledge Discovery from Sensor Data, 2010.

[71] Lawrence J M. Introduction to neural networks. California Scientific Software, 1993.

[72] Leshno M, Lin V Y, Pinkus A, Schocken S. Multilayer feedforward networks with a nonpolynomial activation function can approximate any function. Neural Networks, 1993, 6(6): 861-867.

[73] Li Z W, Liu F, Yang W J, Peng S H, Zhou J. A survey of convolutional neural networks: Analysis, applications, and prospects. IEEE Transactions on Neural Networks and Learning Systems, 2022, 33(11): 6999-7019.

[74] Liang T Y, Rakhlin A. Just interpolate: Kernel "ridgeless" regression can generalize. Annals of Statistics, 2020, 48(3): 1329-1347.

[75] Lin H W, Tegmark M, Rolnick D. Why does deep and cheap learning work so well? Journal of Statistical Physics, 2017, 168(6): 1223-1247.

[76] Lin S B. Limitations of shallow nets approximation. Neural Networks, 2017, 94: 96-102.

[77] Lin S B. Generalization and expressivity for deep nets. IEEE Transactions on Neural Networks and Learning Systems, 2019, 30(5): 1392-1406.

[78] Lin S B, Wang K D, Wang Y, Zhou D X. Universal consistency of deep convolutional neural networks. IEEE Transactions on Information Theory, 2022, 68(7): 4610-4617.

[79] Lin S B, Wang Y, Zhou D X. Generalization performance of empirical risk minimization on over-parameterized deep relu nets. arXiv:2111. 14039, 2021.

[80] Lin S B, Liu X, Rong Y H, Xu Z B. Almost optimal estimates for approximation and learning by radial basis function networks. Machine Learning, 2014, 95(2): 147-164.

[81] Lin S B, Zeng J S, Zhang X Q. Constructive neural network learning. IEEE Transactions on Cybernetics, 2019, 49(1): 221-232.

[82] Liu J, Gong M G, Miao Q G, Wang X G, Li H. Structure learning for deep neural networks based on multiobjective optimization. IEEE Transactions on Neural Networks and Learning Systems, 2018, 29(6): 2450-2463.

[83] 刘霞, 王迪. 深度 ReLU 神经网络的万有一致性. 中国科学: 信息科学, 2024, 54(3): 638-652.

[84] Liu X, Wang D, Lin S B. Construction of deep ReLU nets for spatially sparse learning. IEEE Transactions on Neural Networks and Learning Systems, 2023: 34: 7746-7760.

[85] Lorentz G G, Golitschek M, Makovoz Y. Constructive Approximation: Advanced Problems. Volume 304. New York: Springer, 1996.

[86] Beale M, Hagan M, Demuth H. Deep Learning Toolbox^{TM} Getting Started Guide. Natick: The MathWorks, 2020.

[87] Maiorov V E. On best approximation by ridge functions. Journal of Approximation Theory, 1999, 99(1): 68-94.

[88] Maiorov V E. Approximation by neural networks and learning theory. Journal of Complexity, 2006, 22(1): 102-117.

[89] Maiorov V E. Representation of polynomials by linear combinations of radial basis functions. Constructive Approximation, 2013, 37(2): 283-293.

[90] Maiorov V E, Meir R. On the near optimality of the stochastic approximation of smooth functions by neural networks. Advances in Computational Mathematics, 2000, 13(1): 79-103,

[91] Maiorov V E, Meir R, Ratsaby J. On the approximation of functional classes equipped with a uniform measure using ridge functions. Journal of Approximation Theory, 1999, 99(1): 95-111.

[92] Maiorov V E, Pinkus A. Lower bounds for approximation by MLP neural networks. Neurocomputing, 1999, 25(1/2/3): 81-91.

[93] Makovoz Y. Uniform approximation by neural networks. Journal of Approximation Theory, 1998, 95(2): 215-228.

[94] Malach E, Yehudai G, Shalev-Schwartz S, Shamir O. The connection between approximation, depth separation and learnability in neural networks. Conference on Learning Theory, 2021: 3265-3295.

[95] Mao T, Shi Z J, Zhou D X. Theory of deep convolutional neural networks III: Approximating radial functions. Neural Networks, 2021, 144: 778-790.

[96] Mei S, Montanari A, Nguyen P M. A mean field view of the landscape of two-layer neural networks. Proceedings of the National Academy of Sciences of the United States of America, 2018, 115(33): E7665-E7671.

[97] Mendelson S, Vershynin R. Entropy and the combinatorial dimension. Inventiones Mathematicae, 2003, 152(1): 37-55.

[98] Mhaskar H N. Neural networks for optimal approximation of smooth and analytic functions. Neural Computation, 1996, 8(1): 164-177.

[99] Mhaskar H N, Poggio T. Deep vs. shallow networks: An approximation theory perspective. Analysis and Applications, 2016, 14(6): 829-848.

[100] Mhaskar H N. Approximation properties of a multilayered feedforward artificial neural network. Advances in Computational Mathematics, 1993, 1(1): 61-80.

[101] Mhaskar H N. On the tractability of multivariate integration and approximation by neural networks. Journal of Complexity, 2004, 20(4): 561-590.

[102] Mohri M, Rostamizadeh A, Talwalkar A. Foundations of Machine Learning. 2nd ed. Cambridge: MIT Press, 2018.

[103] Mucke N, Steinwart I. Empirical risk minimization in the interpolating regime with application to neural network learning. arXiv:1905. 10686, 2019.

[104] Muthukumar V, Vodrahalli K, Subramanian V, Sahai A. Harmless interpolation of noisy data in regression. IEEE Journal on Selected Areas in Information Theory, 2020, 1(1): 67-83.

[105] Nakada R, Imaizumi M. Adaptive approximation and generalization of deep neural network with intrinsic dimensionality. Journal of Machine Learning Research, 2020, 21: 174.

[106] Narcowich F J, Ward J D. Scattered-data interpolation on r^n: Error estimates for radial basis and band-limited functions. SIAM Journal on Mathematical Analysis, 2004, 36(1): 284-300.

[107] Natanson I P. Constructive Function Theory. Volume 1. Ungar, 1964.

[108] Nguyen D, Widrow B. Improving the learning speed of 2-layer neural networks by choosing initial values of the adaptive weights. International Joint Conference on Neural Networks, 1990, 3: 21-26.

[109] Petersen P, Voigtlaender F. Optimal approximation of piecewise smooth functions using deep ReLU neural networks. Neural Networks, 2018, 108: 296-330.

[110] Petrushev P P. Approximation by ridge functions and neural networks. SIAM Journal on Mathematical Analysis, 1998, 30(1): 155-189.

[111] Pinkus A. Approximation theory of the MLP model in neural networks. Acta Numerica, 1999, 8: 143-195.

[112] Raghu M, Poole B, Kleinberg J, Ganguli S, Sohl-Dickstein J. On the expressive power of deep neural networks. International Conference on Machine Learning, 2017: 2847-2854. PMLR.

[113] Ridgeway G. Generalized boosted models: A guide to the gbm package. https://cran.r-project.org/web/packages/gbm/gbm.pdf, 2019.

[114] Safran I, Eldan R, Shamir O. Depth separations in neural networks: What is actually being separated? Constructive Approximation, 2022, 55(1): 225-257.

[115] Safran I, Lee J. Optimization-based separations for neural networks. In Conference on Learning Theory, 2022: 3-64.

[116] Safran I, Shamir O. Depth-width tradeoffs in approximating natural functions with neural networks. International Conference on Machine Learning, 2017: 2979-2987.

[117] Schmidt-Hieber J. Nonparametric regression using deep neural networks with ReLU activation function. Annals of Statistics, 2020, 48(4): 1875-1897.

[118] Schwab C, Zech J. Deep learning in high dimension: Neural network expression rates for generalized polynomial chaos expansions in UQ. Analysis and Applications, 2019, 17(1): 19-55.

[119] Shaham U, Cloninger A, Coifman R R. Provable approximation properties for deep neural networks. Applied and Computational Harmonic Analysis, 2018, 44(3): 537-557.

[120] Shalev-Shwartz S, Ben-David S. Understanding Machine Learning: From Theory to Algorithms. Cambridge: Cambridge University Press, 2014.

[121] Sharma S K, Chandra P. Constructive neural networks: A review. International Journal of Engineering Science and Technology, 2010, 2(12): 7847-7855.

[122] Shawe-Taylor J, Cristianini N. Kernel Methods for Pattern Analysis. Cambridge: Cambridge University Press, 2004.

[123] Steinwart I, Christmann A. Support Vector Machines. Science & Business Media: Springer, 2008.

[124] Telgarsky M. Neural networks and rational functions. International Conference on Machine Learning, 2017: 3387-3393.

[125] Vapnik V. The Nature of Statistical Learning Theory. Science & Business Media: Springer, 1999.

[126] Vostrecov B A, Kreines M A. Approximation of continuous functions by superpositions of plane waves. Dokl. Akad. Nauk SSSR, 1961, 140: 1237-1240.

[127] Wang D, Zeng J S, Lin S B. Random sketching for neural networks with ReLU. IEEE Transactions on Neural Networks and Learning Systems, 2021, 32(2): 748-762.

[128] Wen W, Wu C P, Wang Y D, Chen Y R, Li H. Learning structured sparsity in deep neural networks. Advances in Neural Information Processing Systems, 29, 2016.

[129] Wu Q A, Zhou D X. SVM soft margin classifiers: Linear programming versus quadratic programming. Neural Computation, 2005, 17(5): 1160-1187.

[130] Yarotsky D. Error bounds for approximations with deep ReLU networks. Neural Networks, 2017, 94: 103-114.

[131] Zeng J S, Lin S B, Yao Y, Zhou D X. On admm in deep learning: Convergence and saturation avoidance. Journal of Machine Learning Research, 2021, 22(199): 1-67.

[132] Zhang C Y, Bengio S, Hardt M, Recht B, Vinyals O. Understanding deep learning (still) requires rethinking generalization. Communications of the ACM, 2021, 64(3): 107-115.

[133] Zhou D X. Deep distributed convolutional neural networks: Universality. Analysis and Applications, 2018, 16(6): 895-919.

[134] Zhou D X. Theory of deep convolutional neural networks: Downsampling. Neural Networks, 2020, 124: 319-327.

[135] Zhou D X. Universality of deep convolutional neural networks. Applied and Computational Harmonic Analysis, 2020, 48(2): 787-794.

[136] Zhou T Y, Huo X M. Learning ability of interpolating deep convolutional neural networks. Applied and Computational Harmonic Analysis, 2024, 68: 101582.

《大数据与数据科学专著系列》已出版书目

（按出版时间顺序）